权威·前沿·原创

皮书系列为
"十二五""十三五""十四五"时期国家重点出版物出版专项规划项目

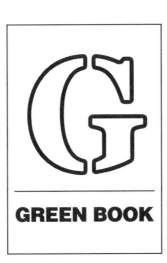

GREEN BOOK

智 库 成 果 出 版 与 传 播 平 台

生态文明绿皮书

GREEN BOOK OF ECOLOGICAL CIVILIZATION

中国特色生态文明建设报告（2023）

REPORT ON THE DEVELOPMENT OF ECOLOGICAL CIVILIZATION WITH
CHINESE CHARACTERISTICS (2023)

组织编写／生态文明建设与林业发展研究院
参与编写／江苏省水土保持学会
主　编／赵茂程　蒋建清　缪子梅
副主编／高　强　高晓琴　杨加猛

社会科学文献出版社
SOCIAL SCIENCES ACADEMIC PRESS（CHINA）

图书在版编目（CIP）数据

中国特色生态文明建设报告. 2023 / 赵茂程，蒋建
清，缪子梅主编；高强，高晓琴，杨加猛副主编. --北
京：社会科学文献出版社，2023.5
（生态文明绿皮书）
ISBN 978-7-5228-1480-3

Ⅰ.①中… Ⅱ.①赵… ②蒋… ③缪… ④高… ⑤高
… ⑥杨… Ⅲ.①生态环境建设-研究报告-中国-
2023 Ⅳ.①X321.2

中国国家版本馆 CIP 数据核字（2023）第 073648 号

生态文明绿皮书
中国特色生态文明建设报告（2023）

主　　编／赵茂程　蒋建清　缪子梅
副 主 编／高　强　高晓琴　杨加猛

出 版 人／王利民
组稿编辑／周　丽
责任编辑／张丽丽
文稿编辑／赵熹微
责任印制／王京美

出　　版／社会科学文献出版社·城市和绿色发展分社（010）59367143
　　　　　　地址：北京市北三环中路甲 29 号院华龙大厦　邮编：100029
　　　　　　网址：www.ssap.com.cn
发　　行／社会科学文献出版社（010）59367028
印　　装／三河市东方印刷有限公司

规　　格／开　本：787mm×1092mm　1/16
　　　　　　印　张：21.75　字　数：325 千字
版　　次／2023 年 5 月第 1 版　2023 年 5 月第 1 次印刷
书　　号／ISBN 978-7-5228-1480-3
定　　价／168.00 元

读者服务电话：4008918866

编 委 会

主要编撰者简介

赵茂程 博士，南京林业大学党委书记、教授。长期从事计算机视觉在农林工程中的应用、食品安全检测方法与装备等研究。先后主持或参加省部级以上项目 20 余项，发表论文 100 余篇，拥有授权专利 50 余件，参与编写国家标准 20 余部。先后被评为江苏省有突出贡献的中青年专家、江苏省青蓝工程一般学科带头人培养对象、江苏省"六大人才高峰"基金资助对象。曾获省部级教学、科技等奖励多项。现为中国林业机械协会副会长、中国林学会林业机械分会副理事长。

蒋建清 博士，南京林业大学教授。长期从事金属材料等研究。曾获国家科技进步二等奖 1 次，江苏省科技进步一等奖 2 次，国家级优秀教学成果二等奖 1 次。迄今有 SCI、EI 收录论文百余篇，在《光明日报》等发表理论性文章多篇。先后主持国家重点基础研发计划项目、国家高技术研究发展计划（863 计划）项目、国家科技攻关项目、江苏省科技成果转化基金项目等 20 余项。拥有国家授权发明专利百余件。

缪子梅 博士，南京林业大学副校长、江苏省水土保持学会理事长。长期从事生态修复和农业水土环境研究。已有 SCI、CSSCI 收录论文 20 余篇，出版专著 4 部。主持国家自然基金项目、教育部重点课题、江苏省政府决策咨询研究重点课题等 10 余项，获江苏省哲学社会科学优秀成果三等奖。主持编写《中国特色生态文明建设与林业发展报告》和《中国特色生态文明建设报告》。

高 强 博士，南京林业大学农村政策研究中心主任、经济管理学院副院长、教授，江苏省委农办、省农业农村厅乡村振兴专家咨询委员会委员，江苏省农村改革试验区咨询专家。主要从事农村政策分析、农业农村现代化、土地制度等研究。曾任中央一号文件起草组成员，有 5 项研究成果获得党和国家领导人重要批示，多项成果获得省部级领导批示。主持国家自然科学基金、国家社会科学基金等课题 20 余项，在国内外期刊发表学术论文 80 余篇，出版专著 2 部，获 2020 年度"江苏发展研究奖"一等奖、江苏省政府哲学社会科学优秀成果二等奖、中央农办农业农村部乡村振兴软科学优秀成果奖等。

高晓琴 博士，南京林业大学人文社科处处长。主要从事高等教育管理、生态文化、林业遗产等研究。曾获全国高校学生工作优秀学术成果一等奖、二等奖，公开发表相关论文 20 余篇，主持国家林草局软科学等省部级项目 3 项，参与编写教材等 5 部。

杨加猛 博士，南京林业大学国际合作处处长、教授。长期从事生态文明建设与评价、资源与环境管理等研究。曾获国家林业局梁希林业科学技术奖二等奖、教育部高等学校科学研究优秀成果奖（人文社会科学）三等奖等。在国内、外期刊发表论文 80 余篇，出版《生物多样性：呵护人类共同家园》等专著 2 部，合著出版《绿色中国》（1~3 卷）等 8 部著作。主持国家社科基金 3 项，主持教育部人文社科基金、江苏省社科基金、江苏省软科学计划项目等 10 余项。入选江苏省"333 工程"中青年学术技术带头人、江苏省"六大人才高峰"高层次人才。

摘　要

　　建设生态文明，关系国家未来，关系人民福祉，关系中华民族永续发展。党的十九大以来，以习近平同志为核心的党中央，将生态文明建设与党建、强军、发展经济、改善民生等并列为"十四个坚持"，将生态文明建设提升到重要战略地位。与此同时，也将"生态文明建设""绿色发展""美丽中国"写进党章和宪法，使其逐渐成为全党意志、国家意志和全民共同行动方针。党的二十大报告提出，"站在人与自然和谐共生的高度谋划发展""加快发展方式绿色转型""积极稳妥推进碳达峰碳中和"，为我国生态文明建设绘就了新蓝图。本书分为总报告、评价篇、政策布局篇、碳达峰碳中和篇与实践篇五个部分，从多个角度对中国特色生态文明建设展开研究，以期为国家和地方推进生态文明建设、制定相关的政策提供理论支撑和参考。

　　总报告，主要从中国特色生态文明建设的年度进展、发展态势、重要举措、主要成效、问题与挑战等方面开展研究，提出了未来要持续积极稳妥推进实现碳达峰、碳中和。总报告回顾了自生态文明体制改革方案实施以来，我国在减污降碳、自然资源保护、应对气候变化等方面取得的突出成果。同时，明确了当前和今后一段时间生态文明建设应以经济社会发展全面绿色转型为引领，以能源绿色低碳发展为关键，立足我国能源资源禀赋，通过坚持公平、共同但有区别的责任及各自能力原则，建设性参与和引领全球气候治理等国际合作。

　　评价篇，主要结合中国特色生态文明建设的"人与自然和谐共生的现

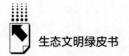
代化"目标，从绿色发展、自然生态高质量 2 个结果维度和绿色生产、绿色生活、环境治理和生态保护 4 个路径维度，构建中国特色生态文明建设评价指标体系，共选取 6 类 30 个评价指标，并采用 CRITIC 和线性加权法对 2011~2020 年全国和各省（区、市）生态文明建设水平进行动态评价。结果表明，中国特色生态文明综合指数总体呈持续上升态势，但各省（区、市）受经济基础、生态环境等条件的限制，建设水平存在明显的差异。从发展维度来看，两个结果维度指数平稳增长，部分路径指数处于小幅波动状态，总体趋势向好，但各省（区、市）不同维度发展不平衡，存在明显弱势维度。

政策布局篇，主要聚焦若干政策专题，重点研究中国地下水开发利用与管理对策，分析中国特色生态文明法治建设布局，探讨环境资源问题的经济根源与法律功能。同时，相关专题报告还对生态文明导向下的农林高质量发展路径及垃圾分类智能化的政策动向等进行了分析，提出要着力推动农业减量化、完善农田基础设施建设、提升森林经营能力、加强林业碳汇体系建设。政府应增强居民智能化风险感知能力、构建多元主体协作化解智能化风险机制、推进规避智能化风险政策实施。

碳达峰碳中和篇，主要分析了近年来"双碳"背景下建筑行业政策与木结构建筑发展、林业碳汇潜力与发展路径、生态产品价值实现等方面的内容。政策表明，绿色建筑、装配式建筑、超低能耗建筑以及城市更新是建筑行业实现碳中和的主要行业发展方向。具体操作层面，可通过调整森林结构、优化林业经济结构、加强抚育管理、建立完善的碳交易市场等具体措施挖掘林业碳汇潜力，实现碳达峰、碳中和目标。而生态产品价值则要通过明确激励森林增汇、探索碳汇补偿、引入市场机制等来实现。

实践篇，主要通过家居产业绿色低碳发展技术集成与示范、南京老山国家森林公园情景规划研究及龙游县林业碳汇"点碳成金"等具体案例来诠释中国特色生态文明建设的实践探索。实践表明，家居材料绿色改性与集成复合、定制家居三维数字化设计与虚拟展示等技术集成与示范，能有效满足"双碳"战略及制造业转型升级的需求。同时，南京老山国家森林公园 2030

年土地利用情景规划研究表明，协调发展情景下的用地类型空间分布结构更加科学合理。龙游县则围绕"双碳"目标，通过管理模式及理论创新，着力推进森林固碳增汇、增强森林保护稳汇、开展森林碳汇计量监测、探索碳汇产品价值实现机制。

总体而言，本书围绕中国特色生态文明建设这一主题，对我国生态文明建设的发展现状、战略方向、重点任务、政策布局等方面展开了深入研究，并得出了一些有价值的研究结论，力求为新时代推进生态文明建设提供政策参考。

关键词：　生态文明建设　生态文明指数　碳达峰　碳中和

序

　　生态文明建设是中华民族永续发展的千年大计，是推动人类文明可持续发展的责任担当。党的十八大以来，以习近平同志为核心的党中央站在全局和战略的高度，对生态文明建设提出了一系列新思想、新战略、新要求，以前所未有的力度推进生态文明建设，生态环境领域改革向纵深推进，生态文明制度体系日臻完善。党的二十大明确了中国式现代化是人与自然和谐共生的现代化，提出我国生态文明建设就是要持续"推动绿色发展，促进人与自然和谐共生"，要求统筹推进绿色转型、污染防治、能源革命、生态系统质量提升，推动我国生态文明建设进入高质量发展阶段。

　　生态文明是人类创造的与自然和谐相处的物质和精神成果，生态文明建设的核心问题是正确处理人与自然的关系，本质要求是尊重自然、顺应自然及保护自然。中华民族绵延5000多年的文明孕育着丰富的生态文化。儒家说"天之生物也，使之一本"，道家言"天地者，万物之父母也""天地与我并生，而万物与我为一"，都强调天人本是合一的，应顺之以天理。这些质朴睿智的自然观，至今仍给人们以深刻警示和启迪。

　　推动形成绿色发展方式和生活方式是贯彻新发展理念的必然要求，必须把生态文明建设摆在全局工作的突出地位，坚持节约资源和保护环境的基本国策。习近平总书记在主持中共中央政治局集体学习时强调，生态环境保护和经济发展是辩证统一、相辅相成的，建设生态文明、推动绿色低碳循环发展，不仅可以满足人民日益增长的优美生态环境需要，而且可以推动实现更高质量、更有效率、更加公平、更可持续、更为安全的发展，走出一条生产

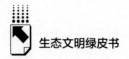

发展、生活富裕、生态良好的文明发展道路。我国建设社会主义现代化具有许多重要特征，其中之一就是我国现代化是人与自然和谐共生的现代化，注重同步推进物质文明建设和生态文明建设。习近平总书记在主持中共中央政治局第三十六次集体学习时强调，要把"双碳"工作纳入生态文明建设整体布局和经济社会发展全局，坚持降碳、减污、扩绿、增长协同推进，加快制定出台相关规划、实施方案和保障措施，组织实施好"碳达峰"十大行动，加强政策衔接。

林业兴则生态兴，生态兴则文明兴。建设生态文明是新时代赋予林业的新使命，林业要肩负起与生态文明建设要求相适应的重大职责。我国林学研究正与世界先进理念接轨，重视生态文明逐步成为发展的共识。但全世界的林业都面临着伦理学的两难局面，即如何在不断变化着的社会中了解物理气候和立地因子对物种的干扰，逐步掌握生态系统的变化、能量流动和物质循环的基本功能。当前智慧农业、智慧林业以及科学技术正飞速发展，传统的林业和林学已经不能适应新形势和新要求，森林培育及林学学术前沿发展应聚焦生物种业、设施林业、生物多样性、智慧林业等方向。南京林业大学作为国家"双一流"建设和林业特色高校，已将学术前沿的内容融入林学专业的课程体系，让"传统林学+专业基础+智慧技术"协同发展，由此培育更多优秀人才。

近年来，我国生态环境质量明显改善，全国森林覆盖率达到24.02%，森林蓄积量达到194.93亿立方米，森林面积和森林蓄积量连续保持"双增长"。我国以年均3.0%的能源消费增速支撑了年均6.5%的经济增长，能耗强度累计下降26.2%，是能耗强度降低较快的国家之一。如今，"绿水青山就是金山银山"的理念成为全党全社会的共识和行动，我国在续写世所罕见的经济快速发展奇迹和社会长期稳定奇迹的同时，交上了一份令人民满意、世界瞩目的"绿色答卷"。

这本《中国特色生态文明建设报告》是对新时代生态文明建设理论和实践的新探索，体现了编著者践行生态文明理念和实现"双碳"目标的责任与担当。生态文明建设要持续推进，研究工作任重道远。作为研究者，我们要坚守生态文明建设研究的情怀与志趣，不断努力，薪火相传，期望这本书可以为该领域研究提供素材、为政府部门决策提供参考。同时，更希望这本书能够帮助读者进一步了解生态文明建设，吸引更多的有志之士关注生态文明建设，为我国生态文明建设事业发展添砖加瓦！

李树志院士

2022 年 12 月 16 日

目 录 ⟍

Ⅰ 总报告

Ⅱ 评价篇

Ⅲ 政策布局篇

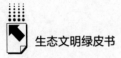
Ⅳ 碳达峰碳中和篇

Ⅴ 实践篇

皮书数据库阅读 **使用指南**

总 报 告

General Report

G.1

2023年中国生态文明建设发展报告

赵茂程　蒋建清　缪子梅　高　强　杨博文*

摘　要： 中国式现代化是人与自然和谐共生的现代化，绿色发展是践行
"绿水青山就是金山银山"的生态文明理念、贯彻落实可持续
发展目标的重要方式。生态经济立市，绿色产业富民。自生态
文明体制改革总体方案实施以来，我国在减污降碳、自然资源
保护、应对气候变化等多个领域全面系统地夯实了生态文明建
设的成果，着眼于人与自然和谐共生的视角谋划发展，深化产
业结构调整，从大气、水、固体废弃物、噪声、生物多样性等
多个方面不断健全现代环境治理体系。因此，我国提出要持续
积极稳妥推进实现碳达峰、碳中和；以经济社会发展全面绿色

* 赵茂程，工学博士，南京林业大学党委书记、教授，主要研究方向为计算机视觉在农林工程
中的应用、食品安全检测方法与装备；蒋建清，工学博士，南京林业大学教授，主要研究方
向为金属材料；缪子梅，工学博士，南京林业大学党委常委、副校长，主要研究方向为生态
修复、农业水土环境研究；高强，管理学博士，南京林业大学经济管理学院副院长、农村政
策研究中心主任、教授，主要研究方向为农村政策、土地制度；杨博文，法学博士，经济学
博士后，南京农业大学讲师，主要研究方向为环境与资源保护法、生态文明法治建设。

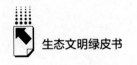

转型为引领，以能源绿色低碳发展为关键，立足我国能源资源禀赋，坚持先立后破、立破并举原则；通过坚持公平、共同但有区别的责任及各自能力原则，建设性参与和引领全球气候治理等国际合作。

关键词： 生态文明　碳达峰　碳中和　绿色转型　环境治理体系

一　生态文明建设年度进展与发展态势

（一）生态文明建设年度进展

1. 深化绿色低碳发展理念与生态文明思想内涵

党的二十大报告提出，"推动绿色发展，促进人与自然和谐共生"。绿色低碳发展理念深入人心，在"绿水青山就是金山银山"理念的指引下，我国生态文明建设有了更好的发展。生态文明是人类文明可持续发展的重要组成部分，其将人类中心主义价值观和生态主义价值观有机结合。我国在提出《生态文明体制改革总体方案》以后，进一步深化了生态文明思想内涵，将人与自然和谐共生和循环发展作为基本目标。我国在不断完善生态文明建设的进程中，也在进一步明确经济发展与环境保护、生态发展规律的关系。生态文明建设就是要兼顾经济发展与环境资源配置，有效利用生态系统的服务功能，进而形成保护优先、预防为主和资源节约的新格局。生态文明建设的宗旨是绿色低碳发展，绿色低碳发展包括两个方面。一方面是绿色发展，即解决我国环境保护的根本性问题，对生态系统进行综合治理，保护生物多样性，从可持续发展的角度保障生态环境资源不被破坏，维护区域环境资源的承载力，保证生态环境资源的代际承继，实现绿色循环的经济体系和生产生活方式。另一方面是低碳发展，我国稳步推进碳达峰、碳中和工作，有序组织实施"碳达峰十大行动"，在重点领域和行业制定出台碳达峰实施方案，碳达峰、碳中和"1+N"政策体系基本建立。为应对全球气候变化，我国对碳排放总量进行控制，通过产业结构调整和清洁能源的有效利用，积极参与全球气候治理，履行《巴黎协定》所赋予的国家自主贡献减排承诺。

新时代生态文明的思想内涵厚植于马克思主义自然辩证法，生态环境是最普惠的民生福祉。[①] 我国深化绿色低碳发展理念与生态文明思想内涵，将生态发展规律作为提升社会发展和人民福祉的重要遵循。尊重和顺应自然、合理利用和保护自然是生态发展规律的核心要义。其中，尊重和顺应自然要求人们在环境承载力范围内进行生产生活，保证自然的永续发展；合理利用和保护自然要求人们在利用自然资源资产价值的同时遵循自然资源规律，索取有度，减少自然灾难的发生。我国在生态文明体制改革中树立起生态红线，并以最严格的法律保护生态红线不被破坏，以此实现生态治理理念从"先污染后治理"向"保护优先和预防为主"的转变。我国在不断深化绿色低碳发展理念的过程中，将生态文明建设摆在重要位置，使生态利益、经济利益和社会利益能够相辅相成。山水林田湖草沙是一个综合生态系统，同时也是一个生态共同体，生态文明建设取得的卓越成就维护了人与自然和谐共生的内在秩序，改变以往褐色经济发展模式，倡导构建绿色低碳经济发展模式，真正地将"绿水青山"转化为"金山银山"，发挥自然资源在生态系统中的价值。

2. 坚持强化治污攻坚推动重点领域污染治理

生态文明体制改革以来，中共中央、国务院制定出台了《中共中央 国务院关于深入打好污染防治攻坚战的意见》，明确了到2025年主要污染物排放总量和二氧化碳排放总量持续下降的目标，其中，主要污染物包括大气污染物、水污染物、土壤污染物、固体废弃物、噪声污染等。同时，明确了将在2035年形成绿色低碳发展的新格局。我国持续增加环保投入，加大环境基础设施建设力度，深入推进大气、水、土壤污染防治，组织实施重点区域大气污染治理攻坚行动，开展长江、黄河等入河排污口排查整治，实施农用

---

① 本报评论部：《良好生态环境是最普惠的民生福祉》，《人民日报》2022年9月30日。

地土壤镉等重金属污染源头防治措施，启动新污染物治理工作，生态环境质量持续改善。与 2012 年相比，2021 年全国污水处理能力增长 1 倍，工业固废处置量增长约 50%，城市生活垃圾无害化处理能力和实际处理量分别增长 116% 和 62%，自然村生活垃圾收运处置体系覆盖率稳定保持在 90%以上。[①]

在推动重点领域污染治理过程中，我国将科学治污、有效治污作为核心理念，建立了生态环境综合协同治理模式，并从区域污染治理着手，开展跨区域污染治理的增效行动，例如，建立了京津冀污染联动治理机制、长三角地区绿色发展协同治理机制等。全国各地区已经落实环境质量底线和生态红线制度，并对污染治理实施了网格化监管模式。在建设项目污染风险防控过程中，充分发挥环境影响评价制度的作用，从源头对建设项目产生的污染进行有效遏止。我国不仅重视规划环境影响评价，而且在不断探索战略环境影响评价在污染治理方面的作用。

具体而言，我国对污染行业和产业结构进行了调整，并开展了专项的大气污染整治工作，针对重点区域，建立大气污染联动监管协作，对控排企业进行分级、分类管理，并对违法企业进行严厉惩罚。从大气污染防治的成果看，我国大气污染治理效果明显（见表 1、图 1）。2021 年全国 168 个地级及以上城市环境空气质量优良天数比例为 81.9%，$PM_{2.5}$ 平均浓度比 2015 年下降 34.8%。

表 1　2021 年 339 个城市六项污染物各级别城市比例

单位：%

指标	一级	二级	超二级
$PM_{2.5}$	6.2	64.0	29.8
PM_{10}	23.9	58.1	18.0
O_3	2.7	82.6	14.7

---

① 《国家发展改革委新闻发布会 介绍生态文明建设有关工作情况》，https：//www. ndrc. gov. cn/xwdt/wszb/stwmjsyggzqk/，2022 年 9 月 21 日。

续表

指标	一级	二级	超二级
SO$_2$	98.2	1.8	0
NO$_2$	99.7(一级、二级标准相同)		0.3
CO	100.0(一级、二级标准相同)		0

资料来源:《2021年中国生态环境状况公报》。

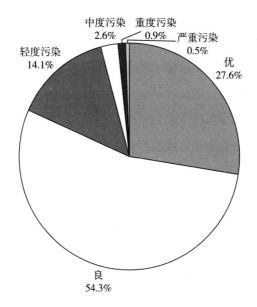

图1　2021年168个地级及以上城市环境空气质量各级别天数比例

资料来源:《2021年中国生态环境状况公报》。

　　从水污染的防治看,我国加大了农业农村和工业企业的点源污染、面源污染防治力度,并控制污染物排放到河海。2021年,全国地表水Ⅰ~Ⅲ类断面比例达到了84.9%。在《排污许可管理条例》的规制下,我国合法依规管控企业的违法排污行为。在流域生态治理中,我国开展了溯源防治工作,针对污水处理厂的排污行为进行网格化管理,并充分发挥河、湖长制的既有作用,有效加强了流域水体生物多样性的保护工作。我国将建立生态水环境考核评价体系,提升水体的质量和水生态服务系统的价值。在土壤和固体废弃物的防治方面，我国通过严格控制土壤污染风险，建立了修复名录，对地块实施资质审查和污染风险预警，并对化肥、农药等污染物进行控制，同时，建立了土壤修复的相关制度，土壤污染风险得到有效管控。我国稳步推进"无废城市"的建设进展，对固体废弃物进行精准管控，有效提升了危险废弃物的处置技术水平。[①]

3. 生态文明建设体制机制改革取得重大突破

党的十八大以来，以习近平同志为核心的党中央以前所未有的力度抓生态文明建设，提出了一系列原创性的新思想、新理念、新战略，我国生态文明体制改革步伐加快，已经取得了显著成效。从市场机制看，我国以绿色低碳发展理念为依托，形成了绿色经济市场机制、低碳经济产业结构。同时，通过将污染治理、节能减排和金融行业有机结合，创新出很多环境金融类衍生产品，如环境权益类工具、碳金融衍生产品、绿色资产抵质押融资等以新型标的资产作为投融资工具的绿色金融产品。从制度建构看，我国先后制定了现代环境治理体系、国家公园体制试点、生态保护补偿机制、生活垃圾分类制度、生产者责任延伸制等一系列改革方案。同时，酝酿环境法典的编纂工作，通过整合现有环境保护单行法，并以可持续发展理念为基本原则，将污染防治、生态资源保护和绿色低碳发展单独成编，作为环境法典化的重要组成部分，以系统化、科学化和精细化的制度设计保证生态环境资源不被破坏。此外，要求损害生态环境资源的主体承担相应的法律责任，更好地保障我国社会公众的环境权益。我国通过体制改革和立法明确了生态环境资源监管过程中各部门的职能权限，明晰各方责任，要求相关主体在行使权利的同时履行相应的环境保护义务，防止各部门对环境保护工作的"一刀切"和"懒作为"。我国环境执法处罚梯度设置合理，执法效果明显（见表2、表3）。

---

① 孟小燕、王毅：《我国推进"无废城市"建设的进展、问题及对策建议》，《中国科学院院刊》2022年第7期。

表2 **2021年全国一般行政处罚案件数及罚款金额**

单位：件，万元

地区	案件数	处罚金额
北京	5860	11634.48
天津	1101	11347.52
河北	19810	112699.30
山西	3187	50222.34
内蒙古	2251	21722.71
辽宁	3747	36612.77
吉林	1205	7701.63
黑龙江	788	14702.00
上海	1093	11436.99
江苏	15914	146378.90
浙江	7304	76951.89
安徽	2954	27394.59
福建	2445	20445.03
江西	1837	19373.75
山东	13440	148709.80
河南	9572	51304.92
湖南	2793	21586.82
湖北	1559	26915.15
广东	14108	147321.80
广西	1844	13472.33
海南	603	6894.57
重庆	2239	13157.53
四川	4644	36945.05
贵州	2052	20176.18
云南	4040	49235.91
西藏	256	3084.90
陕西	3720	34940.63
甘肃	953	8446.89
青海	178	2002.32
宁夏	460	5646.83

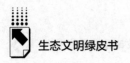

续表

地区	案件数	处罚金额
新疆	744	8886.57
新疆生产建设兵团	117	1307.80
总计	132818	1168659.90

资料来源：生态环境部网站，http://www.mee.gov.cn。

注：由于四舍五入，总计数量有些许误差。

表3 2021年全国环保法配套办法执行情况区域分布

单位：件，万元

地区	处罚类型						五类案件数
	按日连续处罚		查封、扣押	限产、停产	移送拘留	涉嫌污染	
	案件数	金额					
北京	0	0	615	5	14	16	650
天津	2	267.0	15	0	12	11	40
河北	76	5523.6	639	66	317	60	1158
山西	2	9.4	257	18	76	23	376
内蒙古	6	41.0	44	20	45	19	134
辽宁	11	2258.4	71	28	107	142	359
吉林	2	220.0	36	21	35	9	103
黑龙江	5	1294.8	29	13	31	4	82
上海	1	14.4	31	4	13	6	55
江苏	19	2784.3	1832	218	467	366	2902
浙江	0	0	662	42	275	195	1174
安徽	1	8.0	1456	138	136	46	1777
福建	4	14.7	392	17	176	75	664
江西	0	0	109	74	106	73	362
山东	2	530.0	354	40	281	160	837
河南	2	1299.0	354	23	44	55	478
湖北	2	76.0	137	21	88	36	284
湖南	0	0	41	21	222	52	336
广东	23	284.2	1188	121	345	341	2018
广西	2	119.9	90	36	49	43	220
海南	1	1.4	7	9	33	11	61

地区	处罚类型						五类案件数
	按日连续处罚		查封、扣押	限产、停产	移送拘留	涉嫌污染	
	案件数	金额					
重庆	0	0	27	14	38	45	124
四川	2	21.0	109	23	97	19	250
贵州	3	560.0	59	13	127	24	226
云南	0	0	24	44	97	6	171
西藏	0	0	12	0	3	0	15
陕西	27	431.0	181	41	88	4	341
甘肃	4	2694.5	16	1	23	7	51
青海	0	0	8	1	10	1	20
宁夏	0	0	37	6	7	8	58
新疆	1	124.1	42	9	24	9	85
新疆生产建设兵团	1	4.0	23	6	11	2	43
总计	199	18580.6	8897	1093	3397	1868	15454

资料来源：生态环境部网站，http://www.mee.gov.cn。

注：由于四舍五入，总计数量有些许误差。

从管理体制来看，我国相继制定了自然资源资产离任审计制度、自然资源资产产权制度等，明确了领导干部在自然资源保护和利用方面的责任，同时对自然资源资产的物权属性进行了进一步明确，更好地发挥了自然资源资产的经济价值。同时，积极探索生态产品价值实现机制，推进福建、江西、贵州、海南国家生态文明试验区建设，形成一批可复制、可推广的改革经验，为全国生态文明体制改革提供借鉴。不仅如此，针对环境管理体制机制，我国还加大了公众参与力度，《环境保护法》中已经将公众参与作为一项基本原则，在引导社会资本参与环境治理过程中，体现了多元治理的理念。

从环保督查来看，我国加大了环保督查的力度，2021年对17个省（区、市）和2家中央企业开展了环保督查工作，发布了典型案例共计91件，交办突出的环境问题一共314件，压实了环境治理中的政治责任，防止

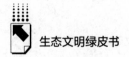

地方政府为促进经济发展而牺牲环境的潜在问题发生。① 在受损生态环境修复方面，截至 2021 年底，中国累计办理生态环境损害赔偿案件 1.13 万件，涉及的赔偿金额超 117 亿元。生态环境部主导制定了环境信息依法披露制度改革方案，对环境污染问题中的信息不对称等问题进行了有效规范，同时也对企业履行社会责任和环境责任提出了更高的要求。

从整体看，我国生态文明体制机制改革呈现了环境治理中的协同性、系统性和严谨性，从政府、企业、社会公众三个维度保证了环境治理的成效，并将三者连接为一个整体，其中，政府作为监管主体要求企业主动履行环境保护义务，同时建立了社会广泛参与监督的机制，进而形成了政府管控、企业履约和社会监督的生态文明监管系统性结构布局。

4. 保护生物多样性工作卓见成效

《生物多样性公约》对全球生态系统和生物多样性保护具有里程碑式的意义。针对生物多样性的惠益价值来说，《生物多样性公约》建立了整体性的保护框架，并对生物多样性与生态系统的互动关系进行了阐述。我国是《生物多样性公约》重要的缔约方之一，也是生物多样性最丰富的国家之一。我国在生物多样性保护方面取得了卓越成就，建立了国家履约信息联合机制。针对《生物多样性公约》的遵约，我国率先制订年度计划，建立了生物安全联络体系，形成了生物多样性保护遵约机制。我国开展了有关生物遗传资源、生物安全的执法检查，明确了破坏生态系统服务功能和生物多样性主体的法律责任，这些共同构成了我国生物多样性保护制度体系。针对生物多样性保护，我国坚持属地原则。我国已有 21 处自然保护区加入了"全球人类和生物圈保护区网络"，这有效地保护了野生动植物资源和自然惠益资源。我国先后启动实施了黄河三角洲湿地与生物多样性保护恢复等一批重点项目，深入开展大规模国土绿化行动。2021 年，我国森林覆盖率达到 24.02%，森林蓄积量达到 194.93 亿立方米，成为全球森林

---

① 生态环境部：《91 个通报案例再给生态环境保护敲响警钟》，https：//sthjt. henan. gov. cn/2022/01-25/2387800. html，2022 年 1 月 25 日。

资源增长较多的国家之一；草原综合植被覆盖度达到50.32%，湿地保护率达到52.65%；自然保护地面积占陆域国土面积比例达到18.00%。① 除此之外，我国还开展了一系列生物多样性宣传教育工作，对生物安全、生态系统服务功能、野生动植物保护等方面进行科普宣传，加大了生物多样性保护工作的公众参与力度。

保护生物多样性对我国实现可持续发展目标来说具有重要意义，作为《生物多样性公约》的重要缔约方，我国正在积极修订《中国生物多样性行动计划》，并针对外来入侵物种以及生物遗传资源的共享和传承保护等方面进行补充和完善，从多个方面加强对生物安全的维护和对生态系统的可持续性利用。我国还在积极与国际环境基金开展有关生物多样性保护方面的国际合作。我国提出了要对生物多样性关键区域进行重点保护的计划安排，这其中包括对建立的27个自然保护区和6个农作物、家畜及野生亲缘种的保护和监管；明确了生物多样性保护的底线，即禁止在关键区域内建设环境污染工程，维护生态系统的惠益价值，同时建立示范基地，为国际社会提供可借鉴的生物多样性保护样板。在能力建设方面，我国将强化生物多样性信息交流，组建全球生物多样性信息的沟通网络，实现信息互通互联，同时，加大对生物多样性保护资金的投入力度，这其中不仅包括从国际组织获取的相应支持资金，而且包括社会资本参与的生物多样性保护基金。我国也在不断探索创新生物多样性金融衍生产品，完善以市场机制为基础、并与《生物多样性公约》相结合的政策体系。

（二）我国生态文明建设的发展态势

1. 构建以生态价值观念为准则的环境管理体系

首先，我国应当构建生态经济体系。生态经济体系即促进绿色可持续发展的经济运行体系，包括绿色产业和绿色供应链。生态经济体系的涵盖

---

① 《我国产业结构优化升级 能源绿色低碳转型成效显著》，https：//m. gmw. cn/baijia/2022 - 09/22/1303150851. html，2022年9月22日。

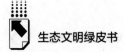

范围较循环经济体系更为宽泛，包括污染排放和温室气体排放的总量控制及市场机制。绿色产业作为生态经济体系的重要组成部分，要求企业调整产业结构，大力创新绿色节能减排技术。政府通过制定对控排企业的帮扶政策来实施清单化管理，严格遵守"三同时"制度等。我国大力推进节能减排和资源节约集约循环利用，建立并完善了能耗双控制度，强化重点用能单位管理，引导重点行业企业节能改造，开展绿色生活创建行动，大力发展循环经济，实施园区循环化改造，构建废旧物资循环利用体系，已经建立起循环经济体系。2021年，我国清洁能源消费占比上升至25.5%，煤炭消费占比下降至56.0%，风光发电装机规模比2012年增长了约12倍，新能源发电量首次超过1万亿千瓦时。绿色供应链要求经济社会主体在生产生活中形成绿色生产、绿色消费和绿色生活的理念，逐步推动产业低碳集约、精细生产和绿色循环发展。生态经济体系的建立体现了兼顾污染防治、碳排放总量控制与经济发展的系统思维，促进了绿色减排技术研发，进而规避了以往发展经济牺牲环境的"褐色经济"发展弊端。与2012年相比，2021年我国单位GDP能耗下降了26.4%，单位GDP二氧化碳排放下降了34.4%，单位GDP水耗下降了45.0%，主要资源产出率提高了约58.0%。

其次，建立生态环境目标责任评估体系。环境管理的效能提升有赖于目标责任的确认和评估。为了防止在环境治理中的权力寻租和监管俘获，政府应当明确自然资源管理和环境污染治理的目标责任，并结合地区优势和经济发展水平切实开展环境治理工作，建立评估指标和综合评价方法。区域环境资源承载力与环境质量提升是保证环境治理效果的核心和关键，因此，应当以环境治理效果的明显提升为刚性评价指标，不断完善跨区域环境污染监管联动机制。通过健全生态环境问责和申诉机制，统筹区域环境治理的考核评价，以此减少诸如"运动式减碳""运动式环保执法"等现象发生，明晰生态环境治理的具体评价指标，系统构建以评促改的生态环境目标责任评估体系。

最后，构建生态安全风险预警体系。风险预警可以有效地防止生态风险涟漪式扩大，防止其对整个综合生态系统产生不可逆的影响。生态风险包括确定性风险和不确定性风险，确定性生态风险是指科学已经证实的能够引发环境问题的风险，而不确定性生态风险是指科学无法证实的，但是可能会对环境产生负面影响的风险。我们应当采取严格的生态风险评估机制，并采取沙箱测试的方式模拟潜在风险的等级、是否可逆，以及发生生态风险事故以后的应对措施等。生态安全是国家安全的重要组成部分，同时也是我国生态环境资源的承载底线，因此，为了能够对生态风险进行有效防控，我国应当建立生态安全风险预警体系，对生态风险进行监测，并建立系统、科学和精准的全过程、多维度生态风险预警体制机制。

2. 构建生态文明建设制度顶层设计和体系

自《环境保护法》修订以后，我国生态文明建设的制度设计愈渐规范和完善，形成了以《宪法》为统领、环境法为核心、其他部门法为补充的生态文明法治体系。不过我国目前的环境法律规范碎片化趋势明显，法律法规和政策亟待统一规范。我国已经启动环境法典的编撰研究工作，环境法典的编撰分为污染防治编、自然资源保护编和绿色低碳发展编，不同篇章的内容分别对应生态文明建设的不同阶段。其中，污染防治编聚焦生态环境污染行为的规制效果，整合现有的大气、水、土壤、固体废弃物、噪声等污染防治的法律法规，通过法典化的方式对生态环境污染防治中各方主体的权利、义务等进行明晰。[①] 自然资源保护编着眼于自然保护区、自然保护地以及生物多样性等自然资源资产的管理和产权的明晰，通过法典化的方式规定生态损害赔偿责任，有效发挥自然资源资产的价值。自然资源保护编的编撰保护了生态系统服务功能和生物多样性，并贯彻落实了损害担责原则，更好地促进了多元主体对自然资源的合理开发和利用，体现了可持续发展中代际、代内公平的基本原则。绿色低碳发展编则着眼于我国经济社会的绿色、低碳发展，旨在规范社会公众形成的绿色生产、绿色消费和绿色生活理念，同时要求社会公众参与环境保护和社会治理。绿色发展要求企业履行环境

---

① 吕忠梅：《中国环境法典的编纂条件及基本定位》，《当代法学》2021 年第 6 期。

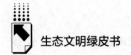

责任，及时、准确和客观的对环境信息进行披露，对产品的绿色足迹进行追踪，从源头促进生产供应链的绿色化。低碳发展是我国碳达峰、碳中和目标的最终体现，是碳排放总量控制下市场机制运行的基础。低碳发展要求我国建立低碳经济运行机制，优化和完善能耗双控制度，建立统一规范的碳排放统计核算体系。低碳发展的重点在于使用清洁能源，促进控排企业低碳技术创新，形成以风能、太阳能等为主导的新能源利用格局。

因此，我国正在从制度的顶层设计出发，将环境保护规划纳入经济发展规划，同时强化制度体系对环境治理的保障功能，从制度层面明晰社会多元主体在参与环境治理中的权利、义务和责任。我国生态环境部门通过不断完善环境污染防控制度、生态补偿制度、自然资源产权保护和合理使用制度等，逐渐构建起生态文明建设的系统制度体系。除此之外，我国也应当不断强化针对生态文明建设的权责制衡机制，通过建立生态文明绩效考核机制、责任追究机制等，完善我国环保督察的体制结构，有序推进我国生态文明建设的步伐。

3. 坚持减污降碳积蓄绿色低碳发展新动能

减污降碳协同增效是我国在提出碳达峰、碳中和目标以后新的统筹安排。首先，应当统筹推进我国温室气体排放报告清单编制工作。温室气体排放报告清单是实现我国碳达峰、碳中和目标的重要抓手，也是反映我国碳排放总量控制效果的重要参考依据。[①] 温室气体排放报告清单编制工作是基础性工作，应当按照客观性原则、及时性原则和准确性原则对温室气体排放信息进行披露，以此识别温室气体的主要排放源，对各行业领域的温室气体排放情况进行全面掌握，并对未来减缓和适应气候变化的行动安排、减排潜力进行预测，从而制定相应的政策，摸清目前我国重点排放单位的温室气体排放现状，以翔实的数据为我国碳达峰、碳中和目标落实提供实证支撑，有利于我国建设覆盖范围更广的碳排放权交易市场。

---

① 《黄润秋常委的发言：坚持降碳减污扩绿增长协同》，http：//www.cppcc.gov.cn/zxww/ 2022/06/23/ARTI1655966126830544.shtml，2022 年 6 月 23 日。

其次，我国应当统筹推进全国重点排放单位的碳交易和碳税政策规划安排。国外有关碳排放总量控制的实践表明，利用碳交易和碳税的协同作用能够更好地实现碳达峰、碳中和目标。碳交易是以市场化的方式将碳排放权作为一种新型标的资产进行交易的金融行为，也是一种创新的金融衍生品交易方式。而碳税则是通过税收的方式，要求企业生产高碳排放产品时缴纳碳排放税，以法定税率的方式强制约束控排企业履行减排责任。由此可见，碳排放权交易是一种市场激励的软约束机制，而碳税则是硬约束机制，这也是两者的本质区别。我国正推出碳减排支持工具和煤炭清洁高效利用专项再贷款，持续完善财税、投资、金融、价格等方面政策，推进碳市场健康有序发展。但是，目前我国还尚未将碳税写入资源税法、环境税法，因此，应当加快绿色税制的改革，促使碳税与碳交易两个政策协同增效，保证控排企业能够切实履行碳减排义务。

再次，我国应当适时建立企业减污降碳示范区，政府应当设立减污降碳试点。我国已经出台了《减污降碳协同增效实施方案》，对企业减污降碳提出了更高要求。各地方政府应当制定减污降碳示范区的建设方案，实现企业减污降碳的考核评价体系、产品全生命周期的低碳供应链管理体制，以及企业低碳发展战略决策和资源配置的统筹规划。污染防治与碳排放总量控制之间的耦合治理，能够更好地推动减污降碳目标的有效落实。试点和示范区的标杆效应，能够促使各地建立林业碳汇减排项目、低碳数字化应用项目等产业园区。源头减排是一种直接减排方式，其通过控制企业生产经营中的碳排放总量实现减排目标。而林业碳汇项目以及清洁发展机制则是一种间接减排方式，其通过林木吸收空气中的二氧化碳来实现减排效果。因此，建立全环境要素减污降碳增效示范区，将直接减排和间接减排相结合，能够更好地实现减污降碳的目标。

最后，我国应当持续推进产业优化升级。近年来，我国大力推进供给侧结构性改革，新产业、新业态、新模式蓬勃发展，产业结构优化升级取得明显成效。2021年，全国高技术制造业增加值占规模以上工业增加值的比重为15.5%；"三新"产业增加值占GDP的比重达17.3%；新能源产业全球

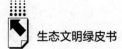

领先，为全球市场提供超过 70.0% 的光伏组件；当年城镇新建绿色建筑面积占当年城镇新建建筑面积的比例提升至 84.0%。① 但是，也必须承认当前我国产业层次水平还不够高，落后产能、过剩产能还有待进一步解决，这影响了"双碳"目标的实现和生态文明的建设。因此，要遏制高耗能、高排放、低水平项目盲目发展，大力推动传统产业优化升级，积极发展战略性新兴产业，积蓄产业层面绿色低碳发展新动能。

4. 参与全球气候治理落实提交国家自主贡献报告

随着格拉斯哥气候大会的召开，我国已经成为全球气候治理重要的贡献者和引领者。作为全球最大的发展中国家，我国一直在积极践行人类命运共同体的理念，积极向联合国气候变化缔约方大会提交国家自主贡献报告，履行《巴黎协定》赋予我国的减排义务，并在多双边机制中发挥重要作用，推动构建公平合理、合作共赢的全球环境治理体系。在共同但有区别责任原则和各自能力原则的基础上，我国深度参与国际气候合作，并不断加强与其他发达国家、发展中国家的交流和联系，率先发布《中国落实 2030 年可持续发展议程国别方案》，实施《国家应对气候变化规划（2014—2020年）》。② 全球气候治理需要国际社会共同的努力，以此实现《巴黎协定》1.5 摄氏度的减排目标；同时，全球气候治理需要多个机制发挥作用，需要各个机制之间相互联系。从技术机制看，我国已经同多个国家开展碳捕集与封存技术的国际合作，在碳达峰、碳中和目标下，我国积极开展减排技术创新，并加强应对气候变化方面的技术贸易和服务贸易。从资金机制看，我国与绿色气候基金、全球环境基金等国际金融组织开展深入合作，同时，建立了气候变化南南合作基金，加强与发展中国家可持续发展项目的合作。作为发展中国家，我国积极提升融资能力，有效开展多样化的应对气候变化多边

---

① 《我国产业结构优化升级 能源绿色低碳转型成效显著》，https://m.gmw.cn/baijia/2022-09/22/1303150851.html，2022 年 9 月 22 日。

② 《国家林业局办公室关于印发〈中国落实 2030 年可持续发展议程国别方案——林业行动计划〉的通知》，http://www.forestry.gov.cn/main/58/20170106/937020.html，2017 年 1 月 6 日。

行动安排。从全球盘点机制看，我国在不断提升温室气体排放数据的报告能力，要求企业履行碳排放的信息披露责任，并及时、准确提交国家自主贡献报告，推动温室气体排放的全球盘点，倡导各国在《巴黎协定》"自下而上"的减排模式下切实地履行责任。从市场机制看，我国已于2017年统一了全国碳排放权交易市场，并制定了《碳排放权交易管理暂行条例》。未来我国将研究制定应对气候变化的法律，并将不断探索与其他国家在气候融资和绿色金融等方面的国际合作，增加互信基础。我国也在扎实推进绿色"一带一路"建设，建立跨国碳排放权交易市场，并不断完善自愿碳减排标准，支持发展中国家能源绿色低碳发展。

美国、欧盟等国家和地区的碳边境调节机制，对WTO下多边贸易体制提出了挑战。在全球气候治理博弈格局中，中国应当不断强化应对西方国家气候贸易壁垒的对策和措施，并不断加快低碳贸易发展进程，在坚持多边主义共识的基础上，对国内高碳产品的产业结构进行绿色转型，发挥绿色税制的作用，合理应对西方国家设定的气候贸易壁垒。加强全球气候治理是国际社会的共同目标，应对气候变化也逐渐成为国际社会的核心议程。

二　生态文明建设的重要举措

我国生态文明建设已经取得了卓越成就，在新《环境保护法》的统筹下，预防为主、保护优先、综合治理、公众参与和损害担责成为我国生态文明建设的重要依托，我国在提升污染风险管控标准、加大生态系统保护力度、着力解决突出环境问题、推进绿色发展理念和改革生态环境监管体制方面取得了很多成果。

（一）预防为主：提升污染风险管控标准

预防为主原则是我国环境治理的首要基本原则，也是改变以往"先污染后治理"道路的唯一路径。从应对型的环境治理向预防型的环境治理转

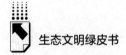

变过程中，我国降低了环境违法行为的标准，同时坚决遏止违规排放行为。但是，针对从根源解决污染防控而言，最重要的是提升污染风险的管控标准，加强污染风险的预警，这也是我国污染防控攻坚战的重要一环。污染防控涉及水、大气、土壤、噪声等多项环境要素，这些要素是综合生态系统的组成部分。近年来，我国极为重视对环境污染风险的防控，治理卓有成效，但是环境污染风险的预防与环境治理现实的诉求之间仍然存在一定差异，为了更好地防范环境污染风险，我国应当尽快建立环境风险预警与应对机制并健全相关体系。

首先，从制度体系的保障看，我国应当提升污染环境风险管控的标准。环境污染具有很强的复杂性、隐匿性和持续性，一旦污染行为促成，其对生态环境造成损害的风险和危及人类环境健康的后果将会愈演愈烈。不管是针对确定性风险还是不确定性风险，均应当建立环境风险防控预警机制，坚持底线思维，严格守护我国环境风险的"三条线"，即生态红线、环境质量底线和资源承载上限。① 污染环境风险预防有赖于环境标准的提升，应当从环境污染行为的事前进行控制，加强对污染环境行为风险的审查和管控。除此之外，还应当从标准的制定方面明确污染环境风险的主体权限和责任。"大气十条""水十条"等环境标准对我国有效防止环境要素污染风险而言具有司法支撑功能。各地方也应当充分吸收我国各类环境污染防控单行法的相关内容，贯彻落实以污染环境风险预防为主的基本原则和理念，制定高于国家相关法律法规的环境风险控制标准。政府生态环境保护部门应提升环境要素修复地方性标准、环境影响评价标准以及环境污染风险筛选标准，将预防为主的基本原则融入执法检查，明确污染环境风险的预警阈值和管控底线。

其次，从污染环境风险预警体制机制的建立看，我国应当建立污染环境风险联防协调共治模式，充分发挥各个部门的职能优势。由于涉及污染

---

① 张明善、胡运禄：《严守三条生态"红线"持续破解民族地区高质量发展难题》，http：//
ethn. cssn. cn/mzx/jjst/202206/t20220630_ 5414920. shtml，2022 年 6 月 30 日。

环境的风险管控部门较多，应当在生态环境部门的主导下建立防范污染环境风险的专门机构，进一步联合各部门进行环境风险治理。污染环境风险从产生的危害上可以分为生态风险和健康风险，各部门在联合的过程中应当明晰各方责任，并在生态环境部门的统筹和协调下，建立信息沟通机制、执法协调机制和公共干预机制，更好地促进各部门在环境治理中互通互联。完善的环境要素全过程、多元化风险防控机制，可以有效地将生态风险和健康风险的预警和应对纳入我国环境治理的常态化管理，保障我国生态资源不被破坏的同时，维护社会公众的环境健康。具体而言，第一，我国应当完善对大气、土壤、海洋、噪声等各种环境要素污染情况的调查采样，构建各类环境要素数据信息披露系统和监管系统，对重点排放的行业、产业和企业进行跟踪监督，加快对重点污染区域的环境风险排查。第二，建立环境污染风险评估体系，包括风险等级的确定、风险程度的划分等，为全过程监管提供基础数据和实证支撑。完善我国各类环境要素污染风险的修复名录，并进行及时更新，保证污染环境风险管控的灵活性和动态性。第三，实施污染环境风险的区块化管理。区块化管理将整体区域划分为绿色清洁区域、轻度污染区域、重度污染区域等，并对涉及的各类环境要素风险进行应对和修复。通过破除"唯 GDP 论"等主张，加大对地方污染防治和自然资源保护方面的问责力度，要求社会公众参与各类环境要素污染的防治。通过对地方污染环境风险治理水平和治理效果进行评价和考核并制定奖惩机制，促进地方政府重视其行政区划内污染环境风险的防控工作，更好地体现源头治理的理念，有效地贯彻落实环境治理中的预防为主原则。

（二）保护优先：加大生态系统保护力度

生态系统不仅具有重要的调节功能，而且具有很强的服务功能。近年来，我国对生态系统的保护愈渐重视，提出了许多重要举措，例如，开展山水林田湖草沙一体化保护和修复，推进大规模国土绿化行动；建立生态保护红线，加大生物多样性保护力度，加强生态惠益共享等。针对生态系统的保

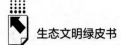

护，应当贯彻习近平总书记提出的"绿水青山就是金山银山"的生态文明理念，统筹综合生态系统中各类自然资源的治理，明晰生态损害赔偿责任，以此提升我国生态系统保护的系统性、整体性和科学性水平。生态系统的保护要遵循大局观念，各类自然资源之间是相互联系、彼此依存的共同体，如果没有针对性的保护生态系统，则会牵一发而动全身，使生态系统整体受到不同程度的损害。对生态系统的保护不仅包括对破坏自然资源、危及生态安全行为进行的及时遏制，还包括对自然资源的合理运用。自然资源的过度使用和开采，以及荒闲浪费均会造成自然资源配置的失灵。为了使社会主体、自然资源及社会发展三者之间相互协调和平衡，我国应当建立生态系统的综合保护机制，通过创新政策联动的保障机制，调整自然资源利用的现有格局，同时优化自然资源产权结构，发挥自然资源资产作用。

具体而言，首先，应当明晰生态损害赔偿的责任。我国应当加强生态损害赔偿诉讼制度的建立。生态损害赔偿诉讼保护的是社会公共利益，明晰的生态损害赔偿责任，能够使环境违法主体为其损害环境的行为承担相应的责任，要求该责任主体修复受损失的生态环境；而针对无法修复的永久性损害，责任主体应当采取其他替代性措施进行弥补，如通过建造间接环境补偿设施、污水处理设施等，间接补偿受损害的生态环境。① 生态损害赔偿包括针对污染的清理费用和修复费用，还包括对生态系统服务功能损失的鉴定和评估费用等。

其次，建立健全生态产品价值化的市场机制。针对生态产品价值化，中共中央办公厅、国务院办公厅印发了《关于建立健全生态产品价值实现机制的意见》，对我国生态产品价值化过程中的合理性、科学性提出了更高要求。"绿水青山"转化为"金山银山"需要对生态产品进行有效定价，然后以市场化的机制将生态产品的经济价值发挥出来，使生态产品能够在市场中进行交易。近年来，我国已经探索建立了许多环境权益

---

① 王自巧：《生态环境修复责任与环境损害赔偿间的衔接适用——以民法典为视角》，《西部学刊》2022 年第 18 期。

类的投融资工具，如碳排放权交易工具、环境金融衍生品交易工具以及气候债券等市场主体能够接受的生态产品。但是，生态产品本身作为自然资源资产，其生态价值和经济价值应当通过市场机制的方式实现，这就包含通过合理的定价机制发挥自然资源资产的作用等。与此同时，还应当将生态产品价值与生态损害赔偿相关联，并将生态产品的市场交易行为与生态补偿相协调，健全具有整体性和系统性的生态系统价值实现市场机制。

最后，应当维护生态安全并坚守生态红线。生态安全包括生态环境要素安全和生物安全。在社会公众对生态环境质量和生物多样性保护的要求不断提升的过程中，保障生态安全和维护生态红线就显得尤为重要。生态安全也是国家安全的重要组成部分，如果生态环境事故的发生突破生态红线，就必然会对整个生态系统和生物多样性带来严重的损害，这种损害很有可能是不可逆的。我国已经建立空间规划体制，从全国和各地方行政区划两个维度划定生态红线、永久基本农田、城镇开发边界三类限制，明确生态空间、农业空间和发展空间。[1] 同时，我国也在逐渐对国家公园、自然保护区、自然保护地建立生态补偿机制，并推动出台了《湿地保护法》，以此维护正常的生态秩序。近年来，我国针对土地荒漠化的治理也越来越成熟，对水土流失等问题进行了治理。针对生态林业资源的保护和退耕还林等生态系统维护工程，我国正在进一步改革体制机制，以更好地推进该项事业。具体而言，中央和地方不断增加资金投入，先后建立森林生态效益补偿制度和重点生态功能区转移支付制度，推进实施第三轮草原生态保护补助奖励政策，并积极探索开展湿地、沙化土地、轮作休耕等领域的生态保护补偿工作，自然生态系统和重点生态区域的保护力度不断加大。"十三五"期间，中央层面年度安排各类生态保护补偿资金的额度近 2000 亿元。[2] 在野生动植物保护方面，

---

[1] 《统筹划定落实生态保护红线、永久基本农田、城镇开发边界三条控制线的基本原则是什么》，https://nr.sg.gov.cn/ywzsk/tdgl/content/post_ 2098587.html，2021年12月16日。

[2] 《国家发改委："十三五"期间 中央安排生态保护补偿资金近2000亿》，https://tv.cctv.com/2022/09/23/VIDEOGkldaKQepVbJO7truVa220923.shtml，2021年9月23日。

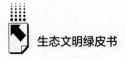

面对各种公共健康危机，我国将进一步完善野生动物保护的名录，通过修改《野生动物保护法》抢救性保护濒危野生动植物，维护生物安全。

（三）综合治理：着力解决突出环境问题

我国提出要对突出的环境问题进行综合治理，这既包括治理要素的多元性，也包括治理手段的综合性。治理要素的多元性指的是对生态环境污染的多种环境介质进行全过程式与整体推进式的治理。而治理手段的综合性指的是通过奖罚结合的方式，不断创新治理工具，并提升治理效能。突出重点环境问题的治理应当因地制宜的推进，并对面源污染问题和点源污染问题进行分类统筹，加大环境治理的力度。针对突出环境问题的综合治理应当以生态价值的最终实现为目标，通过政府引导，引入社会资本，发挥市场机制在重点环境问题治理中的作用，并形成规范的环境治理体制，保证治理的透明度和有效性。

从突出环境问题综合治理的类型化看，应当构建突出环境问题综合治理的网格化监管结构，并分类施策，以城市、县、乡、村等作为基本网格单元，优先治理社会公众反映较为强烈的环境污染突出问题，并在重点环境治理的基础上，逐步扩大区块化环境治理的范围。从治理内容看，应当重点对危及社会公众生命安全的环境问题进行整治，并针对农业面源污染和土壤污染防治等问题制定强有力的保护措施。从创新突出环境问题综合治理手段看，应综合运用社会信用机制、黑名单制度以及激励约束机制，提升突出环境问题的综合治理效果。可以通过生态环境监管部门建立统筹治理基金，专项用于治理突出的环境问题，而对于列入黑名单的企业或监管单位，取消各种扶持政策，并对其进行社会信用的惩戒，追究污染主体的法律责任。

除此之外，还应当建立突出环境问题综合治理的考核评价机制。一些地方政府生态环境监管部门怠于履行职责，针对社会公众反映的突出环境问题，其仅从表面而并非从根源解决。因此，应当从社会公众满意度的角度来考核地方政府生态环境监管部门处理突出环境问题的效果，对治理资金的适用、治污设备的运行以及政策的实施效果等方面进行综合考核。同时，我国生态环境部应当对地方解决突出环境问题的情况进行抽查，重点对目标责任的落实和综合治理效果进行评价，并对考核较好的地区给予相应的奖励，反之则对其进行相应的惩戒，限制其申报环境治理专项资金。

建立多部门联合治理机制，对突出环境问题进行治理。突出环境问题治理需要多部门相互配合才能形成合力，仅依靠单一部门无法对突出环境问题进行有效治理。生态环境部门应当对突出环境问题的治理做好统筹，对相关政策的有效落实进行监督和检查，同时，对地方环境治理的情况开展考核评估等。通过编制全国重点地区突出环境问题综合治理规划方案，制定具有针对性的环境政策，并规定政策支持的目标范围和财政资金支持情况，为各地开展重点突出环境问题的整治工作明确方向并提供相应支撑。而有关财政资金的配套措施就需要依托于财政部门，生态环境部门应当制定出台有关突出环境问题资金拨付使用的具体管理规则。除此之外，国家发改委应当制定综合性的政策措施以不断夯实突出环境问题的整治效果。构建多部门的立法协调机制和执法联动机制，保证立法质量和执法效率。

（四）公众参与：推进绿色发展理念

自生态文明体制改革以后，我国加大了环境治理公众参与的力度，提升了公众参与环境事务的水平。建立在不同层次和领域的环境保护组织，对生态系统多要素进行保护和治理，其提起的公益诉讼制度设计也在不断健全，更好地促进社会公众参与环境教育、环境宣传。环境治理的公众参与原则能够使社会多元主体树立人与自然和谐共生的理念，秉持可持续发展的价值共识。近年来，我国有很多青年群体加入环境保护公益组织，促进了生态产品价值化和环境权益价值的实现。我国已经形成了以环境保护公益组织为主体，以绿色低碳发展理念为共识的公众参与格局。公众参与原则的落实保障了环境治理中社会公众的知情权、监督权和参与权，自然之友等环保公益组织发起的环境类公益诉讼，能够从保护公共利益的角度维护环境秩序，也对生态环境保护起到了更好的预防作用。除此之外，企业也在践行绿色低碳发展的理念，积极参与环境治理工作，成为参与环境决策的重要主体。目前，

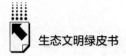

我国已经形成了以政府、企业和社会公众共同参与环境治理的格局，建立了"公益管护员"的体系。社会公众可以在参与环境治理的过程中维护自己最基本的环境权益，同时对受损害的环境利益及时救济，切实有效地将"绿水青山"转化为"金山银山"。①

我国环境保护公益组织在加大环境保护力度方面发挥了重要作用，但不能忽视的一点是，社会资本对我国环境保护公益组织的投入稍显薄弱，同时，我国环境保护社会组织参与全球环境保护事务的能力也亟待提升。为了解决目前社会公众参与环境治理所面临的困境，应当针对环境保护战略规划和行动安排、政策的制定和实施，开展听证会、论证会，征求有关专家的意见和建议，为环境公益组织提升发展能力奠定基础。另外，应当积极建立社会资本引入环境治理的机制，发挥社会资本在环境公益组织的筹建、行动等方面的重要作用。在践行绿色低碳发展理念、创新环境治理工具的过程中，应当科学的评估区域经济发展与生态资源保护的关系，鼓励当地居民参与环境治理，通过建立激励机制，将社会公众由环境治理的参与者变为监督者，有效地促进环境治理与区域经济发展的良性互动。通过不断探索评估企业生产经营对环境治理的影响，加快绿色供应链的形成，构建清洁生产、绿色消费和绿色流通的营商环境。同时，为产品添加碳标签、绿色标识以促进和引导消费者选择绿色产品践行绿色低碳发展理念。公众参与环境治理能够提升绿色经济发展效率，通过建立绿色金融体系与企业 ESG 管理体系，促进企业与社会组织合作，将环境影响纳入企业投融资过程，并凭借创新绿色融资工具建立"基于自然的解决方案"的发展脉络。

我国应当引导企业和社会公众利用多样化的手段参与环境治理，对环境质量进行监测，并对环境治理效果进行综合评价。通过建立健全环境保护数据库，发挥环境保护公益组织在环境治理实践中的示范作用，尤其是以社区保护地、公益保护地等其他有效区域保护措施（Other Effective Area-based

---

① 姜峰、何世一：《设立公益岗位 形成管护体系 呵护中华水塔生态护建设让牧民受益》，《人民日报》2020 年 12 月 7 日。

Conservation Measures，OECMs），弥合那些未涵盖于重要环境保护名录中的自然资源等。我国环境保护公益组织应当不断加强与国际环境保护组织的合作，参与全球环境治理并建立全球环境发展网络。在全球生物多样性治理、气候治理和海洋治理等联合国缔约方大会中，我国应发出中国声音，体现中国在参与全球环境治理中的智慧。从传播的角度看，我国还应当健全社会公众参与环境治理的媒体渠道，切实准确地公开有关环境保护方面的相关信息，倡导社会公众能够做出符合环境科学基本规律的行为决策，鼓励广大群众对损害生态环境的违法行为进行举报。

公众环境保护意识的增强、绿色低碳理念的提升，以及地方层面环境保护探索实践的不断进步都能够加快社会公众参与环境治理的进程，公众参与原则也将在环境治理中发挥更大的作用。除鼓励环境公益组织、社会公众等多元主体提升自我参与环境保护决策方面的能力以外，我国还应当建立健全社会公众参与环境治理的政策体系和激励机制，以政府购买服务等方式开展社会组织、企业和个人环境治理方面的宣传教育和咨询，完善自然资源保护的监督机制，鼓励社会公众对林木毁损、野生动物非法交易、违法排污等现象进行举报，促使企业及时准确地披露环境信息，接受舆论的监督。与此同时，针对社会公众指出的突出环境问题，有关部门应当及时回应，健全生态损害赔偿和公益诉讼制度，有效地保障社会公众参与环境治理的合法权益。

（五）损害担责：改革生态环境监管体制

损害担责原则要求环境违法主体承担相应的法律责任，并对受损害的生态环境资源实施补偿、修复，以此维护环境完整性。我国已经改变了生态环境监管体制，夯实了地方政府的环境治理责任基础，地方政府应当对环境保护负首要责任。我国已经建立了领导干部自然资源资产离任审计制度，针对生态环境资源的保护，应当对地方政府领导干部设定目标，考核本地区内自然资源利用情况和生态环境质量；针对地方政府监管主体在环境综合执法过程中权力寻租、违规办案等情况，应当进行责任追究，同时严格遏制地方政府针对环境治理"一刀切""不作为、懒作为"等运动式环保治理的情况

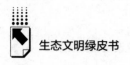

发生。

第一，针对环境质量监管问题，地方生态环境部门负有重要责任。地方生态环境部门对环境质量的监测、对企业排污等行为的监管，是贯彻落实损害担责原则的基础。如果地方生态环境部门不能很好地对环境治理情况进行指导、监督和检查，就会造成区域内控排企业宁可选择缴纳罚款也不履行环境保护责任的现象发生，这是因为企业违法排污或不采取环保设施更加节省成本，同时所获利润远大于违法缴纳的罚款。因此，地方生态环境部门应当综合统筹环境治理的进程，强化现场环境保护设施的监督和检查，并在授权范围内严格执行排污许可等环境治理相关工作，有效落实主体责任。除此之外，应当明确各职能部门针对环境治理的责任边界，在工业、农业、城乡结合、资源开采、交通运输以及自然资源维护等方面，赋予各部门相应的环境责任，形成多部门联动的环境治理体制机制。还有很多环境违法主体在两地的行政区划衔接处进行排污，这可能造成两地生态环境部门对环境违法行为监管的相互推诿。因此，应当建立跨区域的环境治理综合执法机制，杜绝不同行政区划衔接区域环境污染潜在风险。

第二，加大环境监测和环境监察力度。通过跨区域派驻等方式对地区环境污染治理情况进行监察，生态环境部门应当对环境质量标准的制定、执行实施方面负责，并及时向地方政府进行报告。① 完善现有的环境监测体制结构，对生态环境的质量进行监测、考量和评估。省级和驻市环境监测机构应当对环境质量监测的公平、公正负责。环境监测机构的职能不仅包括对生态环境质量的监测，同时也包括对环境执法行为的监测。我国应当构建环境监测和执法联动的机制，强化现有的垂直管理体制，依法赋予环境监测机构对其区域内企业进行现场检查的权力。从环境监测执法方面看，应当建立环境违法处置的制衡机制，也即通过约束环保执法主体的自由裁量权，保证环境执法主体能够依法依规开展环境监察。环境违法行为具有很强的隐匿性和复

---

① 《加强新污染物治理 以更高标准深入打好污染防治攻坚战》，https：//www.mee.gov.cn/zcwj/zcjd/202207/t20220714_ 988671. shtml，2022 年 7 月 14 日。

杂性，执法主体在调查取证、判断因果关系方面存在很大的困境，因此，应当强化环境监测机构的能力建设。

第三，应当建立跨区域环境治理信息共享机制。鉴于生态系统具有互通互联的特征，在大气污染治理、流域水环境治理方面，单一地区的环境治理无法发挥有效作用，因此，跨区域的环境治理信息共享十分重要。各地方可以根据流域对环境治理的区块进行设置，形成跨区域环境治理的合力，驻市环境监管部门应当对跨区域、流域的环境质量负责，分享动态监管信息。我国应通过设立环境监管信息共享平台，规避信息不对称的弊端，增强环境监测和执法的联动效果；通过构建生态环境质量监管信息传输网络与大数据分享机制，鼓励地方政府及其生态环境监管机构开展成果共用方面的互动。此外，生态环境监管机构也应将环境治理监察、环境质量监控等信息及时向相关机构进行报告，保证信息传递的及时性、准确性和有效性。

三 生态文明建设的主要成效

我国生态文明建设已经取得卓越成效，各地方政府也在不断加大生态环境保护的力度，夯实主体责任基础。近年来，我国通过环境治理体制机制，有效提升环境法律的效力位阶，通过生态环保督查促进地方政府履行环境监管责任，并开展针对领导干部的自然资源资产离任审计，在自然生态保护、水生态环境保护、海洋生态环境保护、大气环境保护、应对气候变化、土壤生态环境保护、固体废物与化学品管理等方面均取得了良好进展。

（一）明确自然资源开发利用和生态环境保护的关系

截至2020年，我国已经形成了权责明确、产权清晰和监管合理的自然资源开发和利用制度体系，提升了自然资源的利用和保护能力，这些制度体系有效地保障了国家生态安全，促进了自然资源有效、合理利用和有序发展的新格局的形成。

从自然资源产权改革情况看，在生态文明体制改革方案出台以后，我国

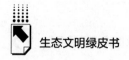
一直在对自然资源资产产权制度进行完善，将使用权与所有权分离，并将自然资源资产权能发挥与国土空间规划相匹配。在此基础上，我国也在不断探索自然资源经营权的抵押和质押，更好地促进了国土空间的合理开发和利用。我国也在不断推动探矿权、采矿权与土地使用权、海域使用权相连接，从自然资源资产变现的角度加强对海域使用的权利质押、担保等行为的监管。① 中央与地方应对自然资源资产收益的收支格局进行合理、合法调整，并不断对受损害的自然资源进行修复。我国在大力推进乡村振兴的进程中，应当明晰农村集体所有的自然资源资产产权，维护农村集体经济组织行使自然资源资产所有权的秩序，同时提升自然资源的运行和监管水平，让农村集体经济组织的合法权益受损后能够得到及时和有效的救济。针对自然资源资产的利用，应当遵循公平、公正原则，保证市场参与主体的平等性和有序性。

从我国自然资源资产的评估和监测方面看，自然资源资产的开发和利用应当与我国环境资源承载能力相匹配。我国已经建立了自然资源保护的类型化标准，并在逐步完善自然资源资产的评估和监测，在自然资源的性质、配置水平、区域分布、权利属性以及利用效率等方面，开展了具有针对性的统一调查工作，监测自然资源资产的增减变动情况。通过制定自然资源资产核查规则，对自然资源资产有形物进行统计和评估，对生态价值进行核算，并开展自然资源资产的审计工作，以动态化的方式对自然资源资产变化进行分析预测，建立自然资源资产的信息共享平台。我国初步确定了自然资源资产确权登记制度，并在试点省市运行的过程中，实现了自然资源资产产权登记的制度化、规范化和体系化，同时推进了自然保护区、自然保护地等重要生态资源要素的产权登记工作。我国已经实现了自然资源资产产权登记的全面覆盖，并对产权的边界进行了清晰界定。经济学家科斯在其第三定理中指出，明晰的产权能够减少交易成本，当交易成本为零时，资源总能够达到帕累托最优。我国不断健全自然资源产权的登记管理机制，在减少交易成本的

---

① 科技外事处：《我国自然资源资产产权制度改革的思考》，http://zrzy.hebei.gov.cn/heb/gongk/gkml/kjxx/kjfz/101603251122607.html，2020年11月11日。

同时提升自然资源利用效率。从司法保护的角度看，我国已经建立了自然资源资产权利救济问题的纠纷解决机制，实施了公益诉讼和生态损害赔偿诉讼的制度，并通过公示通报的方式对违法行为予以社会公开。

从自然资源资产的系统保护和生态补偿方面看，我国自生态文明体制改革方案实施以来，将山水田湖草沙作为统一的有机体，对重要的生态功能区等明确划定"三线"；针对陆地和海洋资源进行统筹规划和保护，将战略环境影响评价和规划环境影响评价相互结合，系统地保护了生态系统服务功能；构建了政府主导、社会广泛参与和企业自主履行的生态环境自然资源保护格局。同时，不断完善针对自然资源修复的生态补偿机制，将政府监管和市场调控作为重要抓手，激发自然资源资产权能，提升资源修复的能力。通过编制自然资源修复补偿方案，有效落实了综合治理和损害担责的原则，针对建设用地占用自然资源的行为进行审查，并予以相应的补偿。① 政府生态环境监管机构通过不断将社会资本、私人资本引入生态补偿和生态修复机制，提升了自然资源生态系统秩序维护的水平。

在自然资源的合理开发和利用方面，2021 年中共中央办公厅、国务院办公厅印发了《关于建立健全生态产品价值实现机制的意见》，指出应当通过不断完善市场机制，规范生态产品价格形成机制，有效发挥市场资源配置的重要作用，衡量区域环境资源的承载力，提升自然资源使用总量控制标准。针对不同类型的自然资源，例如，海洋资源、流域水环境等，我国应当改变传统的割裂式管理困境，进行统一监管和联动监管。对自然资源资产进行审核，并规范市场准入机制，明确相关主体利用自然资源资产的规则，推进生态产品价值化和生态产品交易平台的建设。以行政手段创新的方式推动生态产品价值化信用机制的建立，促进生态产品交易规则合理化、交易流程规范化、交易成本最小化，保证生态产品交易的安全，提升规模效应。

---

① 新华社：《中共中央办公厅 国务院办公厅印发〈生态环境损害赔偿制度改革方案〉》，http://www.gov.cn/zhengce/2017-12/17/content_ 5247952. htm，2017 年 12 月 17 日。

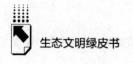

（二）坚持陆海统筹并加强流域海域系统治理能力

流域是生态环境的重要组成，2021年我国出台了《长江保护法》。作为流域治理的首部法律文件，《长江保护法》对流域治理的全过程进行规范，水体质量有所提升（见表4）。

表4　2021年长江流域水质状况

水体	断面数（个）	比例（%）						比2020年变化（百分点）					
		Ⅰ类	Ⅱ类	Ⅲ类	Ⅳ类	Ⅴ类	劣Ⅴ类	Ⅰ类	Ⅱ类	Ⅲ类	Ⅳ类	Ⅴ类	劣Ⅴ类
流域	1017	7.5	70.7	18.9	2.4	0.5	0.1	0.2	-0.4	1.4	-0.7	0	-0.4
干流	82	13.4	86.6	0	0	0	0	6.1	-6.1	0	0	0	0
主要支流	935	7.0	69.3	20.5	2.6	0.5	0.1	-0.3	0.1	1.4	-0.8	0	-0.4
省界断面	156	6.4	77.6	11.5	3.8	0.6	0	-1.3	3.2	-2.6	0	0.6	0

资料来源：《2021年中国生态环境状况公报》。

与此同时，水利部印发了《全面推行河湖长制工作部际联席会议工作规则》《全面推行河湖长制工作部际联席会议办公室工作规则》《全面推行河湖长制工作部际联席会议2021年工作要点》《河长湖长履职规范（试行）》等文件，建立了河湖长制。通过赋予河湖长流域治理的责任，保护了流域水环境的生态系统服务功能和可持续利用功能，规范了源头防治流域污染的行为，并在流域的区段范围内实施了生态修复替代措施和湿地保护措施。从点源污染治理的针对性出发对流域治污工作进行强化，有力地破解了工业化、城镇化进程中流域污染治理困境，2021年我国流域治理效果显著（见图2）。

首先，流域水环境治理坚持了科学和系统的思维。流域污染的严重性体现在波及范围广、污染程度高、扩散程度大等方面。为了统筹上下游流域治理的协调性和整体性，我国对工业企业违法排污行为进行了坚决遏制。我国现行的环境监管体制十分严格，对污染环境的违法行为提出了按日计罚的规定。我国也出台了《排污许可管理条例》，排污企业必须严格按照《排污许

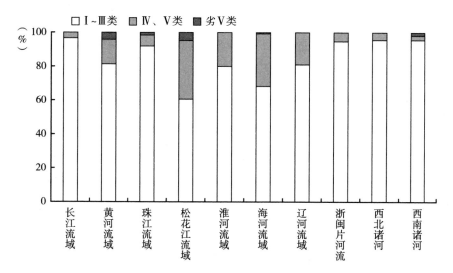

图2 2021年七大流域和浙闽片河流、西北诸河、西南诸河的水质状况

资料来源:《2021年中国生态环境状况公报》。

可管理条例》的规定,并按照排污许可证上所载明的信息进行排污,如果违法、违证排污,则将承担相应的法律责任。针对环湖开发建设项目等有违流域治理相关规定的行为,应不断推进构建流域水环境的治理体系,不断推进重要流域治理的考核评价机制。同时,应充分发挥生态减污的作用,通过降低进入流域的污染负荷,有效地将流域污染防治和水环境生物多样性保护进行融合,积极推动水生态产业的发展。

其次,流域水环境治理应贯彻多元共治理念。仅依靠单一部门和单一主体推动流域水环境治理是无法实现既定目标的。流域治理更强调的是多元共治,也即通过不同行政区划之间的联合互动,强化上下游等区域治理的协调性。流域水环境治理不能仅对有问题的地方进行治理,而是要统筹全流域生态系统的各方面资源。综合生态系统是具有连通性的,陆源污染也会间接造成流域污染,因此,治理流域污染不仅包含流域开发利用、生态修复和保护等内容,还应当对城市乡村、上下游、陆河衔接地等进行整体治理和衔接治理,并对流域生态环境承载力进行明确。通过规划设计最大限度地发挥流域水环境治理的生态系统服务作用，并对流域水环境的质量进行监测和跟踪调查，有针对性地解决水体污染等次生环境问题。具体而言，中央层面加大了对区域间补偿机制建设的指导和支持力度，各地方也积极探索建立流域横向生态补偿机制，例如浙江和安徽，广东分别和广西、福建、江西，北京、天津分别与河北等，先后建立跨省流域生态补偿机制。截至 2021 年，全国共建立了 13 个跨省流域生态保护补偿机制，取得显著成效。①

最后，我国在流域水环境治理方面加大了对生态损害修复的力度。水生态环境的修复是事后治理，相比于前端治理的重在预防、防止流域水体污染，事后治理是对水体污染发生的事实进行补救，这种补救通过生态损害修复的方式来进行。生态修复包括两种方式，一种是将流域水生态环境与生物多样性进行耦合，通过丰富的水生动植物对流域中的污染进行化解，以生物多样性来促进水生态质量的改善和水体的净化。通过调节流域水生态系统，以人工干预和引导的方式增加土壤微生物活性，在水生物环境的丰富性达到一定程度时，进一步采取生态措施来保持水体质量的长期稳定，流域水体质量的改善以"控源截污、内源治理与修复"为基本路径。另一种是建立替代性的修复装置。很多流域的水体污染是无法通过生态内部治理的方式进行修复的，这是由于水体受到的污染程度严重，同时无法通过增加生物多样性的方式开展水体自净。因此，可以通过建立污水处理装置、净水装置等来促进再生水利用，在流域污染严重地带建立人工湿地，在减少污染负荷的同时保证环境容量的增加，减少流域水环境生态自净的压力。

（三）发挥区域大气污染联防联控的重要作用

近年来，我国大气污染联防联控效果显著，2020 年，全国未达标地级及以上城市 $PM_{2.5}$ 平均浓度较 2015 年下降 28.8%，空气质量优良天数比率较 2015 年上升 5.8 个百分点，同时，2021 年的雾霾天气大幅度缩减。

---

① 《国家发改委：我国初步建成符合国情的生态保护补偿制度体系》，http：//www. hgdyy. com. cn/xyxw/3593. html，2022 年 9 月 28 日。

空气质量在监测点的观察数据和人民群众的直观感觉两个方面均有所提升。我国在环境治理进程不断加快的背景下，全面落实《中共中央 国务院关于深入打好污染防治攻坚战的意见》（以下简称《意见》）要求，加强对多种大气污染物的协同控制，解决污染大气环境的重点问题。《意见》针对大气污染防治设定了确切目标：到2025年，各地的PM$_{2.5}$浓度下降10%，空气质量优良天数比率达到87.5%，重污染天气基本消除。① 对此，我国很多城市已经制定了针对大气污染防治的总体规划，并分解落实污染防控的目标。我国也正在制定《空气质量全面改善行动计划（2021—2025年）》，并将这些具体的目标落实到细处，增强地方治理大气污染的效果。我国已针对区域性的大气污染防治工作进行了分解落实，将重点区域分为京津冀及周边地区、长三角地区、汾渭平原三个板块，同时针对大气污染排放进行源头防控，并对重点污染排放的地区进行严格管控。在具体的防控措施上，我国提出了大气污染防控的重点内容，即从消除污染天气、保护臭氧层和控制柴油车污染三个方面开展针对性的整治工作。

首先，稳步控制大气污染排放物，消除重污染天气。2021年，我国有很多雾霾严重天气在京津冀及周边地区、汾渭平原等地出现（见表5、表6），这是由于这些地区在能源消耗结构和产业布局方面存在一定的偏差。

表5　2021年京津冀及周边地区六项污染物浓度

地区	指标	浓度单位	浓度	比2020年变化（%）
京津冀及周边地区	PM$_{2.5}$	微克/立方米	43.0	-18.9
	PM$_{10}$	微克/立方米	78.0	-11.4
	O$_3$	微克/立方米	171.0	-5.0
	SO$_2$	微克/立方米	11.0	-15.4
	NO$_2$	微克/立方米	31.0	-11.4
	CO	毫克/立方米	1.4	-22.2

① 《"十四五"规划〈纲要〉主要指标之地级及以上城市空气质量优良天数比率》，https://www.ndrc.gov.cn/fggz/fzzlgh/gjfzgh/202112/t20211225_1309663_ext.html，2021年12月25日。

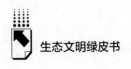

地区	指标	浓度单位	浓度	比2020年变化(%)
北京	$PM_{2.5}$	微克/立方米	33.0	-5.7
	PM_{10}	微克/立方米	55.0	-1.8
	O_3	微克/立方米	149.0	13.9
	SO_2	微克/立方米	3.0	0
	NO_2	微克/立方米	26.0	0
	CO	毫克/立方米	1.1	-8.3

资料来源:《2021年中国生态环境状况公报》。

表6　2021年汾渭平原六项污染物浓度

地区	指标	浓度单位	浓度	比2020年变化(%)
汾渭平原	$PM_{2.5}$	微克/立方米	42.0	-16.0
	PM_{10}	微克/立方米	76.0	-8.4
	O_3	微克/立方米	165.0	3.1
	SO_2	微克/立方米	10.0	-16.7
	NO_2	微克/立方米	33.0	-2.9
	CO	毫克/立方米	1.3	-13.3

资料来源:《2021年中国生态环境状况公报》。

　　大部分地区的严重雾霾现象一般发生于秋冬时节,由于集中供暖,污染排放加剧、空气中的污染物颗粒数量增加。因此,我国在不断推进大气污染防治的过程中,应当对地区的能源消耗情况、产业布局和交通结构进行优化,减少集中排放所导致的大气污染颗粒物的急剧增加。《意见》中提出了到2025年全国重度及以上污染天数比率控制在1%以内的基本目标。截至2022年,我国已经连续开展了5年秋冬大气污染整治工作,并以降低$PM_{2.5}$浓度为治理目标,针对秸秆焚烧、移动源头的污染物排放颗粒进行了有效遏止。[①] 除此之外,我国还将构建垂直管理体制下的大气污染防治预案,严格

---

① 《生态环境部:将实施秋冬季大气污染综合治理攻坚方案》,http://finance.people.com.cn/n1/2021/1030/c1004-32269213.html,2021年10月30日。

管控控排企业的环境治理绩效，确保控排企业履行环境责任，并进行及时、有效的污染物排放信息披露，促进企业绿色转型和升级。同时，针对大气污染物开展监测和评估工作，建立应急减排清单，充分发挥生态环境监管部门在大气污染防治过程中的主体作用。

其次，从对臭氧层的保护和整治效果上看，《意见》指出，到2025年，挥发性有机物（VOCs）、氮氧化物等颗粒物排放总量要较2020年下降10%以上，臭氧浓度增长趋势得到有效遏制，实现细颗粒物和臭氧协同控制。因此，我国正在加大对挥发性有机物源头排放的管控力度，加强末端治理，提升挥发性有机物的废气收集率和去除率。除此之外，应当对臭氧层破坏程度较高的行业和企业开展深度环境治理，并针对钢铁、煤炭、造纸等行业，加强废弃排放转化环境保护装置的创新和改造。我国钢铁行业已完成或正在实施6.6亿吨产能超低排放改造，全国80%以上钢铁产能将于2025年底前完成改造，重点区域的改造于2022年底前基本完成。①

最后，合理管控柴油车等尾气排放情况。移动排放源是大气污染治理的重点，大气污染颗粒物的增加与轨道交通中柴油车的尾气排放密切相关。我国应当不断对道路、油料和汽车进行统筹管控，减少使用可能对大气环境造成污染的车辆，同时不断推动新能源车辆的使用，针对油料的质量进行统一监管，制定更为严格的油料标准。

（四）稳步推进碳达峰、碳中和目标战略的有效落实

2021年9月，中共中央、国务院正式发布了《关于完整准确全面贯彻新发展理念做好碳达峰、碳中和工作的意见》；同年10月，国务院也印发了《2030年前碳达峰行动方案》，明确了我国实现碳排放总量控制和能耗双控的具体目标；党的二十大报告提出"要积极稳妥推进碳达峰、

---

① 《推动钢铁行业减污降碳 助力实现双碳目标》，http：//www.chinace.org.cn/display.asp?id=2127，2022年2月7日。

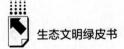

碳中和目标实施"。低碳经济是我国坚持走可持续发展道路的有力抓手，也是体现我国新发展格局的重要方式。为实现"双碳"目标，我国先后出台了多个政策文件，如《财政支持做好碳达峰碳中和工作的意见》《科技支撑碳达峰碳中和实施方案（2022—2030年）》等，从多个方面保证碳排放总量控制工作能得到切实、有效地开展。我国已经在碳达峰、碳中和领域取得了很多进展。一方面，"双碳"目标落实的根本前提是生态文明建设；另一方面，节能减排、减污降碳，实现"双碳"目标又是生态文明建设的重要抓手。"双碳"目标落实与生态文明建设两者之间相辅相成。

首先，从碳排放标准的设定看，我国正在加快建立碳排放数据核算标准体系。碳排放数据核算标准体系的建立，是保证碳排放总量控制的基础支撑，也是实现碳达峰目标的有力工具。合理、科学的碳排放数据核算标准体系，能够对控排企业产生的温室气体排放量进行准确核算，并对重点排放行业和企业的碳排放情况进行监测。我国也在不断根据国际标准来丰富和完善碳排放的核算方法学，并对碳排放清单和报告等标准进行统一，明晰碳排放总量控制的核算依据。从碳排放信息管理平台建设看，我国在确保重点排放单位披露碳排放数据准确、合理和规范的基础上，正在加快设立系统的碳排放信息披露平台，统筹多个部门，对碳排放总量控制的数据采集、信息报告和核查等方面进行规范，并接受社会公众的监督。

其次，我国提出制定碳排放总量控制"1+N"政策体系，这将成为我国实现"双碳"目标的重要手段。在政策文件的统筹指导下，我国已经明确要求各地方政府结合区域经济社会发展情况，编制碳达峰的路线图，并对时间节点进行规划，制定有效开展"碳达峰、碳中和"具体行动的计划方案，并通过市场机制和财政金融机制来促进控排主体和重点排放单位履行碳排放总量控制的要求和目标。我国已经提出将碳排放权交易、碳金融衍生产品等创新性的金融产品作为新型标的资产在二级市场进行交易，真正地将"绿水青山"变为"金山银山"，并通过这种经济化的方式推进更多企业和个人参与碳市场建设。我国还在探索通过财税手段实现碳达峰、碳中和的方法，通过绿色税制改革不断加快碳税制度的出台，有机结合碳排放权交易机制与碳税制度，发挥市场机制与政府监管的协同作用。为了激发碳市场活力，我国也在建立针对碳市场履约较好主体的激励机制，例如通过企业扶持政策鼓励控排企业开展低碳技术的研发，加强对碳捕集与封存技术的开发引进等，有效增强企业开展低碳减排的内生动力。

最后，我国进一步理顺针对碳排放总量控制的监管体制。我国"双碳"目标的实现，是一项系统工程，需要多元主体的配合。在监管方面，我国早在 2012 年就开展了碳排放权交易试点省市工作，同时明确了各方分工，但是针对碳排放总量控制的监管存在多头交叉、职能重叠等问题，因此生态文明体制改革以后，将应对气候变化的任务纳入生态环境部的职能范畴内，同时强调了各部门按照各自的职能开展联合监管的重要性。此外，可以从减污降碳和节能减排机制、科技创新机制、低碳出行和轨道交通机制、林业碳汇固碳减碳机制、碳市场金融创新机制、碳排放总量控制保障机制等多个方面对我国实现阶段性目标提出具有针对性的建议，并建立起责任分工明确、协同发展治理的"1+N"政策体系。我国已经从供给侧结构性改革等方面对高碳排放、高污染的项目进行严格限制，并不断推动产业升级和转化，以绿色低碳为导向，加大对绿色低碳技术创新和绿色金融衍生产品的投资和开发力度。除此之外，我国正在各地方构建统一和完善的碳排放指标，并对超出碳排放总量的单位进行问责。我国也正在探索如何将数字技术服务于我国实现"双碳"目标建设，例如，通过系统建构碳排放数据的监测和管理平台，全面掌控各地方碳排放总量控制的情况，严格防止碳排放数据造假的情况发生。

（五）土壤生态环境和固体废物管理工作效果明显

我国已经提升了对建设用地土壤生态环境治理的水平。首先，我国针对建设用地开展了污染评估和风险监管工作，同时对受损地块进行了修复，并对修复效果进行跟踪评价。我国正在建立健全土壤生态环境修复的信息披露体系，并根据《土壤污染防治法》的相关要求对涉及公共利益用地的污染情况进行摸排整改，保证社会公众的生态安全。在建设用地的污染管控方面，我国正在积极探索建立污染风险预警机制和土地敏捷治理体系，政府生态环境监管部门通过制定相应的风险评价指标，对重金属有机污染物、无机污染物造成地块生态损害的程度进行及时、有效和科学的评估，并要求损害地块主体承担相应的土壤生态损害赔偿责任，贯彻落实我国环境治理体系中的损害担责原则和风险预防原则。

其次，我国针对土壤污染的监管力度不断加大。在平台建设方面，我国逐步完善土壤污染信息管理平台，针对污染的地块尽早排查、尽早发现、尽早修复。政府生态环境监管机构通过统筹土壤防治与风险监测体系，与自然资源等部门进行联动监管，共同排查可能受损害的污染地块，并及时通报有关部门。同时，以设立禁止开发标志物、在平台发布信息公告等方式，防止受损害的地块污染范围进一步扩大，以此有效提升污染地块的监管效果。

再次，我国建立了针对土地利用开发的准入资格审查机制。各地方生态环境监管部门会同国土空间和自然资源部门针对土地的利用、收回等方面进行联合监管，要求土地利用和开发的申请主体在变更土地用途或者实施权属转移的过程中，进行土地生态环境影响评估，防止在变更和转移过程中对地块进行潜在污染；将土地作为不动产登记资料送交当地政府不动产登记机构并报地方生态环境部门备案。

最后，我国已经加大了土壤污染修复的力度。生态环境监管部门已经会同国土空间和自然资源部门对土壤修复的名录进行了更新和完善，同时严格落实污染修复的实体责任，对受污染地块开展评估。受损地块的修复全程接受社会公众的监督，保证了社会公众参与土壤环境治理的公平性和公正性。同时，生态环境监管部门要求重点单位对地块土壤污染的潜在风险进行监测管理，尤其针对搬迁改造过程中的拆除活动和城镇人口密集区危险化学品生产企业搬迁改造等，生态环境监管部门要求对此类土壤污染潜在风险进行报告，并要求责任单位提出出现污染风险以后拟采取的具体修复措施。① 除此之外，我国还在不断加强对土壤污染修复基金的筹措工作，通过社会资本介入的方式建立地方土壤污染防治基金池，并定期对土壤污染防治的情况开展跟踪调查，确保土壤污染防治资金能够切实发挥应有的作用。不断促进企业开展土壤污染防控的技术提升工作，加大土壤污染防治的宣传力度。

四　生态文明建设面临的问题与挑战

（一）资源总量管理和生态补偿方面亟待完善

我国目前有一些地方产业结构和能源结构不合理，导致资源配置不平衡、资源利用效率低下，特别是自然资源及其产品价格偏低、生产开发成本低于社会成本、保护生态得不到合理回报的问题依然存在。在资源总量控制方面，我国目前仍然需要完善现有的资源节约法规体系，《循环经济促进法》虽然针对绿色生产、绿色消费和绿色流通做出了相关规定，但是缺乏相关的配套细则，同时，目前我国针对资源节约和总量控制的监管体制也存在交叉重叠等问题，监管效能亟待加强。除此之外，资源节约和总量控制的规范制度目前多数为软约束条款，缺乏硬约束的环境。我国人均资源占有量低于世界平均水平，而资源的巨量消耗与惊人浪费现象并存。我国是世界最大的塑料生产国与消费国，2019年初级形态塑料表观消费量超过1亿吨，塑料制品表观消费量约为8000万吨。②

生态补偿机制是生态文明建设的重要方面，我国已经明确要求建立健全生态补偿机制。2016年，国务院办公厅印发了《关于健全生态保护补偿机

---

① 国务院办公厅：《国务院办公厅关于推进城镇人口密集区危险化学品生产企业搬迁改造的指导意见》，http://www.gov.cn/zhengce/content/2017-09/04/content_5222566.htm，2017年9月4日。

② 李德重：《资源节约应全民化》，https://www.cug.edu.cn/info/10506/93096.htm，2022年5月28日。

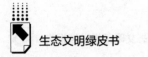
制的意见》，2021 年，中共中央办公厅、国务院办公厅印发了《关于深化生态保护补偿制度改革的意见》，明确了生态补偿改革的重点任务和方向。但是，我国一直以来针对生态补偿的规定缺乏法律规制，在生态资金的落实和保障方面也同样存在较大缺陷。

从纵向生态补偿方面看，首先，生态补偿机制覆盖范围较窄。2008 年，国家开始建立国家重点生态功能县财政转移支付制度，但主要是对森林生态系统服务功能的补偿，对湿地和水域生态环境领域基本没有补偿。全国各地有很多湿地未被纳入生态补偿范围，同时在湿地保护中也未能享有生态补偿资金的支持。生态补偿机制覆盖范围的缩小导致很多重要的自然资源无法得到有效的保护，受损的生态系统服务功能无法得到及时的修复。其次，纵向生态补偿机制不均衡现象明显。这造成了很多地区的重要自然资源在保护力度方面较差，得不到重视。最后，纵向生态补偿资金落实困难，全国重点生态功能地区在经济发展方面欠佳，针对生态补偿资金的用途缺乏强制性的要求和明确的规定，出现了生态补偿资金被挤占、挪用的行为，有很多重要的湿地和水域生态环境无法获得资金的支持。

从横向生态补偿方面看，其一，我国横向生态补偿机制缺乏法律制度的支撑，大部分针对生态补偿方面的约束均为政府政策，并未上升至法律、行政法规和部门规章的层级，在强制性约束力上较为欠缺。尽管中央层面出台了资金奖补政策，但是很多地方政府推进力度不足。鉴于缺乏有效协商平台和机制，横向生态补偿经常成为摆设，地方政府也并未有意将生态补偿工作进一步落实和推进。其二，专项生态补偿标准偏低。由于生态环境资源没有得到合理补偿，受损害的生态系统服务功能也无法得到应有的赔偿。同时，专项生态补偿的标准较低，导致很多自然资源、生态环境保护主体缺乏生态补偿责任意识，也滋生了破坏自然资源和生态环境保护的违法行为。例如，生态公益林补贴标准远低于林地所产生的经济效益，造成多数林农不愿意将其划归至国家生态公益林。

（二）环境资源法律体系的碎片化趋势明显

综合生态系统是一个融合各环境要素的统一整体，这就意味着规范各环境要素的法律法规之间也会存在相互交叉之处。我国目前对环境规制的法律制度仍然是应对型法，而非预防型法，这就表明很多法律制度均是由于已经出现了相应的环境问题而制定的。但是，在不断制定出台规范各类环境要素的法律制度过程中，与环境要素相关的法律制度较为分散，法律溢出现象较为明显。对同一类环境要素的规范不仅有法律，还有行政法规、部门规章、地方性法规以及政府政策文件等，这样不免会出现法律制度之间相互重复、交叉和矛盾的地方。这不仅对我国环境执法、司法无益，同时也会出现立法成本大于收益的情况。例如，《水污染防治法》《海洋环境保护法》《固体废物污染环境防治法》《环境噪声污染防治法》《放射性污染防治法》等法律，都对环境保护设施应当与主体工程同时设计、同时施工、同时投入使用的"三同时制度"进行了相同重复规定。① 除此之外，在自然保护地功能区划方面，《自然保护区条例》将自然保护地内部划分为核心区、缓冲区和实验区3种类型；而各国家公园试点保护条例又在此基础上进一步细化，例如，《武夷山国家公园条例（试行）》将自然保护地划分为特别保护区、严格控制区、生态修复区和传统利用区，《三江源国家公园条例（试行）》则将自然保护地划分为核心保育区、生态保育修复区、传统利用区，而《关于建立以国家公园为主体的自然保护地体系的指导意见》又提出了核心保护区和一般控制区的分类标准，它们整体上出现了矛盾。除这些法律制度之间的交叉重复和矛盾以外，我国在环境立法方面还存在一些空白。例如，在光污染方面，现行立法缺乏对"城市超高层建筑玻璃反光给人类日常生活带来严重影响，甚至影响到交通安全"的规定。在热污染方面，随着科技水平的提高和社会生产力的不断发展，大量能源消耗产生的 CO_2 等污染物会使局部环境或全球环境增温，并对人类和生态系统造成直接或间接、即时或潜在的危害，但现行立法对其规制不足。在应对气候变化方面，我国虽然提出了"双碳"目标，但是针对碳排放总量控制的文件多是政策，并未上升至法

---

① 焦敏龙：《力求解决我国环境法制碎片化 生态环境法典专家建议稿完成》，https://baijiahao.baidu.com/s？id=1686363152604986047&wfr=spider&for=pc，2022年12月18日。

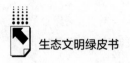

律、行政法规的层面，这就造成了气候诉讼的性质无法界定，有关气候变化方面的规范不具有强制性约束效力。

我国目前各项环境保护法律制度之间缺乏系统的协调性，监管机构的独立性较强。生态文明体制改革方案出台以来，我国虽然改变了以往生态环境保护格局，但是缺乏对生态系统各环境要素的系统管理和统一治理。例如，自然资源部的监管职责权限是对土地、矿产、森林、草原、湿地、海洋、陆地野生动植物等自然资源的管理，而水资源、渔业资源、煤炭资源等的管理还分别涉及水利部、农业农村部、国家能源局等部门。此外，从自然资源也是自然环境的角度来看，一些自然保护地管理还涉及生态环境部。由此可见，环境要素的监管涉及跨机构合作，各个监管机构在环境治理实践中缺乏沟通和信息共享，没有从系统观的角度出发整合目前生态环境法律制度，并形成规范的制度体系，进而造成了以部门为主导的各项环境要素监管法律制度的独立性较强、针对某一环境要素概念的界定在各单行法中规定矛盾冲突等问题发生。

（三）生物多样性和生态系统综合治理水平有限

我国虽然在生物多样性保护方面取得了较大进展，积极为联合国生物多样性保护工作贡献了力量，但是，在长期实践中，我国生物多样性保护仍然面临较多困境。首先，人为因素导致林地资源被挤占，生态空间的严重占用，导致生物多样性空间不足。例如，山西臭冷杉省级自然保护区是分布着440余种植物的森林生态系统，是山西省生物多样性的关键地区之一，但保护区内现有尾矿砂逾85万立方米，侵占保护区面积约400亩。同时，从生物多样性破坏案件中看，我国目前仍然存在很多盗伐、偷猎、滥采等违法犯罪行为，而破坏生物多样性的行为往往是不可逆的，这也使得很多生物资源遭到破坏以后就无法恢复。因而，我国生物多样性保护工作任务依然繁重，需要加大生物多样性的保护力度，同时也应当加大对破坏生物多样性违法主体的处罚力度，明晰其损害赔偿责任。

从保护主体看，目前针对生物多样性保护的主体较为单一，仅由政府推动生物多样性保护进程。企业作为社会经济发展的重要主体，在生物多样性保护工作中尚未发挥应有的作用，随着工业化和城镇化加速发展，资源开发等人为活动对生物多样性的影响依然很大。部分生态系统退化严重，动植物栖息地大量丧失，900多种脊椎动物、3700多种高等植物受到威胁，外来物种入侵危害严重，有超过50%的地方畜禽品种种群数量呈下降趋势，① 一些重要生物遗传资源流失严重。除此之外，我国在环境治理中虽然明确了公众参与原则，但是公众在参与生物多样性保护过程中发挥的作用有限，其了解生物遗传资源、物种多样性等方面的渠道单一，无法发挥其在生物多样性保护工作中的监督权。因此，生物多样性保护亟待多元主体的参与，同时需要创新多种渠道对生物多样性惠益价值开展保护。生物多样性保护的专项投入资金不足也制约了保护工作的开展。针对生物多样性的就地保护能力需要资金的支持，而政府对生物多样性保护投入资金有限，社会资本介入生物多样性保护的机制匮乏，因此，生物多样性保护仅流于表面，在推动过程中仍面临诸多困难。

其次，外来物种入侵治理模式亟待完善。在全球环境问题不断加剧的背景下，外来物种入侵的事件频发，这对生物多样性、生态系统完整性以及农林牧渔和人畜健康都造成威胁。例如，2020年11月4日，浙江省诸暨市发现了面积超过1000平方米、高度达2.5~3米的加拿大一枝黄花，该外来入侵植物的繁殖力极强，蔓延速度快，威胁其他动植物生长，对生态环境造成不良影响。种种生物入侵事件，反映出我国欠缺整治外来物种入侵的体制机制，没有对生物多样性保护建立风险预警体系，这对维护我国生物安全来说极为不利。

最后，我国针对生物多样性的监测手段亟待创新。我国对生物多样性的监测识别手段较为单一，针对生物多样性的保护力度较低，在科技赋能生物多样性保护方面存在很多不足，没有较为科学和完善的生态系统数据支持系统结构。例如，喜马拉雅南坡、高黎贡山等生物多样性热点区域因生态监测

---

① 新华社：《保护多样生物 共建美丽家园——我国生物多样性保护成效综述》，https：// www.mee.gov.cn/ywdt/hjywnews/202212/t20221208_1007441.shtml，2022年12月8日。

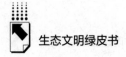
条件不足，数据监测结果的真实性和客观性无法得到保证，这对我国生物多样性保护工作的开展非常不利。同时，我国在分析的深度和广度方面仍需加强，亟待进一步对生物多样性的信息识别类型化和体系化。

（四）流域水生态环境治理仍需加强

虽然我国的水生态环境治理取得了显著成效（见图3），但水生态环境保护面临的结构性、根源性、趋势性压力尚未缓解，水生态环境治理仍然需要加强。其中，非法砍伐和过度捕捞等问题在水流域治理过程中比较普遍。

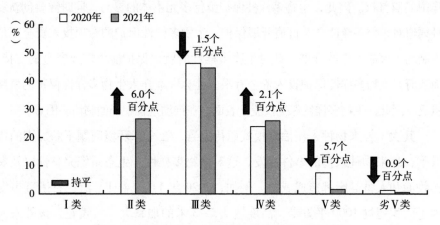

图3　2020年与2021年入海河流水质状况及比较

资料来源：《2021年中国生态环境状况公报》。

长期以来，流域水环境污染问题一直存在，我国虽然推行了河湖长制，但是在解决流域污染的成效方面并不显著，在修复水流域生态环境污染方面的效果较差。流域水环境治理较其他环境要素的治理来说具有特殊之处，这是由于以水为核心的流域分布范围广，相互之间影响较大，一旦产生污染则整体水生态环境都会受到严重污染，波及范围较大。因此，我国需要在流域水生态环境治理方面投入大量资金和技术。但是目前，我国针对流域水环境治理的专项财政经费投入不足，在修复受污染流域时一般采用替代性修复的方式，技术水平欠缺，无法实现对流域水生态环境的生物多样性和生态系统服务功能的及时、有效救济。针对破坏流域水生态环境的违法主体，我国相关法律法规规定责任主体应当采取生态修复的方式对受损害的河流进行补偿，但是，从目前的司法实践来看，由于违法主体的文化程度较低、经济收入较差，其无法对流域水生态环境污染修复支出相应的资金。

从受损的流域水生态环境修复来看，我国目前面临着修复力度较小、修复方式单一等问题。目前我国针对流域水生态环境修复主要依托于政府生态环境监管部门来推动，但并未明确承担修复责任的监管主体，这就造成很多部门在推动流域水生态环境治理过程中相互推诿，修复进展不佳。除此之外，流域水生态环境的修复方式较为单一，主要通过建立污水处理设施等方式，且在维护生物多样性等方面，缺乏相应的保障机制，导致针对流域水生态环境的修复流于表面，而非实质性的推进治理进程。我国流域水生态环境治理缺乏监管机制和评价考核机制，外部监督力量的不足导致我国流域水生态环境治理并无统一、客观和明确的修复标准，社会公众参与流域水环境治理的积极性不高，流域水生态环境监管力度较低、监管职能缺位。由此可见，我国缺少一个独立负责监管流域水生态环境的委员会或第三方机构。我国亟待从流域水生态环境损害修复的及时性、完整性和科学性设置评价和考核指标，将生物多样性及群落评价、生态整合能力评价、生态价值评价和生态系统服务功能综合性评价等汇总，细化考核和评估机制，并对水生态环境修复治理的效能进行有效监管。流域治理信息披露和信息共享机制在保证社会公众参与流域治理知情权、参与权和监督权方面极为重要，但我国缺少针对流域水环境治理的信息平台，如果仅依靠地方政府推动流域水环境治理的进程，传统的政、事、企合一机制会使流域水环境治理的统筹协调受到很大限制，不仅无法及时有效地开展流域治理工作，而且也无法落实公众参与和综合治理的基本原则。

（五）环境治理国际合作广度和深度方面仍需加强

受到新冠肺炎疫情等突发性公共卫生危机的影响，在环境治理方面的国际合作有放缓和停滞不前的趋势。面对全球大范围内的经济复苏，我国在全球环境治理方面一直表现突出，积极贡献国家智慧，为全球生态文明建设作出了很多贡献。但是，我国在环境治理国际合作的广度和深度方面仍需加强。从国际合作的广度看，我国可以不断在应对气候变化、生物多样性保护、湿地保护、海洋保护以及大气保护等方面广泛开展国际合作。全球环境危机的加剧，导致其治理难度增加，单纯依靠一个国家无法解决全球性的环境问题，只有各个国家通力合作，才能够携手共同应对全球环境危机。为了避免环境作为公共产品产生"负外部性"效应，国际社会需要广泛开展合作。我国可以不断拓宽国际环境领域的合作范围。在与发达国家开展合作的实践经验方面，我国可以引入先进环境技术，积极申请环境基金，推动多变环境治理进程。在与国际组织开展合作的实践经验方面，我国仍需加强能力建设，提高资金的使用能力和环境治理类项目的运营能力，加强与世界银行、全球环境基金机构等的友好合作往来，并推动项目的落实。在与发展中国家和最不发达国家开展合作的实践经验方面，我国可以加强南南环境合作的广度，坚持"真正的多边主义"理念，并拓展合作的国家，树立国家形象。一些发达国家主导全球环境治理的话语权，并将本国利益作为考量基准，扰乱了全球环境治理的秩序，我国应当通过南南环境合作的开展，夯实在全球环境治理中制度性话语权的建设基础。

与其他经贸领域的国际合作不同，各国针对环境保护的标准和水平不一，在保护力度方面存在较大差异。因此，在应对气候变化、生物多样性保护、臭氧层保护、海洋污染防治以及湿地保护等方面，我国需要更深入的国际合作，通过创新国际合作的方式，促进合作的达成，为全球不同环境要素领域治理贡献力量。目前，全球环境治理方面存在很多新问题，例如跨境环境损害、跨国环境侵权等行为，增加了查处的难度。这就需要深化生态环境领域内的国际合作，推动有关国家在跨国环境犯罪方面相互配合，加强合作关系的建立。针对具有争议性的环境问题，目前的争端解决机制较为单一，也没有专门审理环境类纠纷案件的国际法庭，因此，可以通过建立非司法性申诉的方式，促进国家之间合理解决环境争端问题，实施全球环境治理问题的磋商谈判机制，推动环境治理全方位的保护合作走深走实，避免集体行动的困境。

五　生态文明建设的前景与展望

（一）完善资源有偿使用和生态补偿管理体系

在资源有偿使用方面，国务院已经出台了《国务院关于全民所有自然资源资产有偿使用制度改革的指导意见》，明确了各类自然资源资产的特殊属性。国务院有关部门积极搭建市场化交易平台，推动社会主体参与水权交易、碳排放权交易和排污权交易，落实绿色金融等支持保障措施，有效推动资源利用效率的提升和发展方式的绿色转型。但是我国自然资源有偿使用政策尚未形成规范体系，因此，应当从确权监管和合理利用两个方面进行完善。一方面，我国应当贯彻落实环境治理中的保护优先和综合治理基本原则，明确自然资源资产产权，有效发挥自然资源资产的作用。完善和建立国有农用地和未利用地、国有森林、国有草原等资源有偿使用规则，只有明确产权才能使受损害的权利得到更好的救济，才能保证自然资源有偿使用规则更加规范，保证自然资源使用权的转让、出租、作价出资、担保等行为能够受到法律保护，为自然资源资产的流转提供理论和实践方面的支撑。除此之外，监管机构应当保证各类主体对自然资源资产的合理使用，这是对生态资源保护的前提。保护环境并非要抑制经济的发展，而是要使经济发展和环境保护相适应。因此，资源利用并非是无限度的，而是要符合规划用途的行政许可，可以通过制定自然资源开发利用的标准，设置准入资格，保证自然资源资产开发使用的效率和秩序。另一方面，为了更好地协调自然资源的保护和开发，我国应当解决自然资源在开发利用中的重点问题，发挥自然资源资产权能的市场机制作用，实现资源配置效率的最优化。自然资源在经济社会发展过程中兼具货币价值和生态价值双重利益属性，市场机制能够和政府调控相互配合。我国应当明确自然资源有偿使用的条件，规范竞争出让和协议出让程序规则，并完善自然资源资产价格的评估工作和监管机制，及时有效地对自然资源资产的使用情况进行披露，

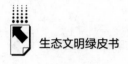
更好地发挥自然资源资产的作用。

在生态补偿管理体系建设方面,我国已经明确提出到 2035 年,适应新时代生态文明建设要求的生态保护补偿制度基本定型并发挥作用。在现有的生态补偿管理体系内,我国应当不断完善主体功能区保护的功能定位,严格管控生态脆弱地区的资源环境不被破坏。逐步完善生态环境分类补偿体制机制建设,针对重点生态补偿类型,例如,流域水生态环境的生态补偿、森林资源的生态补偿等,应当夯实生态保护的基础。在提升纵向生态补偿支持力度方面,应加大补偿资金的支持力度,对生态安全进行严格监管。在落实横向生态补偿机制方面,应当不断加强跨区域生态环境治理的能力,建立跨区域生态补偿协调机制,例如京津冀、长三角、珠三角地区等,创新区域协同环境治理的有效手段。除此之外,应当不断形成多元生态补偿格局,强化市场机制和社会资本介入生态补偿方面的功能。我国应当不断建立健全清洁能源市场化补偿机制,发挥生态产品价值化作用,夯实针对生态资源补偿的财税支持基础,明确落实生态补偿的责任主体。我国针对生态补偿方面缺乏位阶效力较高的法律文件,因此,应当考虑制定以损害担责和受益方补偿等为基本原则的制度体系,明确生态补偿的主体、标准、内容和考核机制。与此同时,我国可以通过提高环境资源税收专项用于生态补偿的比重,增强生态补偿财政资金转移支付能力,并不断提高用能权交易、环境权益类交易工具的适用度,以创新的金融衍生工具对生态环境资源予以补偿。各地方政府明晰企业在生态补偿过程中的责任,拓宽社会资本参与生态补偿的渠道,提升责任主体对生态补偿落实工作的重视程度。

(二)加快推动我国环境立法法典化进程

生态文明体制改革以来,我国有关绿色发展和生态文明建设的法律制度碎片化趋势明显,这也造成了我国在环境治理过程中的职能交叉和法条竞合的现象发生。为了使我国生态环境保护法治设计更加的系统化和体系化,应当加快推动我国环境立法的法典化进程。《中华人民共和国民法典》已经将"绿色原则"纳入其中,这对环境法治体系的发展来说至关重要。我国生态环境法典化并非只是形成一部单一的法律制度，也不是将现有单行法的内容进行汇总，而是要遵循可持续发展理念，秉持代际公平和代内公平的基本原则，编撰科学系统的生态环境法典。我国生态环境法典的编撰可以分为污染防控编、生态环境保护编和绿色低碳发展编。

首先，从污染防控编来看，应当将生态环境污染类型化，体现综合治理的基本原则。生态环境法典的编撰，应当摒弃以各类环境要素分而治之的局面，统合整体生态系统的污染防治。通过搭建系统性的污染防控制度体系，环境法可进行从治理型法向预防型法转变。污染防控编的编撰应当理顺各环境要素分类保护的内容，解决以往污染防控单行法法条重复和交叉矛盾的问题，将科学确定的重点污染物质作为主要规制对象。在污染防控编的总则部分强调污染物防控的调整对象、污染物分类标准、污染防控的基本原则、污染防控的监管主体及与其他篇章之间的逻辑关系。同时，随着经济社会不断发展，应当对新出现的污染进行防治，例如电磁辐射污染、振动污染、热污染等。针对各类环境要素存在的共同性污染防控问题应当进行统一规定，而并非分散到各个单行规则当中，这样可以有效将涉环境类民事、刑事、行政责任进行明晰，系统性地展现环境治理中的法律责任和生态损害赔偿责任。

其次，从生态环境保护编来看，应当体现综合生态系统的治理思维，摒弃以往仅关注单行环境要素保护的割裂思维。山水林田湖草沙是一个有机的统一体，各个生态资源之间均有密切的联系。生态环境保护编应当实现对自然资源的分类监管，明晰自然资源资产的产权特征，强化公众参与自然资源生态保护的基本原则，使环境利益得到公平、公正的分配，将"绿水青山就是金山银山"的生态文明理念贯彻落实到环境法典生态环境保护编的编撰之中。《关于统筹推进自然资源资产产权制度改革的指导意见》要求强化自然资源整体保护；《建立国家公园体制总体方案》要求按照自然生态系统整体性、系统性及其内在规律，对国家公园实行整体保护、系统修复、综合治理。因此，应当逐步形成以宪法为统领，以环境法为核心，其他环境保护单行法统合的环境法典编撰路径。除此之外，针对我国生态文明体制改革以

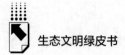

来建立的新规则，例如按日计罚规则、河湖长制等，应当在环境法典生态保护编中进一步明确和细化，落实各方主体监管责任，防止生态环境保护"一刀切"等行为，推动形成自然资源保护与经济发展相互促进的格局。生态环境保护编有别于污染防控编的特点是，其重在规范主体对自然资源的合理开发和利用等行为。因此，应当从自然资源生态环境特征着手，将自然资源合理使用制度与生物多样性保护制度相结合，实现保护主体、保护目标和保护方式的统一，重点关注生态系统的惠益分享价值功能。

最后，绿色低碳发展编的编撰旨在推动经济社会发展的绿色低碳发展理念，为社会公众树立节能减排、减污降碳的生态文明价值观。绿色低碳发展编包括绿色和低碳两个维度，绿色发展要实现清洁生产，建立绿色供应链及绿色标志制度，进一步完善我国产品生产的绿色标准。低碳发展则要更好地落实我国碳达峰、碳中和目标理念，建立减缓和适应气候变化法律制度，同时明确碳排放权、碳汇权、用能权等新型权利的法律属性，为我国实现绿色低碳理念提供完善和系统的法律支撑。

（三）提升生物多样性国家治理顶层设计与治理能力

中共中央办公厅、国务院办公厅于 2021 年印发了《关于进一步加强生物多样性保护的意见》，明确了生物多样性保护对于恢复生态系统服务功能的重要性。在推动我国生物多样性保护体系的过程中，应当从开展生物多样性保护规划、构建生物多样性保护的监测和评估机制以及建立生物多样性保护与生物安全协同共治机制三个方面进行完善。

首先，我国应当开展生物多样性保护规划工作。将已有的生态红线作为基准，着重加强对重点区域的生物多样性排查，结合各地方特点来建构物种迁徙和基因交流的生态廊道，促进自然景观生态系统服务功能最大化；加大对野生动植物的保护力度，并将破坏野生动植物的违法犯罪行为及时移交检察机关。政府生态环境监管机构通过有序推进自然空间范围内生物多样性分地区、分类别保护，统一保护标准，建立濒危动植物品种、小种群五种资源网格化保护规划体系；结合生态系统完整性，明确生物多样性保护重点工程任务，并切实贯彻实施《全国重要生态系统保护和修复重大工程总体规划（2021—2035年）》，对受损害的生态系统进行修复，提升各地区生物多样性保护的科学性和系统性水平。除此之外，我国还应当建立区域性的生物多样性迁地保护规划。政府生态环境监管机构通过对动植物园、濒危植物扩繁和迁地保护中心、野生动物收容救护中心和保育救助站等各级各类抢救性迁地保护设施进行规划，填补重要区域和重要物种保护的空白地带，完善生物资源迁地保存繁育体系；建立针对野生动植物迁徙自然地带的保护体系，坚决遏止破坏野生动植物的违法犯罪行为，并对相关违法主体追究其刑事责任。政府生态环境监管机构还应当编制受损害物种资源研究基地和示范区规划，建立特殊濒危物种的人工繁育野生化放归机制，保证生物多样性保护规划落到实处。

其次，应当建立健全生物多样性的监测评估机制。我国应当拓宽生物多样性监测的方式，将人工智能技术和数字捕捉技术应用于生物多样性保护工作，创新生物多样性保护的工具，统一各地方生物多样性保护的技术标准，维护生物多样性监测的秩序，分区域、分类别的对重点生物物种及重要生物遗传资源开展调查。通过建立生态定位站点等监测平台，持续推进农作物和畜禽、水产、林草植物、药用植物、菌种等生物遗传资源和种质资源调查、编目及数据库建设。建立生物多样性预测预警模型、预警技术体系和应急响应机制，实现长期动态监控。鼓励具备条件的地区开展周期性调查并每五年更新《中国生物多样性红色名录》。除此之外，我国还应当针对生物多样性保护工作情况进行定期评估，建立系统和完善的考核评价指标体系，分区域、分类别对生物多样性保护工作开展客观、公平和公正的评估，维护生物多样性在生态系统服务中的重要价值。应当通过多渠道设立生物多样性保护基金，促进社会公众参与生物多样性保护。

最后，建立生物多样性保护与生物安全协同共治机制。我国目前尚未制定有关生物多样性保护的法律法规，因此，应当结合《中华人民共和国生物安全法》，建立生物多样性保护与生物安全监管协同机制，对生物多样性风险进行快速识别，并制定预警机制和防范措施。政府生态环境监管机构应

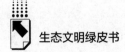

当推动完善生物遗传资源惠益分享监管机制，对生物遗传资源的获取和知识产权保护进行跨部门协调监管，夯实生物多样性保护的国际合作基础等。除此之外，还应当提升对外来物种入侵的管控水平，严厉打击通过网络销售的方式贩卖外来物种的违法主体，进一步完善外来物种的审批程序，并建立外来物种风险预警狙击与合理应对措施，跟踪外来物种蔓延散播的全生命周期。

（四）探索流域水生态环境系统治理与协同推进模式

我国流域水生态环境的治理已经卓见成效，且建立了河湖长制等体制机制。但是，针对流域水生态环境破坏的复杂性、隐匿性和持续性，应当规范流域水生态环境资源的开发利用等行为，并通过明确监管主体的职能权限，保证流域水生态环境治理的系统性和有效性。因此，可以从设置独立的流域水生态环境治理评估机构、健全流域水生态环境跨部门监督管理机制以及建立流域水资源资产监管规则等方面，构建我国流域水生态环境治理综合体系。

首先，针对我国流域水生态环境治理的成效，可以设置具有独立性的第三方机构对其评估。鉴于现有河湖长制在流域水生态环境治理中的一些弊端，我国应当对流域水生态环境治理的效果进行客观、公正的评估，降低地区治理水平差距大、治理规则分散化的趋势。我国应当统一各地在流域水生态环境治理方面的标准，同时建立对流域水生态环境治理效果评估的指标体系。综合各地的经济发展水平、水资源环境承载能力、流域水生物多样性分布情况，形成保护优先和预防为主的流域水生态环境治理标准体系。独立的评估机构能够着眼于流域水生态环境全局发展和治理水平，对流域水生态环境的污染治理情况、合理利用和开发情况、流域水生态环境保护规划以及流域水生态环境生物惠益分享方面设置评估指标，开展综合评价，从全局的角度对流域水生态环境治理的目标是否达成、方式是否合理以及治理效果是否显著等方面进行考核和评价，这样可以及时找出影响流域水生态环境治理的负面因素，明确流域水生态环境治理主体的责任，保证治理主体能够切实有效地开展流域水生态环境保护相关工作，而非流于表面。除此之外，独立的第三方机构应当对考核评估的结果和流域水生态环境治理中的相关问题予以披露，建立流域水生态环境质量评估报告、突发环境事件应对报告、环境监测评估报告和流域水生态环境监督执法评估报告等信息共享机制。

其次，我国应当健全流域水生态环境跨部门监督管理机制。我国针对流域水生态环境治理可以形成"中央统筹——地方执行——独立机构评估"的体制机制。也就是说，我国生态环境监管部门应与水利部、农业农村部、住建部等多个部门协同治理流域水生态环境，统筹各地方流域水生态环境治理的结构，系统监管流域水生态环境资源的调配、污染风控和安全管控等方面。各地应当编制流域水生态环境治理规划，并落实中央层面的任务要求，明确各部门的职责权限，并建立协同立法、联动执法的监督管理机制。针对各地方执行流域水生态环境治理的效果，第三方机构对其进行客观公正的评价考核，并建立流域水生态环境的信息披露平台。

最后，我国应当建立流域水资源资产监管规则。流域水生态环境资源承载了较高的生态价值、经济价值和社会价值。一方面，应当完善流域水生态环境的生态补偿规则。应对流域水生态环境的水质提升、湿地保护生物多样性保护进行全面和分类补偿，并根据环境治理中的损害担责原则，以生态损害赔偿诉讼和环境公益诉讼为抓手，要求对流域水生态环境产生损害的主体承担相应的损害赔偿责任，通过环境司法鉴定判断和评估受损流域水生态环境修复状况。另一方面，建立流域水生态环境污染责任的保险规则，提高抵御流域水生态环境污染的能力，保护周围社会公众环境权益。

（五）深入参与国际环境合作治理

我国提出了全球发展倡议，在履行国际环境保护义务方面已经作出了积极贡献。我国已经在应对气候变化、海洋保护、生物多样性保护、湿地保护、野生动物保护、臭氧层保护等各个方面与其他国家开展了国际合作，并在国际社会树立起全球环境治理的大国风范。面对突发公共卫生危机和自然灾害等全球性问题的挑战，我国可以积极促进世界经济绿色复苏，为实现全

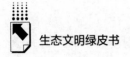

球可持续发展目标 2050 年愿景贡献中国力量。

首先，我国可以继续推进全球环境治理的多边合作。随着《巴黎协定》《生物多样性公约》等环境公约的达成，我国近年来一直在积极为全球生态文明建设贡献成果，展现中国智慧。在全球发展倡议、"一带一路"倡议提出的背景下，我国应加强南南环境治理方面的合作，维护可持续发展中的代际公平和代内公平，全面支持落实《2030 年可持续发展议程》。遵循共同但有区别责任原则，大力推动清洁能源的使用，维护全球环境治理的秩序，与其他发展中国家一道，主导全球环境治理中制度性话语权的建立。同时，将具有中国特色的生态文明建设成果向国际社会各国展现，夯实我国在全球环境治理中地位。我国可以拓展参与全球环境治理的方式，推动全球环境治理体系的变革，积极参与全球环境多边公约的制定，构建全球环境合作机构。我国企业可以为全球环境治理国际合作提供资金支持和技术支撑，不断创建全球环境治理的新业态。通过建设具有中国特色的生态文明建设成果展示区、促进环境治理相关技术贸易等方式，构建以企业为主体的国际环境合作新形式。

其次，应当坚持人类命运共同体的理念。多边主义是解决全球性环境危机的核心，每一个国家都无法独自享有完好的自然环境，同时也无法独自解决具有共同性的环境危机，这需要国际社会共同努力，这也是人类环境共同体的核心要义。我国应当坚持真正的多边主义，倡导构建公平、公正和透明的环境治理框架，积极推动国际各方对全球环境治理方面的国际谈判进程，维护国家利益和全球环境利益，在各国政策协调和技术发展方面开展信息共享和交流，与国际组织开展环境治理方面的国际合作，提升绿色经济复苏的效率。我国还应当发挥跨国公司、非政府组织和社会公众在促进可持续发展和解决全球性环境问题中的作用，不断倡导节能减排的生产经营方式和绿色消费的生活方式。

最后，建立和完善多方参与的国际合作机制。多方参与机制能够推动国际环境合作的进程，使多方共同维护国际环境合作的秩序。从宏观层面看，加强我国在国际环境合作中的主导权，制定环境保护的共同标准，并与更多的国家开展国际环境合作。探索建立多主体参与、多环境要素融合的治理体系新态势。积极参与国际环境合作相关议题的设置，以及有关应对气候变化、生物多样性保护、海洋环境保护等重要谈判磋商的规则制定，提升我国在国际环境合作方面的能力建设水平。从微观层面看，应当不断促进国际绿色金融体系的形成和发展，我国可以发行绿色债券，培育绿色债券发行主体，创新更多的绿色金融衍生产品，凭借绿色资金融通带动绿色资本市场的发展。

参考文献

［1］郇庆治：《论习近平生态文明思想的马克思主义生态学基础》，《武汉大学学报》（哲学社会科学版）2022 年第 4 期。

［2］黄志斌、高慧林：《习近平生态文明思想：中国化马克思主义绿色发展观的理论集成》，《社会主义研究》2022 年第 3 期。

［3］廖志丹、陈墀成：《马克思恩格斯生态哲学思想：中国生态文明建设的哲学智慧之源》，《贵州社会科学》2011 年第 1 期。

［4］李金惠：《"无废城市"建设：生态文明体制改革的新方向》，《人民论坛》2021 年第 14 期。

［5］陈映：《中国生态文明体制改革历程回顾与未来取向》，《经济体制改革》2019 年第 6 期。

［6］沈满洪：《习近平生态文明体制改革重要论述研究》，《浙江大学学报》（人文社会科学版）2019 年第 6 期。

［7］张明皓：《新时代生态文明体制改革的逻辑理路与推进路径》，《社会主义研究》2019 年第 3 期。

［8］余敏江：《中央环保督察下地方核心行动者的环境精细化治理行为逻辑——基于科尔曼理性选择理论视角的分析》，《行政论坛》2022 年第 5 期。

［9］李全、张凯：《新常态下环境治理模式创新——中央环保督察的政策效力如何？》，《南开学报》（哲学社会科学版）2022 年第 5 期。

［10］易兰、杨田恬、杜兴等：《减污降碳协同路径研究：典型国家驱动机制及对中国的启示》，《中国人口·资源与环境》2022 年第 9 期。

［11］刘华军、乔列成、郭立祥：《减污降碳协同推进与中国 3E 绩效》，《财经研究》2022 年第 9 期。

［12］栾林、阎博强：《人类命运共同体视域下破解全球环境治理"集体行动困境"的路径研究》，《环境保护》2022 年第 21 期。

［13］张彦著、周波：《环境智库对落实 2030 年可持续发展议程的影响》，《环境与可持续发展》2021 年第 6 期。

［14］于宏源：《全球环境治理转型下的中国环境外交：理念、实践与领导力》，《当代世界》2021 年第 5 期。

［15］毕军、曲常胜、黄蕾：《中国环境风险预警现状及发展趋势》，《环境监控与预警》2019 年第 1 期。

［16］李健军：《PM$_{2.5}$监测能力建设与重点区域大气污染防治》，《环境保护》2013 年第 5 期。

［17］郎昱、欧阳鑫、范振林：《自然多样性、碳汇潜力提升与生物多样性补偿制度》，《江汉论坛》2022 年第 11 期。

［18］秦天宝、刘斯羽：《〈生物多样性公约〉谈判背景下中国生物多样性保护法律体系再审视》，《阅江学刊》2022 年第 6 期。

［19］刘轶楠、孟祥彬：《绿色金融助力城乡商贸流通结构升级：理论及实证》，《商业经济研究》2022 年第 23 期。

［20］杜建勇、曹文娸：《"双碳"目标下绿色金融发展对碳排放的影响研究》，《学习论坛》2022 年第 6 期。

［21］竹怀林、张雷、孙宁等：《强化长江流域协同治理的思考》，《环境保护》2022 年第 17 期。

［22］周光富：《长江上游流域检察协同治理的检视与完善》，《中国检察官》2022 年第 7 期。

［23］李松有：《纵横治理：关系视角下基层流域治理之道——以长江流域深度调查为例》，《北方论丛》2020 年第 3 期。

［24］欧阳康：《"双碳"目标、绿色发展与国家治理——"双碳"战略及其实施路径的若干前提性问题》，《华中科技大学学报》（社会科学版）2022 年第 5 期。

［25］李庆霞、刘玉莹：《"碳达峰、碳中和"目标的现实逻辑、理论向度和关键路径》，《学习与探索》2022 年第 9 期。

［26］孙雪妍、王灿：《论碳达峰碳中和目标的立法保障》，《环境保护》2022 年第 18 期。

［27］何诚颖：《碳达峰约束背景下中国产业转型路径研究》，《人民论坛·学术前沿》2022 年第 19 期。

［28］申森：《实现碳达峰碳中和是一场广泛而深刻的经济社会变革——学习习近平关于实现"双碳"目标重要论述》，《党的文献》2022 年第 5 期。

［29］Liu, Z., Guan, D., Moore, S., et al., "Climate Policy: Steps to China's Carbon Peak", *Nature*, 2015, 522（7556）.

［30］ Mi, Z. , Meng, J. , Green, F. , et al. , "China's ' Exported Carbon ' Peak: Patterns, Drivers, and Implications", *Geophysical Research Letters*, 2018, 45 (9).

［31］ Zhao, K. , Cui, X. , Zhou, Z. , et al. , "Impact of Uncertainty on Regional Carbon Peak Paths: An Analysis Based on Carbon Emissions Accounting, Modeling, and Driving Factors", *Environmental Science and Pollution Research*, 2022, 29 (12).

［32］ Paavola, J. , "Institutions and Environmental Governance: A Reconceptualization", *Ecological Economics*, 2007, 63 (1).

［33］ Holley, C. , Gunningham, N. , Shearing, C. , *The New Environmental Governance*, Routledge, 2013.

［34］ Jänicke, M. , Jörgens, H. , *New Approaches to Environmental Governance*, Routledge, 2020.

评 价 篇

Evaluation Report

G . 2

2023年中国特色生态文明指数评价报告

生态文明指数评价课题组*

摘　要： 生态文明建设是关系中华民族永续发展的根本大计，科学评价中国生态文明建设水平对衡量生态文明成效、客观反映中国生态文明发展水平具有重要意义。因此，本文提出中国特色生态文明建设的"人与自然和谐共生的现代化"目标，并基于该目标，从

---

* 课题组负责人：杨加猛，管理学博士，南京林业大学国际合作处处长、港澳台事务办公室主任，南京林业大学教授、博士生导师，主要研究方向为资源、环境与生态经济。课题组成员：高强，管理学博士，南京林业大学经济管理学院副院长、农村政策研究中心主任、教授，主要研究方向为农村政策、土地制度；刘同山，管理学博士，南京林业大学教授、博士生导师，南京林业大学城乡高质量发展研究中心主任、农村政策研究中心研究员，主要研究方向为农村土地制度、城乡绿色发展；邓德强，管理学博士，南京林业大学经济管理学院副院长，南京林业大学教授、博士生导师，主要研究方向为管理会计、可持续会计、道德决策；董加云，管理学博士，南京林业大学教授、博士生导师，主要研究方向为森林治理、森林食物经济；陈岩，管理学博士，南京林业大学教授、博士生导师，主要研究方向为资源与环境管理、"双碳"政策与管理；丁振民，管理学博士，南京林业大学副教授，主要研究方向为资源经济、环境管理；魏尉，管理学博士，南京林业大学讲师，主要研究方向为农产品电商、社交媒体营销；余红红，南京林业大学在读博士研究生，主要研究方向为生态与环境管理。

绿色发展、自然生态高质量两个结果维度和绿色生产、绿色生活、环境治理和生态保护四个路径维度，构建中国特色生态文明建设评价指标体系，共6类30个评价指标；采用CRITIC和线性加权法对2011~2020年全国和各省（区、市）生态文明建设水平进行动态评价。结果表明，从建设趋势来看，中国特色生态文明综合指数总体呈持续上升态势，但各省（区、市）受经济基础、生态环境等条件的限制，建设水平存在明显的差异；从发展维度来看，两个结果维度指数平稳增长，部分路径指数处于小幅波动状态，总体趋势向好，但各省（区、市）发展不平衡，存在明显弱势维度。

关键词： 生态文明建设　绿色发展　自然生态高质量

一　中国特色生态文明建设评价指标体系构建

（一）生态文明的历史观

1. 人类文明的本质，就是满足人类需求而不断发展的生产力

文明，特指人类文明（Human Civilization），即人类所建立的物质文明和精神文明的综合。人类经过漫长的进化脱离了其他动物与生俱来的野蛮行径和丛林法则，建立了属于自己的稳定有序的规则社会。纵观历史，人类文明是由人类需求的推动而不断向前发展的。在原始文明阶段，人类的需求主要为充饥的食品和保暖遮羞的衣物，依赖于狩猎和采集，生产力水平十分低下。在农业文明的历史进程中，由于人类对于谷物和肉类的需求，出现了种植和养殖，生产力得到一定的解放。在工业革命的推动下，社会生产力空前发展。而在今天，人类文明仍在向前演化进步，人类对于美好生态环境的需求日益突出。因此，如何发展人与自然和谐共生的生产力，是当下人类文明

发展的新命题。

2. 人类文明的发展，始终伴随着人类需求与生态环境之间关系的升级

不同类型的人类文明，其生产力特征不同，体现着生产力所连接的人类需求和生态环境之间的不同关系。人类自身本属于自然，因此，人类需求的满足、生产力的发展与生态环境均息息相关。在历史长河中，我们可以看到一条清晰的脉络——在原始文明时期，人类完全依靠大自然的馈赠，直接利用自然物作为其生活资料，对自然的开发和支配能力极其有限。在农业文明时期，人类对生态环境有了更深入的探索，通过农耕和畜牧等生产方式，一定程度上摆脱了对自然的完全依赖，开始探索获取最大劳动成果的途径和方法。在工业文明时期，人类开始尝试对生态环境进行"征服"，对自然进行超限开发，生态环境遭到了巨大破坏。而今天，环境污染和资源枯竭已经严重威胁人类生存。因此，为了满足人类对于美好生活的需求，我们必须重视生态环境与人的关系以及这种关系的升级。

3. 生态文明是人类文明迄今为止的最高发展阶段

生态文明是目前最高阶段的人类文明。生态文明旨在建立人类和地球自然生态整体福祉，是人类遵循了人与自然和谐共生这一客观规律而取得的物质与精神成果的总和。因此，生态文明有如下两个特点。

（1）现代人类中心主义下的人与自然和谐共生

传统人类中心主义认为人类是宇宙的中心，而其他动植物的出现仅仅是为了满足人类的需求。这一观点使得人类为了自身利益而掠夺式地开发自然，从而导致了生态环境的破坏。现代人类中心主义认为人类不能为了短期利益、局部利益而放弃长远利益、整体利益。现代人类中心理论与可持续发展不谋而合，二者均倡导建立一种和谐平等的人与自然的关系。

（2）以生态正义为基础的发展哲学

生态正义的哲学基础是一种人与自然之间的正义关系，其把人类看作整个生态系统中的普通一员，所有生命都拥有作为道德主体的自然权利。生态正义要求代内所有人和代际所有人都能平等地享有利用生态资源的权利，同时又能公平地分担保护生态环境的责任和义务。其具有两个维度：一是代内正义，即同时代所有人，无论其种族、民族、国籍、性别、职业、信仰、教育程度和财产状况如何，都能够平等地享有生态权益和公平地分担生态责任；二是代际正义，即各个世代的人都担有保护生态资源可持续性的责任和义务，前代人对生态资源的开发和利用不应该损害后代人的生态权益。

（二）生态文明的中国特色

1.中国传统哲学思想

中国特色社会主义生态文明思想具有深厚的传统文化基础。儒家思想创始人孔子提出的"践仁知天"观点，要求人们在进行社会实践时应尊重天地，实现"天人合一"。儒家之"仁"是指恻隐之感，亦即孟子所谓恻隐之心或不忍人之心。儒家思想对生态环境的保护表述为对自然的恻隐之感，体现了儒家对于自然的重视与尊重。道家所提倡的"道法自然"指出人类应顺应自然，尊重自然。"人法地，地法天，天法道，道法自然"，道家把人、地、天和自然有机结合，阐释了自然界中万物之间都存在某种联系。因此，人类应该在自我发展的同时，关注和研究自然界中的万物包括整个生态环境整体的变化，做到人与自然和谐相处。墨家的"固本节用"思想也蕴含着经典的生态思想文化。"固本节用"本身的意思是重视人类生存的根本，节约使用资源。由此可见，早在春秋战国时期，中国人就已经开始重视自然资源的合理开发与使用。

2.马克思主义生态思想：人与自然的辩证统一

按照马克思主义观点，人的自然化与自然的人化二者是统一的，体现了人类的生产劳动是目的性与规律性的统一。人与自然的沟通与联系是通过劳动和实践完成的，随着人类智慧的逐步提升，其对工具的使用也从单一化发展为复杂化，利用和改造自然的能力大大增强，而自然界则为我们的劳动实践提供场所。对于人类来说，自然界是生存和发展的基础，其为人类无偿地提供了生产生活的物质资料和实践场所，同时，人类在发展的过程中也逐步对自然进行了改造。因此我们需要在人的自然化与自然的人化二者之间寻找辩证的平衡。

3.社会主义核心价值体系

社会主义核心价值体系是社会主义制度的内在精神和生命之魂，是社会

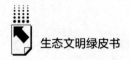

主义制度在价值层面的本质规定。在马克思主义指导思想中，明确包含了人与自然的辩证统一，强调了生态文明对于社会主义国家的重要性。

社会主义核心价值观是我国核心价值的基本内核，对生态文明建设具有引领作用。社会主义核心价值观在国家层面强调"富强、民主、文明、和谐"。因此，生态文明要求建设富强生态、民主生态、文明生态、和谐生态的国家。社会主义核心价值观在社会层面强调"自由、平等、公正、法治"。因此，生态文明要求建设自由生态、平等生态、公正生态、法治生态的社会。社会主义核心价值观在个人层面强调"爱国、敬业、诚信、友善"。因此，生态文明要求培养爱国生态、敬业生态、诚信生态、友善生态的公民。

4. 习近平生态文明思想

习近平生态文明思想的主要内容为：坚持党对生态文明建设的全面领导、坚持生态兴则文明兴、坚持人与自然和谐共生、坚持绿水青山就是金山银山、坚持良好生态环境是最普惠的民生福祉、坚持绿色发展是发展观的深刻革命、坚持统筹山水林田湖草沙系统治理、坚持用最严格制度最严密法治保护生态环境、坚持把建设美丽中国转化为全体人民自觉行动、坚持共谋全球生态文明建设之路。

（三）中国特色生态文明的价值观：人与自然和谐共生

1. 中国特色生态文明的价值观提出与发展

2017 年 10 月，习总书记在党的十九大报告中，将"坚持人与自然和谐共生"纳入新时代坚持和发展中国特色社会主义的基本方略，构成了中国特色生态文明建设的基本价值观。习总书记曾指出"必须树立和践行'绿水青山就是金山银山'的理念，坚持节约资源和保护环境的基本国策"①、"坚定走生产发展、生活富裕、生态良好的文明发展道路，建设美丽中国，为人民创造良好生产生活环境"②。习总书记的这些论述为中国特色生态文

---

① 《习近平指出，加快生态文明体制改革，建设美丽中国》，中国政府网，http://www.gov.cn/zhuanti/2017-10/18/content_ 5232657. htm，2017 年 10 月 18 日。

② 《中共中央关于坚持和完善中国特色社会主义制度 推进国家治理体系和治理能力现代化若干重大问题的决定》，人民网，http://cpc. people. com. cn/n1/2019/1106/c64094 - 31439558. html，2019 年 11 月 6 日。

明的价值观提供了最新的注解。

2022年10月16日，习总书记在党的二十大报告中进一步强调中国式现代化是人与自然和谐共生的现代化。党的二十大报告指出："人与自然是生命共同体，无止境地向自然索取甚至破坏自然必然会遭到大自然的报复。我们坚持可持续发展，坚持节约优先、保护优先、自然恢复为主的方针，像保护眼睛一样保护自然和生态环境，坚定不移走生产发展、生活富裕、生态良好的文明发展道路，实现中华民族永续发展。"

2. 人与自然和谐共生的解读

第一，人是个人，更是个人、社会、国家以及人类的统一体。

从自然人角度来看，人只是自然界千万个物种中的普通一员，我们依赖于自然环境。从社会人角度来看，每个人就像一滴水，组成汪洋大海，我们每个人都是这个社会的一部分，是包容共生、互相依存的；而每个群体组成了我们整个人类社会。群体与群体、国家与国家之间的关系也是紧密联系、相互影响的。从人类命运共同体的角度来看，人与人之间是休戚与共的，个人的行为将对整体的环境造成影响，因此，整个人类社会实质上就是一个命运共同体。

第二，自然是"绿水青山"，是山水林田湖草沙冰，更是生命共同体。

"绿水青山"是一个代名词，其实质是人们对于美好生活环境的追求与向往。"绿水青山"就是干净的道路、清新的空气、优质的水源，以及美好的生态环境。而这背后存在着一整套协同运作的生态系统，即山水林田湖草沙。这些生态元素不是孤立存在的，而是有机整合、互相依赖的。我们应该深刻意识到整个生态系统的统一性与联系性，而人作为整个生命共同体的重要一环，其本身就是生命共同体的一员。

第三，共生即相互依赖，彼此有利。

共生指生物与生物、生物与环境之间所形成的紧密联系与共赢互利的关系，倘若彼此离开，则双方或其中一方无法生存。人与自然关系的理想状态就是人与自然和谐共生。人与自然的关系不是割裂的，而是相互依存、彼此互利的。中国传统文化在对待人与自然的关系上有着不同于西方的认知，强

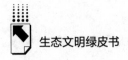

调人与自然相调和的思想观点，即"仁者以天地万物为一体"。这是一种整体的、动态的哲学，对中国人与自然关系的发展产生深远影响，对当下人类面对人与自然的关系有着重要启示。在后工业文明社会中，人类应该意识到人与自然的和谐发展是符合自然规律的。人与自然和谐共生的理念只有深入人心，才能确保生态环境得到进一步的保护。

第四，和谐是生态文明哲学观的具体表现，也是共生的本质特征。

人与自然和谐共生思想的关键是和谐，唯有人与自然关系和谐，才能实现人与自然共生。当人与自然的关系在世界观高度不再分彼此时，关心自己必然关心自然，关心自然就是关心自己，其实践结果就会带来人与自然的共生共荣。人与自然共生共荣是对人与自然和谐共生方略中共生的解读。人与自然平等和谐是生态文明时代产生的世界观，人与自然共生共荣则是生态文明世界观的实践后果和外在形态。

（四）中国特色生态文明建设目标

1. 党的十八大以来中国特色生态文明建设目标的沿革

自党的十八大以来，党中央、国务院多次强调生态文明建设的重要性与紧迫性，提出全面深化生态体制改革，加快发展社会主义生态文明以及推动制度建设，将"生态良好"列入我国发展的战略目标。政府工作报告多次提出大力推进能源资源综合管理以及节约和循环利用，切实防治生态环境污染，出重拳强化污染防治，健全生态保护补偿机制。

党的十九大之后，党中央、国务院将黄河、长江流域生态保护提上日程。从顶层规划到细则拟定，从"纲要"的制定到"实施计划"的落实，一步步提高公民对黄河、长江流域的保护意识，完善保护体制机制，以高水平保护推动高质量发展。以保护为手段，以发展为目的，以实现青山绿水、人民幸福为追求，在党中央的带领下，在全社会各部门各单位以及每个公民的努力下，黄河、长江流域的生态环境一定会逐步改善，黄河、长江流域的发展水平也一定会稳步提升。

在党的二十大报告中，中央强调"推进美丽中国建设，坚持山水林田湖草沙一体化保护和系统治理，统筹产业结构调整、污染治理、生态保护、应对气候变化，协同推进降碳、减污、扩绿、增长，推进生态优先、节约集约、绿色低碳发展"。到2035年，我国生态领域的发展目标是"广泛形成绿色生产生活方式，碳排放达峰后稳中有降，生态环境根本好转，美丽中国目标基本实现"。

表1 党的十八大以来中国特色生态文明建设目标

时间	重要节点	重要论述	关键词
2012年	党的十八大	首次将生态文明建设作为"五位一体"总体布局的一个重要部分	五位一体;生态文明建设
2013年	十八届一中全会	提出深入研究全面深化生态体制改革	生态体制改革
	十二届全国人大一次会议	提出大力推进能源资源综合管理以及节约和循环利用，切实防治生态环境污染	综合管理;节约;防治污染
	十八届三中全会	提出加快发展社会主义生态文明以及推动制度建设	社会主义生态文明
2014年	十二届全国人大二次会议	强调出重拳强化污染防治，推动能源生产和消费方式变革以及推进生态保护与建设	污染防治;能源生产和消费方式变革
	十八届四中全会	将"生态良好"列入我国发展的战略目标	生态良好
2015年	十二届全国人大三次会议	提出在西部地区开工建设一批生态重大项目的目标，推进重大生态工程建设，拓展重点生态功能区，办好生态文明先行示范区	生态重大项目;生态功能区;生态文明先行示范区
	十八届五中全会	强调将生态文明建设作为统筹推进事项，提出到2020年生态环境质量总体改善的目标，要求构建科学合理的生态安全格局，坚持生态良好的文明发展道路，筑牢生态安全屏障，实施山水林田湖生态保护和修复工程	生态环境质量;生态安全格局;生态安全屏障;山水林田湖
	中共中央、国务院印发了《关于加快推进生态文明建设的意见》	提出国土空间开发格局进一步优化，资源利用更加高效，生态环境质量总体改善，生态文明重大制度基本确立的目标	资源利用高效;生态文明重大制度

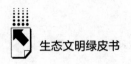

时间	重要节点	重要论述	关键词
2016 年	十二届全国人大四次会议	提出推动形成绿色生产生活方式,加快改善生态环境,加强生态安全屏障建设	绿色生产;生活方式
	中共中央办公厅、国务院办公厅印发了《生态文明建设目标评价考核办法》	规定将资源利用、环境治理、环境质量、生态保护、增长质量、绿色生活、公众满意度等方面作为考核指标	资源利用;环境治理;环境质量;生态保护;绿色生活
2017 年	十二届全国人大五次会议	强调加大生态环境保护治理力度并且首次提出健全生态保护补偿机制	生态保护;补偿机制
	党的十九大	提出生态环境保护任重道远,人民在生态方面的需要日益增长,强调坚持人与自然和谐共生,构筑绿色发展的生态体系,加快生态文明体制改革,加大生态系统保护力度,改革生态环境监管体制,并且首次将生态宜居写入乡村振兴战略;习近平总书记提出"建设生态文明是中华民族永续发展的千年大计"	和谐共生;生态体系;生态文明体制改革;生态环境;监管体制;生态宜居;千年大计
2018 年	十三届全国人大一次会议	强调建立生态文明绩效考评和责任追究制度,坚持人与自然和谐发展,着力治理环境污染,推行生态环境损害赔偿制度,以生态优先、绿色发展为引领推进长江经济带发展,并且首次提出大力发展清洁能源	责任追究制度;人与自然和谐发展;生态环境损害赔偿制度;生态优先;绿色发展;清洁能源
	十九届三中全会	首次提出改革自然资源和生态环境管理体制	自然资源和生态环境管理体制
2019 年	十三届全国人大二次会议	强调加强污染防治和生态建设并且首次提出加强生态环保督察执法	污染防治;生态建设;生态环保督察执法
	十九届四中全会	提出坚持和完善生态文明制度体系	生态文明制度体系
2020 年	十三届全国人大三次会议	首次提出编制《黄河流域生态保护和高质量发展规划纲要》	黄河流域生态保护;高质量发展规划纲要
	十九届五中全会	提出完善生态文明领域统筹协调机制,提升生态系统质量和稳定性,全面提高资源利用效率	统筹协调;生态系统质量;资源利用效率
	"十四五"规划	首次提出城乡人居环境明显改善	人居环境

续表

时间	重要节点	重要论述	关键词
2021 年	十三届全国人大四次会议	首次提出扎实做好碳达峰、碳中和各项工作,制定《2030 年前碳排放达峰行动方案》	碳达峰;碳中和;碳排放达峰行动
	中共中央办公厅 国务院办公厅印发《关于深化生态保护补偿制度改革的意见》	进一步深化生态保护补偿制度改革,加快生态文明制度体系建设	生态保护补偿
	中共中央 国务院印发《黄河流域生态保护和高质量发展规划纲要》	落实习近平总书记对黄河流域生态保护和高质量发展作出全面系统部署;首次将打好黄河生态保护治理攻坚战确定为标志性战役	黄河流域生态保护;高质量发展
	《中共中央 国务院关于完整准确全面贯彻新发展理念做好碳达峰碳中和工作的意见》	提出了构建绿色低碳循环发展经济体系、提升能源利用效率、提高非化石能源消费比重、降低二氧化碳排放水平、提升生态系统碳汇能力五个方面的主要目标	绿色低碳;循环经济;能源利用效率;非化石能源消费;二氧化碳排放;生态系统碳汇
	十九届六中全会	提出美丽中国建设迈出重大步伐,我国生态环境保护发生历史性、转折性、全局性变化;强调坚持人与自然和谐共生	美丽中国建设;生态环境保护
2022 年	生态环境部印发《"十四五"生态环境监测规划》	全面强化生态环境质量持续改善和推动减污降碳协同增效的监测支撑	环境监测
	十三届全国人大五次会议	强调持续改善生态环境,推动绿色低碳发展;加强污染治理和生态保护修复,处理好发展和减排的关系,促进人与自然和谐共生	生态环境;低碳发展;人与自然和谐共生
	生态环境部、发展改革委等 17 部门联合印发了《深入打好长江保护修复攻坚战行动方案》	提出从生态系统整体性和流域系统性出发,坚持生态优先、绿色发展,坚持综合治理、系统治理、源头治理,坚持精准、科学、依法治污,以高水平保护推动高质量发展	长江流域;生态系统;高水平保护;高质量发展

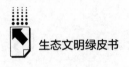

续表

时间	重要节点	重要论述	关键词
2022 年	党的二十大	强调推进美丽中国建设,坚持山水林田湖草沙一体化保护和系统治理;提出加快发展方式绿色转型,实施全面节约战略,发展绿色低碳产业,倡导绿色消费,推动形成绿色低碳的生产方式和生活方式	美丽中国建设;山水林田湖草沙;全面节约战略;绿色低碳产业;绿色消费

2. 中国特色生态文明建设目标:人与自然和谐共生的现代化

(1) 人与自然和谐共生的现代化包含人的发展现代化和自然的发展现代化

首先,人的发展现代化,是人在与自然和谐共生条件下的发展,即绿色发展,可以细分为绿色经济发展与绿色社会发展。

坚持尊重自然、顺应自然、保护自然的生态文明理念是绿色发展的基础,这一生态文明理念的提出是通过调整和改善人与自然的关系,实现发展方式的跨越以及人与自然全面和谐统一的有效保障。而绿色发展以生态文明理念为核心,是人与自然在和谐共生条件下的发展形式。

绿色发展可分为绿色经济发展与绿色社会发展。绿色经济作为一种全新的以环保健康为理念的经济形式,旨在实现经济与环境的双向共赢。即在维护生态农业、循环工业和服务产业之间的发展平衡下,在构建生态文明的过程中,实现人与自然的和谐统一。在顺应"尊重自然、顺应自然、保护自然"的前提下,在绿色经济发展的基础上,绿色社会发展以推动经济社会发展全面绿色转型为核心目标,其中涉及文化、教育、健康、公平、共同富裕等方面。绿色社会发展要求以人类适应环境为目标,将绿色理念嵌入教育理念,培养学生的环境保护意识;倡导绿色健康生活,提高全体公民的健康水平。毫无疑问,绿色发展是一种全新的发展理念、发展目标,坚持绿色发展是实现人的发展现代化的坚实地基,是构建人与自然生命共同体的可靠保障。

其次，自然的发展现代化，是自然在满足人类生存和发展条件下的高质量状态，即自然生态高质量。

自然生态高质量是自然在满足人生存和发展条件下能呈现的高质量状态。在保证了人类生存和发展的需求下，现代化的自然发展则进一步要求开展生态环境保护与建设，追求自然生态的高质量状态。拥有蓝天、绿地、净水的惬意优美环境，是群众的期盼，也是全面建成小康社会的应有之义。高质量自然状态体现在以下方面：第一，水质量高，水质安全；第二，空气质量高，空气污染指数（API）合理控制在 100 以下，烟尘、细颗粒物（$PM_{2.5}$）、二氧化氮等空气污染物均在各个级别下的浓度限值内；第三，土壤质量高，养分循环能力好，生物的生产力高，土壤的健康功能好，能生产出丰富、健康的食物；第四，生物多样性丰富，物种与生态系统的类型丰富，空间格局繁复多样；第五，森林覆盖率高，森林资源总量大、质量好。近些年来，中国也在不断地完善生态政策，如今，生态文明建设已经被纳入中国特色社会主义事业"五位一体"总体布局，为实现自然的发展现代化做好了充分的准备。

（2）人与自然和谐共生的现代化要求明确整体系统的实现路径

第一，绿色生产。绿色生产是产业在工业生产过程中通过相应的管理和技术手段，对产品的生产过程和服务采取预防污染的方式来减少污染物的产生的一种措施，旨在实现污染物产量的最小化，主要体现在以下方面。一是清洁生产，在生产过程中采用无污染、少污染的环境友好型技术及设备，减少或者避免产品的生产过程中污染物产生和排放。二是减少废物排放，严格控制具有毒性等一种或几种危险特性的或是间接对环境或者人体健康造成有害影响的化学废弃物的排放量。三是减少生产过程中的能源消耗，降低能源消费强度。四是开展原材料的循环利用，提高能源利用效率。五是使用清洁的能源和原料，优先使用无公害、养护型的新能源，提高可再生能源和清洁能源消费比重。绿色生产作为一个新兴的概念，还有许多的未知性和可能性有待探索和实践，随着技术进步和经济发展，绿色生产的内涵也将不断更新进步。

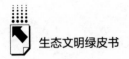

第二，绿色生活。绿色生活是一种自然、环保的生活方式，指的是"倡导居民使用绿色产品，参与绿色志愿服务，引导树立绿色增长、共建共享的理念，使绿色消费、出行、居住成为人们的自觉行为准则"。绿色生活方式可进一步细分为绿色产品、生活节水、绿色出行、绿色居住、城市垃圾无害化处理、绿色消费。绿色产品是绿色消费的对象，是指在其营销过程中具有比同类产品更环保的新型改良型产品。在生活用水方面倡导节约用水，具体表现为"调整用水结构，改进用水方式，提高水资源的利用率，避免水资源的浪费"。绿色出行倡导人们选择对环境影响较小的出行方式，既减少污染，又益于健康。绿色居住提倡居民建造或购买绿色住宅，绿色住宅能充分利用环境自然资源。城市垃圾无害化处理可分为填埋处理、焚烧处理、堆肥处理，其中填埋处理是消纳城市生活垃圾的综合有效方法。绿色消费又可称为可持续消费，其本质是一种以保护生态为特征的新型消费行为，也是一种以崇尚自然和保护生态等为特征的消费过程。"双碳"目标提出，推动形成绿色生产生活方式势在必行，需要全社会每个人参与、共同努力。

第三，生态保护。生态保护是指改革开放以来，党中央、国务院高度重视生态环境保护与建设工作，加大了生态环境保护与建设力度，一些重点地区的生态环境得到了优化和改善。各项调查显示，近年来在相关政策战略的实施下，国土生态环境水平差，森林资源总量不足、分布不均，天然草原过度利用和退化，天然湿地大面积萎缩、消亡、退化，海域总体受污染等问题依然存在。因此，国家生态环境部依据区域主导的生态功能，将全国范围内的区域划分七类生态功能区：水源涵养、土壤保持、防风固沙、生物多样性保护、洪水调蓄、农业发展和城镇建设。根据生态功能极重要区和生态极敏感区的分布，开展了自然保护区和重要生态功能保护区的规划与建设。自然保护区作为濒危生物的庇护所，保护了生物多样性。

第四，环境治理。环境治理是对已产生的污染进行整治与管理。工业污染防治是其中一个关系整体利益和长远利益的重大社会经济问题。工业污染指的是工业生产过程中所形成的废气、废水和固体排放物对环境的污染。工业污染治理主要是对工业生产排放的"三废"即废水、废气、废渣的治理。此外，随着人口增长和消费水平的不断提高，生活污染问题日趋严重。生活污染物大致分为粪便、垃圾和污水。相对应的治理策略有三，首先，建厕改厕，建设占地少、无污染、节约资源的生态卫生厕所；其次，实行垃圾分类，以提高资源的回收率，节省垃圾处理费用；最后，严格控制生活污水的排放，研发并使用污水处理工艺技术装备。环境治理是对生态环境的高水平保护，是实现自然生态高质量的必经之路，因此应积极贯彻可持续发展理念，实现自然发展现代化。

总之，绿色生产和绿色生活是直接影响绿色发展的路径；生态保护和环境治理是直接影响自然生态高质量的路径。同时，四个方面又相互影响，如图1所示。

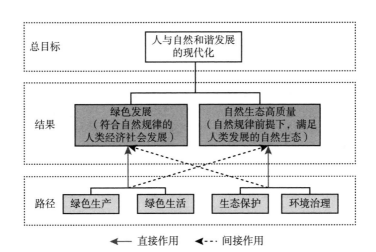

图1　中国特色生态文明建设目标与结果、路径

（五）基于中国特色生态文明建设目标的评价指标体系

根据以上关于中国特色生态文明建设目标的梳理，依据科学性与权威性、导向性与前沿性、普适性与特色性、动态性与可操作性等原则，本文全面构建了"2结果维度+4路径维度"的指标体系。

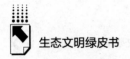
1.两个结果维度：绿色发展、自然生态高质量

生态文明建设涉及人与自然两个方面，其实质是协调人与自然的关系，实现人与自然的和谐共生，因此生态文明建设评价指标体系的构建应考虑人与自然两个角度的发展，由此产生两个结果维度，即绿色发展和自然生态高质量。

第一，绿色发展。考虑到数据权威性和可获取性，绿色发展水平主要围绕人、经济、社会三个层面构建评价指标体系，指标选取主要基于以下几方面的考虑。一是选取死亡率、恩格尔系数等体现人和社会公平角度的二级指标反映绿色社会发展；第二，紧随当下热点和国家政策导向，将碳排放强度、能源消耗强度和人均 GDP 增长率等具体指标作为衡量绿色经济发展的评价指标。

第二，自然生态高质量。自然生态高质量是在满足自然规律的前提下，满足人类的生存和发展，通过对水质、空气质量、生物多样性的评价，以居住环境状况表征生态文明建设水平。例如生物丰度指数这一指标，该指标及其评价结果，每年会在达沃斯论坛期间发布，展现的是基础性数据，因此得到很多国家的重视。同一项指标中基础性数据量纲一致并经归一化处理，指标及其评价结果可以重现，不会因为研究者的不同出现颠覆性结果，因而具有一定的权威性。

2.四个路径维度：绿色生产、绿色生活、环境治理和生态保护

根据两大结果维度，具体可引申出四个路径维度，分别为绿色生产、绿色生活、环境治理和生态保护。其中前两个是直接影响绿色发展的路径，后两个是直接影响自然生态高质量的路径，同时四个方面又相互影响。

第一，绿色生产。绿色生产是绿色经济发展的具体化，习总书记指出加快形成绿色发展方式，重点是调整经济结构和能源结构，优化国土空间开发布局，培育壮大节能环保产业、清洁生产产业、清洁能源产业，推进生产系统和生活系统循环链接。据此能源清洁度、投入的减量化是评价的重要指标，通过对经济结构的绿色与协调进行评价，表征经济结构的绿色生产程度。

第二，绿色生活。绿色生活是社会进步的重要体现，而社会进步又是生态文明的重要体现之一，是生态发展文明的重要考评指标。绿色生活主要围

绕人们衣食住行等方面设置评价指标，以考察生态文明建设下，人们的绿色生活水平是否有所提高，该地区是否朝着绿色、低碳的生态发展路径演进。

第三，环境治理。环境治理是从污水处理、废物利用、治理污染投资比重等方面进行指标设计，考虑环境污染本身特点及存在的问题，从中选取如下的重要指标，如环境污染投资占 GDP 比重、污水集中处理率等。

第四，生态保护。生态保护是生态文明建设的直接、有效手段。习总书记认为一个良好的自然生态系统是大自然亿万年间形成的复杂系统，主张对山水林田湖草实施遵循自然规律的用途管制和生态修复的生态统筹管理，由一个部门负责领土范围内所有国土空间用途管制职责，进行统一保护和修复。① 从系统论思维方式出发审视生态问题，在指标体系构建中主要侧重于林田系统的管理和修复，重视规划国土空间格局的指标设计。

3. 中国特色生态文明建设评价指标体系

综上，我们全面构建了"2 结果维度+4 路径维度"的指标体系，具体包括绿色发展、自然生态高质量、绿色生产、绿色生活、环境治理和生态保护 6 个维度的评价指标体系，共包含 30 个单项指标。

表 2　中国特色生态文明建设评价指标体系

目标层	维度层	准则层	指标层
人与自然和谐共生的现代化	结果维度	C1 绿色发展	C11 人均 GDP 增长率
			C12 碳排放强度
			C13 能源消耗强度
			C14 恩格尔系数
			C15 死亡率
		C2 自然生态高质量	C21 生物丰度指数
			C22 空气质量指数
			C23 地表水达到或好于Ⅲ类水体比例
			C24 森林覆盖率
			C25 土地沙化程度

---

① 习近平：《关于〈中共中央关于全面深化改革若干重大问题的决定〉的说明》，《求是》2013 年第 22 期。

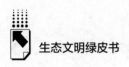

目标层	维度层	准则层	指标层
人与自然和谐共生的现代化	路径维度	C3 绿色生产	C31 化学需氧量排放总量减少
			C32 氨氮排放总量减少
			C33 二氧化硫排放总量减少
			C34 单位 GDP 能源消耗降低
			C35 可再生能源和清洁能源消费量占能源消费总量比重
		C4 绿色生活	C41 绿色产品市场占有率
			C42 生活用水消耗率
			C43 人均绿色低碳出行
			C44 城镇绿色建筑占城市建设用地面积比重
			C45 人均粮食消耗率
			C46 城市生活垃圾无害化处理率
		C5 环境治理	C51 一般工业固体废物综合利用率
			C52 县城生活垃圾处理率
			C53 城市污水处理厂集中处理率
			C54 突发环境事件次数
			C55 工业污染治理完成投资占 GDP 的比例
		C6 生态保护	C61 自然保护区占辖区面积比例
			C62 林业生态投资占 GDP 比例
			C63 市容环境卫生投资占 GDP 比例
			C64 农用化肥农药使用减少量与总量比例折算指数

二　中国特色生态文明建设评价模型构建

（一）评价指标体系权重和指数计算方法

指标权重设置方法主要有主观赋权法和客观赋权法，其中客观赋权法是利用各个指标之间相互关系或各个指标所能提供的信息量来确定指标的权重。简而言之，客观赋权法就是通过对指标原始数据经过一定的数学处理获取指标权重。客观赋权方法有如下三类：其一，根据指标数据的离散程度来划分权重，例如熵权法；其二，根据指标数据的对比强度来划分权重，例如均方差法和变异系数法（标准差系数法）；其三，根据指标数据之间的相互影响程度来确定权重，例如相关系数法和主成分分析法。

本文选取兼具第二、第三类客观赋权方法特点的 CRITIC（Criteria Importance though Intercrieria Correlation）法对指标体系权重进行计算，然后运用相关指标的标准化数值和生态文明建设评价指标体系中各个指标的权重计算全国和各省（区、市）的生态文明建设的综合评价值。

CRITIC 法是一种以对比强度和评价指标之间的冲突性来综合确定中国特色生态文明建设评价指标客观权重的数学方法。CRITIC 法将指标间的相关性以及各指标的自身变异性大小同时考虑在内，结合数据的客观性对指标体系权重进行确定。本文首先采用该方法对中国特色生态文明建设评价体系的各指标进行权重确定，然后结合相关指标的标准化数值对全国生态文明指数进行计算，计算步骤具体如下。

第一步：对指标数据进行标准化处理。

为了消除不同指标量纲及其单位的影响，从而可以使各个指标转化为可以直接加减的数值，本次计算需要对原始数据进行无量纲标准化处理，将各个数值转变为第 i 个地区指标值与该指标最小值的偏差相对于该指标最大值与最小值偏差的相对距离。本文所建立的中国特色生态文明建设评价指标体系中共有 9 个负向指标，其余都是正向指标。正向指标数值越大或者负向指标数值越小，其对应的指数值就越大。正向指标无量纲标准化处理公式如下：

$$X_{ij} = \frac{x_{ij} - min\{x_{1j}, x_{2j}, \cdots, x_{nj}\}}{max\{x_{1j}, x_{2j}, \cdots, x_{nj}\} - min\{x_{1j}, x_{2j}, \cdots, x_{nj}\}} \tag{1}$$

负向指标无量纲标准化处理公式如下：

$$X_{ij} = \frac{max\{x_{1j}, x_{2j}, \cdots, x_{nj}\} - x_{ij}}{max\{x_{1j}, x_{2j}, \cdots, x_{nj}\} - min\{x_{1j}, x_{2j}, \cdots, x_{nj}\}} \tag{2}$$

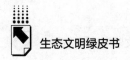

式中，x_{ij} 表示第 i 个地区第 j 个指标的原始值；$max \{x_{1j}, x_{2j}, \cdots, x_{nj}\}$ 表示第 j 个指标下样本值的最大值；$min \{x_{1j}, x_{2j}, \cdots, x_{nj}\}$ 表示第 j 个指标下样本值的最小值；X_{ij} 为第 i 个地区第 j 个指标的无量纲标准化值。

第二步：定量测算评价指标的对比强度。

对比强度以标准差为表现形式，体现同一个指标在不同评价方案里的取值差距。标准差越大，意味着该指标包含的信息量越多，应该给该指标分配的权重会越高。第 j 个指标的标准差的计算公式如下：

$$\begin{cases} \overline{x_j} = \dfrac{1}{n} \sum_{i=1}^{n} x_{ij} \\ S_j = \sqrt{\dfrac{\sum_{i=1}^{n} (x_{ij} - \overline{x_j})^2}{n-1}} \end{cases} \tag{3}$$

第三步：定量测算评价指标之间的冲突性。

评价指标之间的冲突性以相关系数为表现形式，如果指标之间正相关性越强，则指标之间的冲突性越低，反映的相同信息越多，所能体现的评价内容就越有重复之处，一定程度上也就削弱了指标的评价强度，那么给该指标分配的权重会越低。相关系数的计算公式如下：

$$R_j = \sum_{i=1}^{n} (1 - r_{ij}) \tag{4}$$

式中，r_{ij} 表示评价指标 i 与 j 之间的相关系数。

第四步：定量测算评价指标的信息量。

第 j 个评价指标所包含的信息量 C_j 越大，说明其所包含的信息量越大，该指标的重要性也就越强。具体计算公式如下：

$$C_i = S_j \sum_{t=1}^{n} (1 - r_{tj}) = S_j \times R_j \tag{5}$$

第五步：计算第 j 指标的客观权重 w_j。

具体计算公式如下：

$$w_j = \frac{C_j}{\sum_{j=1}^{m} C_i} \tag{6}$$

第六步：确定客观指标权重 w_k。

具体计算公式如下：

$$W_k = (w_1, w_2, \cdots, w_j) \tag{7}$$

第七步：基本指数的测算。

运用相关指标的标准化数值和中国特色生态文明建设评价指标体系中各个指标的权重计算生态文明指数，计算公式如下：

$$ECI_i = \sum_{j=1}^{n} (w_k X_{ij}) \tag{8}$$

式中，ECI 代表生态文明指数。

（二）数据缺失值的插补方法

本文选用了多种插补方法对原始数据进行插补处理，如 KNN（K 近邻）、拉格朗日等。

KNN 是最常见的用于数据插补的机器学习方法，但是 KNN 在整个数据集中搜索相似数据点的耗时较多，且高维数据集中最近和最远邻居之间非常小的差别会降低其准确性。

而拉格朗日插值法尽管在公式结构上显得比较整齐紧凑，但在实际计算过程中难免烦琐。每当插值点数量发生变化，所对应的基本多项式则需要进行重新计算，这就导致整个公式都发生变化。此外，当插值点比较多的时候，拉格朗日插值多项式会出现较高的幂，这就很有可能导致数值不稳定。

因此，在对缺失值进行插补的时候，本文采用了一种能够很好弥补上述缺陷的方法，即使用 Iterative Imputer 类，即将每个缺失值的特征建模为其他特征的函数，并使用该估计值进行插补。整个插补过程以迭代循环的方式进行。在每个步骤中，一个特征列被指定为输出 Y，其他特征列被视为输入

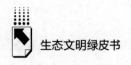

X，回归器适合已知 *Y* 的（*X*，*Y*）。然后，使用回归器来预测 *Y* 的缺失值。这样做是为了让每个特性都以迭代的方式在 max_ iter 插补轮进行重复，最后一轮插补的结果被返回。

（三）数据来源

本文的数据来自 2012~2021 年《中国统计年鉴》、2011~2020 年《中国林业与草原统计年鉴》、2012~2021 年《中国环境统计年鉴》、2012~2021 年《中国能源统计年鉴》、各地区统计年鉴、中国空气质量在线分析平台、各地区的环境状况公报、国家统计局、《省级温室气体清单编制指南》、CEADs-中国碳核算数据库。

三　中国特色生态文明指数计算结果及趋势分析

（一）中国特色生态文明建设评价指标体系权重计算结果

首先运用 CRITIC 法分别对结果和路径指标进行权重计算，然后对结果和路径指标按照 1∶1 的权重分配，最终得到的指标权重如表 3 所示。

表 3　中国特色生态文明建设评价指标权重表

一级指标	二级指标	三级指标	权重	方向
结果指标	C1 绿色发展	C11 人均 GDP 增长率	0.0509	正向
		C12 碳排放强度	0.0400	逆向
		C13 能源消耗强度	0.0501	逆向
		C14 恩格尔系数	0.0632	逆向
		C15 死亡率	0.0460	逆向
	C2 自然生态高质量	C21 生物丰度指数	0.0616	正向
		C22 空气质量指数	0.0229	逆向
		C23 地表水达到或好于Ⅲ类水体比例	0.0555	正向
		C24 森林覆盖率	0.0560	正向
		C25 土地沙化程度	0.0538	逆向

一级指标	二级指标	三级指标	权重	方向
路径指标	C3 绿色生产	C31 化学需氧量排放总量减少	0.0250	正向
		C32 氨氮排放总量减少	0.0084	正向
		C33 二氧化硫排放总量减少	0.0231	正向
		C34 单位 GDP 能源消耗降低	0.0103	正向
		C35 可再生能源和清洁能源消费量占能源消费总量比重	0.0114	正向
	C4 绿色生活	C41 绿色产品市场占有率	0.0296	正向
		C42 生活用水消耗率	0.0379	逆向
		C43 人均绿色低碳出行	0.0300	正向
		C44 城镇绿色建筑占城市建设用地面积比重	0.0224	正向
		C45 人均粮食消耗率	0.0285	逆向
		C46 城市生活垃圾无害化处理率	0.0269	正向
	C5 环境治理	C51 一般工业固体废物综合利用率	0.0488	正向
		C52 县城生活垃圾处理率	0.0260	正向
		C53 城市污水处理厂集中处理率	0.0344	正向
		C54 突发环境事件次数	0.0189	逆向
		C55 工业污染治理完成投资占 GDP 的比例	0.0207	正向
	C6 生态保护	C61 自然保护区占辖区面积比例	0.0397	正向
		C62 林业生态投资占 GDP 比例	0.0180	正向
		C63 市容环境卫生投资占 GDP 比例	0.0194	正向
		C64 农用化肥农药使用减少量与总量比例折算指数	0.0206	正向

为了能够清晰地表示权重，本文画出了权重雷达图，如图 2 所示。

（二）中国特色生态文明指数计算结果与分析

1. 中国特色生态文明综合指数计算结果与分析

通过运用线性加权方法对前述权重和归一化数据进行计算，得到了 2011~2020 年中国特色生态文明指数，如表 4 所示。

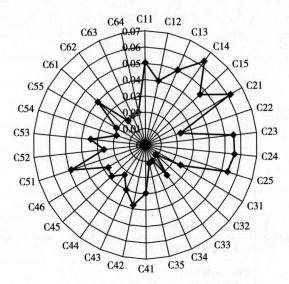

图2 中国特色生态文明建设评价指标权重雷达图

表4 2011~2020年中国特色生态文明指数汇总

指数	2011年	2012年	2013年	2014年	2015年	2016年	2017年	2018年	2019年	2020年
综合指数	23.76	27.02	38.83	46.80	53.10	66.65	63.74	67.17	68.09	71.46
结果指数	14.57	16.97	29.44	38.08	48.04	69.80	72.94	81.08	82.52	84.10
路径指数	32.95	37.07	48.22	55.52	58.15	63.50	54.54	53.27	53.67	58.83
C1	20.34	17.72	37.47	43.49	56.23	69.66	77.41	78.94	76.32	68.63
C2	8.79	16.22	21.40	32.67	39.85	69.95	68.47	83.22	88.72	99.57
C3	29.66	18.22	39.27	27.74	33.81	77.33	47.80	32.88	31.31	37.74
C4	35.54	46.65	53.99	54.30	65.77	65.82	63.60	65.33	64.62	55.02
C5	35.36	46.64	57.02	68.87	66.64	59.48	50.08	50.93	52.39	62.28
C6	27.28	20.35	31.62	59.63	51.01	54.41	50.47	51.50	53.85	77.27

为了清晰地展示中国特色生态文明综合指数的趋势，本文根据2011~2020年的综合指数画出折线图，如图3所示。

由图3可以看出，中国特色生态文明综合指数整体呈上升趋势，且于2020年达到最大值。2011~2016年中国特色生态文明综合指数增速明显，2011~2016年的复合年均增长率达到了22.91%，但2017年出现了小幅下

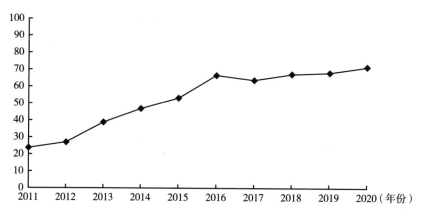

图3 2011～2020年中国特色生态文明指数趋势

降，随后又缓慢上升。2020年的中国特色生态文明综合指数约为2011年的3倍，2011～2020年的复合年均增长率达13.01%，说明全国生态文明建设总体发展态势良好。

2.中国特色生态文明结果指数和路径指数分析

为了清晰地分析中国特色生态文明的建设情况，本文对中国特色生态文明的结果指数和路径指数分别进行了分析，并根据2011～2020年的结果指数和路径指数的计算结果画出折线图，如图4和图5所示。

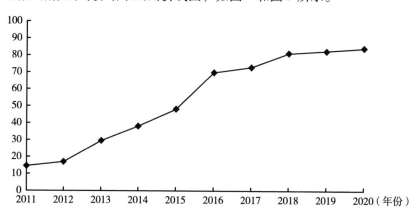

图4 2011～2020年中国特色生态文明结果指数趋势

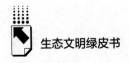

由图4可以看出，中国特色生态文明结果指数上升趋势显著，且2020年达到最大值。2011~2016年中国特色生态文明结果指数增速明显，2011~2016年的复合年均增长率达到36.80%。2016年开始指数增速有所下降，但仍保持正值。2020年的中国特色生态文明结果指数约为2011年的5.7倍，2011~2020年的复合年均增长率为21.50%，说明全国生态文明建设在绿色发展、自然生态高质量方面的建设取得了非常显著的成效。

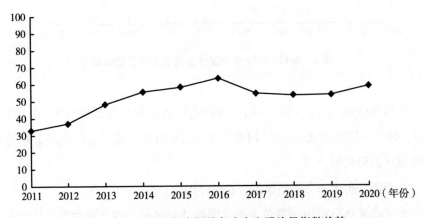

图5　2011~2020年中国特色生态文明路径指数趋势

由图5可以看出，中国特色生态文明路径指数波动明显，在2016年达到最大值。2011~2016年中国特色生态文明路径指数增速明显，复合年均增长率为14.02%。2016~2018年路径指数有所下降，2018年以后又缓慢上升。2020年的中国特色生态文明路径指数约为2011年的1.8倍，2011~2020年的复合年均增长率为6.65%，说明全国生态文明建设在绿色生产、绿色生活、环境治理和生态保护方面整体来说有良好的发展趋势。

（三）中国省域特色生态文明指数计算结果与分析

1. 中国省域特色生态文明指数计算结果

通过收集各省（区、市）数据，运用评价指标的权重和归一化数据对全国31个省（区、市）进行省域特色生态文明指数的计算（不含港澳台地区）。

由于西藏自治区的很多指标数据缺失，所以本文此次只计算除港澳台和西藏以外的 30 个省（区、市）的省域特色生态文明指数，2011~2020 年 30 个省（区、市）特色生态文明指数如表 5 所示。

表5　2011~2020 年 30 个省（区、市）特色生态文明综合指数汇总

省（区、市）	2011 年	2012 年	2013 年	2014 年	2015 年	2016 年	2017 年	2018 年	2019 年	2020 年
北京	59.31	59.66	62.81	64.80	63.29	65.26	65.74	65.40	64.31	62.56
天津	52.43	48.44	47.24	49.30	49.14	52.73	52.89	53.33	54.62	53.93
河北	44.82	45.52	44.61	48.63	51.88	50.69	51.90	52.89	53.27	51.72
山西	44.18	45.24	46.13	47.50	47.52	48.40	53.43	51.74	51.59	49.97
内蒙古	45.74	44.99	47.36	47.55	48.03	48.50	49.07	48.52	49.38	49.79
辽宁	49.61	49.39	52.28	51.15	50.64	52.76	53.73	55.28	56.24	54.50
吉林	55.95	55.27	58.87	55.57	55.88	57.62	57.52	58.80	60.36	60.70
黑龙江	50.62	51.66	54.50	54.95	54.98	57.06	58.01	58.69	59.44	56.62
上海	49.34	49.56	52.30	54.46	55.48	57.34	57.63	57.63	58.54	57.30
江苏	49.25	49.94	52.52	52.50	53.54	54.70	57.45	58.36	57.25	59.11
浙江	60.12	59.96	62.40	63.11	64.02	64.57	64.98	65.96	65.98	64.32
安徽	51.77	52.29	54.24	55.09	54.69	56.84	58.68	58.46	57.56	58.38
福建	61.34	62.33	64.02	63.84	63.20	64.05	65.53	64.94	63.85	64.06
江西	58.62	58.13	59.53	60.98	59.27	59.89	63.90	65.48	65.62	63.64
山东	49.84	51.62	53.36	53.35	53.64	53.11	53.78	53.19	54.22	54.09
河南	47.98	50.67	49.84	52.64	52.20	52.92	55.34	55.16	55.08	54.28
湖北	54.47	54.98	57.91	57.99	58.14	59.44	60.33	61.74	61.92	57.90
湖南	55.71	56.81	58.68	59.76	60.69	61.51	63.50	64.43	63.39	64.01
广东	59.90	60.62	62.18	63.26	64.46	64.62	64.70	65.86	65.19	63.52
广西	58.21	55.28	57.70	58.03	59.21	59.09	59.97	61.35	61.22	57.40
海南	55.05	55.91	56.43	55.90	55.68	57.51	57.13	57.79	60.17	56.11
重庆	56.80	55.59	56.73	58.75	59.31	59.65	59.68	59.53	59.68	59.06
四川	53.27	52.21	53.74	53.30	53.85	55.10	57.74	58.61	58.16	61.47
贵州	49.91	52.32	53.73	55.11	57.63	58.14	58.32	60.88	61.45	60.53
云南	52.85	54.91	57.58	58.75	59.54	59.58	61.98	62.41	62.88	58.06
陕西	54.37	55.22	56.49	57.44	56.65	58.22	58.35	59.89	59.60	59.76
甘肃	42.16	45.03	46.08	45.50	46.03	50.20	50.70	51.60	51.65	51.55
青海	46.09	46.07	47.64	49.03	49.21	51.61	51.60	53.94	54.67	53.56
宁夏	43.26	42.47	47.28	48.43	48.01	49.15	48.66	45.83	48.43	48.58
新疆	42.42	42.43	44.36	43.84	42.83	44.38	47.58	48.34	47.92	46.36

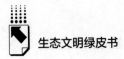

2.中国省域特色生态文明指数的横向对比分析

（1）中国省域特色生态文明综合指数的横向比较分析

本文将 2011 年、2015 年、2019 年和 2020 年 30 个省（区、市）特色生态文明综合指数以及 30 个省（区、市）2011~2020 年特色生态文明综合指数均值进行排名，如表 6 所示。

表 6　30 个省（区、市）2011~2020 年特色生态文明综合指数均值及其 2011 年、
2015 年、2019 年和 2020 年的综合指数排名

省(区、市)	均值	2011 年	2015 年	2019 年	2020 年
浙江	2	2	2	1	1
福建	1	1	4	5	2
湖南	6	9	5	6	3
江西	5	5	8	2	4
广东	3	3	1	3	5
北京	4	4	3	4	6
四川	16	13	18	17	7
吉林	11	8	13	11	8
贵州	13	18	11	9	9
陕西	12	12	12	14	10
江苏	19	22	20	19	11
重庆	10	7	7	13	12
安徽	15	16	17	18	13
云南	7	14	6	7	14
湖北	9	11	10	8	15
广西	8	6	9	10	16
上海	18	21	15	16	17
黑龙江	17	17	16	15	18
海南	14	10	14	12	19
辽宁	22	20	23	20	20
河南	21	23	21	21	21
山东	20	19	19	24	22
天津	23	15	25	23	23
青海	24	24	24	22	24
河北	25	26	22	25	25

省(区、市)	均值	2011 年	2015 年	2019 年	2020 年
甘肃	27	30	29	26	26
山西	26	27	28	27	27
内蒙古	28	25	26	28	28
宁夏	29	28	27	29	29
新疆	30	29	30	30	30

由表6可知，2011年和2015年，浙江省、广东省和福建省的特色生态文明综合指数排名靠前，云南省、贵州省、上海市、河北省、湖南省的特色生态文明综合指数排名上升显著，云南省排名上升8位，贵州省排名上升7位。2015年和2019年，浙江省、广东省和北京市的特色生态文明综合指数排名位于前列，江西省、辽宁省、甘肃省、天津市、吉林省的特色生态文明综合指数排名上升情况较其他地区更为明显，其中江西省排名上升6位。2019年和2020年，浙江省、江西省和福建省的排名靠前，四川省、江苏省、安徽省、陕西省、吉林省的特色生态文明综合指数排名提升较快，四川省排名上升10位，江苏省排名上升8位。

总体而言，福建省、浙江省、广东省、北京市和江西省的特色生态文明综合指数排名稳定在前列，说明这些地区的特色生态文明建设情况较好且稳定。江苏省、贵州省、湖南省、四川省和上海市的排名有明显的提升，说明这些地区2011~2020年的特色生态文明建设成效显著。其中，江苏省和贵州省排名上升情况最为显著，2011年这两个省份分别排在第22位和第18位，2015年上升至第20位和第11位，2019年上升至第19位和第9位，2020年排在第11位和第9位，2011~2020年分别上升了11位和9位。

（2）中国省域特色生态文明结果指数横向比较分析

为了进一步分析30个省（区、市）特色生态文明建设的成效和过程，本文分别对结果指数和路径指数进行了计算和分析。本文将2011年、2015年、2019年和2020年30个省（区、市）特色生态文明结果指数以及30个省（区、市）2011~2020年特色生态文明结果指数均值进行排名，结果如表7所示。

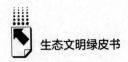

表7　30 个省（区、市）特色生态文明结果指数均值及其 2011 年、
2015 年、2019 年和 2020 年的结果指数排名

省(区、市)	均值	2011 年	2015 年	2019 年	2020 年
福建	1	1	1	1	1
浙江	3	4	3	3	2
江西	2	2	4	2	3
广东	4	3	2	5	4
湖南	5	6	5	7	5
北京	7	12	8	8	6
陕西	9	9	13	10	7
四川	14	14	15	13	8
贵州	12	17	10	9	9
广西	6	5	6	6	10
吉林	11	8	14	12	11
重庆	13	13	12	14	12
湖北	10	11	9	11	13
云南	8	10	7	4	14
安徽	17	16	17	17	15
黑龙江	16	15	16	16	16
海南	15	7	11	15	17
江苏	20	22	20	20	18
辽宁	18	18	19	18	19
河南	19	20	18	19	20
上海	21	21	21	21	21
山东	23	25	22	25	22
天津	24	19	27	24	23
山西	25	23	25	23	24
青海	26	28	24	26	25
河北	22	24	23	22	26
内蒙古	27	26	26	28	27
甘肃	28	27	28	27	28
宁夏	29	29	29	29	29
新疆	30	30	30	30	30

　　由表7可知，2011 年和 2015 年，福建省、广东省和江西省的特色生态
文明结果指数排名靠前，贵州省、北京市、青海省、云南省和山东省的特色

生态文明结果指数排名上升显著，贵州省排名上升7位，北京市和青海省的排名上升4位。2015年和2019年，福建省、浙江省和江西省的特色生态文明结果指数排名位于前列，云南省、陕西省和天津市排名上升3位。2019年和2020年，福建省、江西省和浙江省的排名靠前，四川省、陕西省、山东省的特色生态文明指数排名提升较快，四川省排名上升5位，陕西省和山东省排名上升3位。

总体而言，福建省、江西省、浙江省、广东省和湖南省的特色生态文明结果指数排名稳定在前列，说明这些地区的特色生态文明建设在绿色发展、自然生态高质量方面情况较好且相对稳定。贵州省、北京市、四川省、江苏省和山东省的排名有明显的提升，说明这些地区2011~2020年的特色生态文明建设在绿色发展、自然生态高质量方面成效显著。其中，贵州省和北京市排名上升情况最为显著且稳定，2011年两个地区分别排在第17位和第12位，2015年分别上升至第10位和第8位，2019年分别排在第9位和第8位，2020年分别排在第9位和第6位，2011~2020年分别上升了8位和6位。

（3）中国省域特色生态文明路径指数横向比较分析

本文将2011年、2015年、2019年和2020年30个省（区、市）特色生态文明路径指数以及30个省（区、市）2011~2020年特色生态文明路径指数均值进行排名，结果如表8所示。

表8　30个省（区、市）特色生态文明路径指数均值及其2011年、2015年、2019年和2020年的路径指数排名

省(区、市)	均值	2011年	2015年	2019年	2020年
上海	1	6	1	1	1
江苏	2	5	6	2	2
甘肃	14	28	18	10	3
天津	5	3	5	6	4
青海	6	8	13	3	5
山东	4	2	4	5	6
吉林	15	15	24	18	7
湖南	16	25	15	17	8

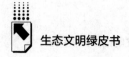
续表

省(区、市)	均值	2011 年	2015 年	2019 年	2020 年
安徽	12	17	14	13	9
浙江	7	7	8	9	10
新疆	10	14	10	8	11
四川	26	19	28	28	12
广东	8	9	7	7	13
宁夏	9	10	3	11	14
河南	18	20	17	21	15
江西	21	21	30	15	16
北京	3	1	2	4	17
海南	24	23	29	16	18
河北	17	26	11	20	19
贵州	22	24	26	22	20
内蒙古	13	11	12	24	21
重庆	11	4	9	23	22
辽宁	19	16	25	19	23
黑龙江	23	29	16	14	24
云南	28	27	23	25	25
陕西	27	22	21	27	26
湖北	20	18	22	12	27
福建	25	13	19	29	28
山西	30	30	20	26	29
广西	29	12	27	30	30

由表 8 可知，2011 年和 2015 年，北京市、山东省和上海市的特色生态文明路径指数排名靠前，河北省、黑龙江省、湖南省、甘肃省和山西省的特色生态文明路径指数排名上升显著，河北省排名上升了 15 位，黑龙江省排名上升了 13 位，湖南省、甘肃省和山西省均上升了 10 位。2015 年和 2019 年，上海市、北京市和江苏省的特色生态文明路径指数排名位于前列，江西省排名上升了 15 位，海南省排名上升了 13 位，青海省和湖北省上升 10 位。2019 年和 2020 年，上海市、江苏省和青海省的排名靠前，四川省、吉林省和湖南省的特色生态文明路径指数排名提升较快，四川省排名上升了 16 位，吉林省和湖南省分别上升了 11 位和 9 位。

总体而言，上海市、江苏省、山东省和天津市的特色生态文明路径指数排名稳定在前列，说明这些地区的特色生态文明建设在绿色生产、绿色生活、环境治理和生态保护方面情况较好且相对稳定。甘肃省、湖南省、安徽省、吉林省、河北省和四川省的排名有明显的提升，说明这些地区2011~2020年的特色生态文明建设在绿色生产、绿色生活、环境治理和生态保护方面成效显著。其中，甘肃省排名上升情况突出，2015年比2011年排名上升了10位，2019年比2015年上升了8位，2020年比2019年上升了7位，从最初的第28位上升至第3位。

3. 中国省域特色生态文明综合指数的纵向变化分析

为了进一步分析30个省（区、市）在2011~2020年的特色生态文明建设成效，我们计算了30个省（区、市）的特色生态文明综合指数复合年均增长率（见表9）。通过分析我们发现30个省（区、市）2011~2020年特色生态文明综合指数的复合年均增长率基本都为正值，说明其特色生态文明综合指数基本上呈上升趋势，30个省（区、市）特色生态文明建设成效显著。其中甘肃省、贵州省、云南省、河南省和上海市的特色生态文明综合指数复合年均增长率较高，说明这些地区2011~2020年的特色生态文明建设取得了较好成绩。

表9　2011~2020年30个省（区、市）特色生态文明综合指数的复合年均增长率

单位：%

省（区、市）	复合年均增长率
甘肃	3.3996
贵州	3.2244
云南	2.8540
河南	2.4759
上海	2.3851
黑龙江	2.3132
江苏	2.2300
山西	2.1681
河北	2.1051
湖南	2.0723

续表

省(区、市)	复合年均增长率
宁夏	1.9200
山东	1.8468
青海	1.7408
湖北	1.7093
安徽	1.6950
北京	1.6457
广东	1.4106
陕西	1.3924
新疆	1.2061
浙江	1.2006
辽宁	1.1663
福建	1.0730
内蒙古	0.8595
江西	0.8190
海南	0.7948
四川	0.5367
吉林	0.5250
重庆	0.3935
广西	-0.3466
天津	-1.6630

　　通过进一步分析发现，甘肃省的特色生态文明综合指数的复合年均增长率排名第一的原因为其有限的资源条件促使居民拥有良好的生活习惯和生活方式，且近年来甘肃省在环境治理等方面成效显著。贵州省的特色生态文明综合指数的复合年均增长率位于前列的原因为其自然生态相对较好，并且碳排放强度、能耗强度等的下降促进了区域的绿色发展。

　　通过计算结果可以发现，广西壮族自治区和天津市的复合年均增长率为负数。广西壮族自治区的特色生态文明综合指数的复合年均增长率呈现负值的主要原因为其经济和技术水平受限，绿色低碳产品市场占有率较低，同时绿色发展理念也不够深入人心，居民的生活方式有待进一步改善，经济发展方式有待进一步转变。而天津市特色生态文明综合指数的复合年均增长率呈现负值的原因主要为天津市作为超大城市，其人口基数大，城市化水平较高，工业污染较严重，对生态环境造成了一定的影响。

（四）各分项指数分析

1. 绿色发展

（1）全国绿色发展指数的趋势分析

①总体分析与动态趋势

本部分对 2011~2020 年中国特色生态文明建设情况在绿色发展 C1 维度进行了综合评价，如图 6 所示。由图 6 可知，我国绿色发展指数在 2011~2020 年整体呈现上升趋势，其中，2011~2012 年出现小幅度下降，2012 年开始便持续出现大幅度上升，2017 年开始逐渐趋于平稳，但是在 2019~2020 年出现了一次明显的下滑。

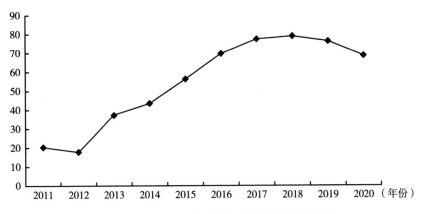

图6　2011~2020 年全国绿色发展指数变化趋势

②原因分析

2011~2012 年出现小幅度下降，是因为 2012 年的人均 GDP 增长率较 2011 年出现了大幅度下降，2012 年世界经济处于低潮时期，间接影响了我国经济的增长速度。2012 年以后，人均 GDP 增速较为稳定，碳排放强度、能源消耗强度、恩格尔系数等指标的数值逐步降低，由此，全国绿色发展指数整体出现上升趋势。2019~2020年出现一次明显下降，是因为2020年全球范围内爆发了较为严重的新冠肺炎疫情。我国大部分产业受疫情影响，停工停产，人均GDP增长率断崖式下降，同时恩格尔系数有所上升，纵然碳排放强度，能源消耗强度都有所降低，但经过综合评价后，我国整体的绿色发展指数呈现下降趋势。

（2）省域绿色发展指数的趋势分析

本部分对省域2011~2020年的特色生态文明建设情况在绿色发展C1维度进行了综合评价，并对2020年的绿色发展指数数值进行排序。需要另行说明的是，由于西藏自治区、台湾地区、香港特别行政区和澳门特别行政区的数据缺失，我们未将其纳入分析范围。表10为全国30个省（区、市）的C1绿色发展指数的评价结果。

表10　2011~2020年30个省（区、市）绿色发展指数评价结果

省(区、市)	2011年	2012年	2013年	2014年	2015年	2016年	2017年	2018年	2019年	2020年
北京	74.9350	74.2858	81.7238	79.5011	81.4085	83.2419	85.8113	85.8253	84.2416	80.8659
江苏	65.7572	62.0404	68.4518	67.9427	69.0564	69.1913	71.8091	72.0703	71.9688	69.5498
广东	68.2421	64.4197	69.6354	69.7063	71.3225	71.5947	73.2058	72.4472	73.2139	67.1914
浙江	68.6144	64.2656	71.3215	70.6947	72.2373	72.1334	74.1344	74.9054	73.8237	65.5623
湖南	61.1322	56.5388	62.9196	64.6978	65.6820	65.4177	68.0608	68.2987	70.4435	64.7592
福建	66.0466	61.6356	66.6635	65.7254	64.5786	66.9045	70.3531	71.6722	70.4385	64.4694
上海	64.9496	61.9782	73.8558	74.7475	74.8726	80.0209	79.2152	79.1482	77.4927	64.3514
陕西	69.2787	65.5980	70.8373	68.2699	63.6269	66.8415	72.0388	72.7133	71.5362	64.1085
安徽	66.7339	60.5727	64.7028	64.1437	61.4280	66.2998	69.2857	71.7481	69.2049	63.9665
四川	59.9274	55.8266	59.5499	58.3908	56.1404	60.2247	65.7037	67.2586	64.4374	62.8396
天津	62.5235	57.2426	61.0530	59.2926	59.0634	64.2020	68.9900	69.8410	70.4651	62.8076
吉林	66.9562	61.6009	67.2398	63.2484	62.4978	66.9427	65.9533	66.4011	67.9201	62.1014
山东	62.7958	58.2987	65.4251	62.9958	65.8340	63.7255	65.0802	65.1999	67.0865	62.0097
江西	65.9187	58.5767	62.2576	64.3837	63.2751	66.0776	67.9945	71.6668	71.4725	61.0760
贵州	48.6832	50.3428	57.8536	58.7956	61.0871	61.6604	66.1856	69.2784	68.5797	59.8640
河南	62.6145	61.1727	65.0827	65.1731	65.0232	66.6566	71.2220	73.1164	72.6001	59.1565

省(区、市)	2011年	2012年	2013年	2014年	2015年	2016年	2017年	2018年	2019年	2020年
湖北	63.3493	61.1598	68.4260	65.6843	66.9154	66.5226	69.1379	72.8516	70.7624	57.5750
甘肃	57.0223	52.9458	58.0739	56.5984	52.4204	58.1462	58.9872	62.6915	64.3257	57.3441
重庆	63.1129	54.2534	60.4635	61.9823	60.6933	64.1880	65.4069	63.3285	65.6214	57.0874
内蒙古	51.7452	50.4295	54.4909	50.8922	53.6131	53.6601	56.2812	57.5295	61.4804	56.9967
青海	49.0826	42.8738	49.2864	48.0458	50.9625	55.9111	55.8450	59.3863	58.7447	56.0089
新疆	58.8168	53.8389	55.7935	53.4163	47.0007	50.8747	61.8552	63.1533	63.0772	55.4027
河北	57.2831	51.9281	54.3233	56.6640	59.6729	61.5316	63.2861	61.6125	67.0790	55.3294
山西	55.9487	48.6009	50.7360	48.9615	49.1342	53.1768	70.5515	63.7908	65.0869	53.8094
黑龙江	62.1216	55.0987	62.3008	58.9387	53.5539	57.5942	59.6057	62.0160	64.0173	53.1497
辽宁	59.5340	52.2429	59.7341	58.4814	55.7886	56.6044	60.5423	61.7686	63.4936	50.1589
云南	57.6575	56.2300	64.2659	62.8175	61.5633	64.6782	68.7524	72.3960	71.8393	49.0194
广西	64.2821	55.0743	60.4447	60.0536	60.7181	62.9827	65.2149	68.6847	68.4454	48.3563
海南	60.3396	55.0231	60.5783	60.3839	59.0551	59.9902	62.0981	62.8785	64.1048	46.4814
宁夏	45.5342	40.5212	45.7899	45.3653	45.7563	52.2446	55.4278	49.0526	54.2657	44.7640

①北京市绿色发展指数分析

整体来看，北京市 2011~2020 年绿色发展指数的排名一直稳定在第一，发展态势稳定。如图 7 所示，北京市绿色发展指数在 2011~2020 年整体呈平稳上升趋势，其中，2011~2012 年出现了一次下降，2013~2014 年出现了一次下降，2018~2020 年又出现了一次下降。从能源使用结构来讲，通过煤改气、煤改电的推进，北京市的能源结构较为优化，在能源效率方面，北京市的能源消耗强度近十年来在全国处于领先水平。

2019~2020 年出现了一次下降，这是因为 2020 年北京市人均 GDP 增长率出现了大幅度下降。北京市作为我国经济、政治、文化的中心，受疫情影响较大。由于人员流动幅度大，外来人口较多，受疫情传播链影响，企业复工复产难度较高，GDP 增长恢复较慢。同时，北京市的恩格尔系数也有所上升。虽然碳排放强度、能源消耗强度以及死亡率都有所降低，但经过综合评价后，北京市整体绿色发展指数呈现下降趋势。

②江苏省绿色发展指数分析

总体来说，江苏省 2011~2019 年绿色发展指数排名基本稳定在第 5、第

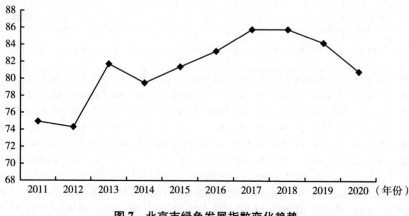

图7 北京市绿色发展指数变化趋势

6名，偶有波动。2020年绿色发展指数排名由第6名上升至第2名，这是由于其他地区的绿色发展指数都有着不同程度的降低，江苏省绿色发展指数排名出现了显著提高的现象。总的来看，江苏省绿色发展水平整体较高，在30个省（区、市）中一直位居前列。

如图8所示，江苏省的绿色发展指数在2011~2012年、2013~2014年、2019~2020年分别出现了一定程度下降，但在2012~2020年整体呈平稳上升趋势。2011~2012年出现大幅度下降，是因为2012年的人均GDP增长率较2011年出现了大幅度下降，这与国际金融危机爆发等外部因素有关，也与经济结构调整、产业升级、能源消耗有关。2019~2020年绿色发展指数的降幅不大，受2020年新冠肺炎疫情影响，江苏省GDP出现了一定程度的降低，从5.58%降到4.01%，但江苏省近年来产业内部结构进一步优化，传统的交通运输、房地产业等服务业占比下降，金融业、软件业等信息技术含量较高的产业得到快速发展。

③广东省绿色发展指数分析

整体而言，广东省2011~2020年绿色发展指数排名基本稳定在第4名左右，偶有波动。2020年绿色发展指数排名由第4名上升至第3名，这说明广东省绿色发展水平位于全国发展水平的前列。

如图9所示，广东省绿色发展指数在2011~2012年出现了一次较大幅

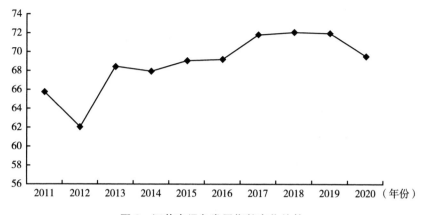

图8　江苏省绿色发展指数变化趋势

度的下降，2012~2019年整体呈平稳上升趋势，而2019~2020年又出现了一次较大幅度的下降。广东省绿色发展指数整体呈逐年增长的趋势，且发展态势良好，处于领先地位。促使广东省绿色发展指数表现较为突出的原因是该省的死亡率远远低于其他大部分省份。而2019~2020年出现了一次较为明显的下降，是因为广东省人均GDP增长率从2019年的6.38%下降至2020年的1.8%。2020年全球都受到疫情的影响，在疫情当中影响最大的又是外贸行业，而在广东省外贸出口是极为发达的。由于疫情影响，广东省的外贸出口受到了巨大的冲击，经济受到较大影响。

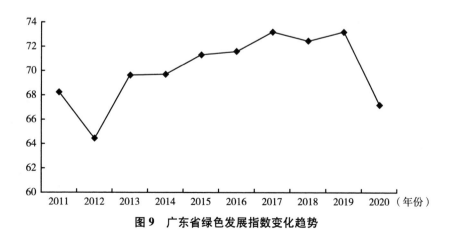

图9　广东省绿色发展指数变化趋势

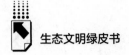

④浙江省绿色发展指数分析

整体来看，浙江省2011~2020年绿色发展指数排名基本稳定在第3名，其中2012年降为第4名，2020年降为第4名，说明浙江省绿色发展水平整体居于全国领先水平。如图10所示，浙江省绿色发展指数在2011~2012年出现了一次较大幅度的下降，2012~2019年整体呈现平稳上升趋势，2019~2020年又出现了一次较大幅度的下降。浙江省一直存在脱实向虚、房价虚高的现象，而2012年国家为了控制房价过高实施了一系列调整政策，较大地影响了浙江省经济的增长速度。

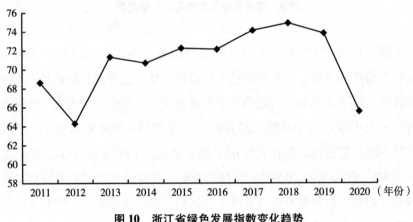

图10 浙江省绿色发展指数变化趋势

2019~2020年出现了一次较为明显的下降，是因为受新冠肺炎疫情影响，大量公司停产停工，而占浙江省GDP比重较高的行业是工业和服务业，这两个行业受疫情影响较为严重。与此同时，浙江省外贸出口也较为发达，而其出口商品中劳动密集型产品占比较高，最终影响了浙江省的人均GDP增长率，从2019年的5.89%降为2020年的1.99%。除此之外，浙江省碳排放强度从0.0022提升到0.0052，能源消耗强度从0.36提升到0.38，恩格尔系数从27.90上升到28.51。经过综合评价后，浙江省各指标都出现了不同程度的变化，绿色发展缓慢，整体绿色发展指数呈现较为明显的下降趋势。

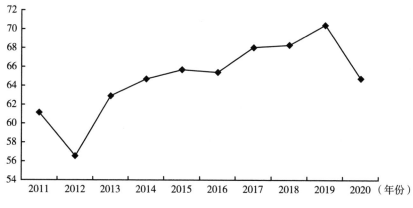

图11　湖南省绿色发展指数变化趋势

⑤湖南省绿色发展指数分析

总体而言，湖南省2011~2020年绿色发展指数排名呈波动上升趋势，其中2015年升至第8名，2020年排名由2019年的第12名上升至第5名。这说明湖南省绿色发展水平整体处在不断进步的状态，总体属于中等偏上。如图11所示，湖南省绿色发展指数在2011~2012年出现了一次较大幅度的下降，2012~2019年整体呈现平稳上升趋势，2019~2020年出现了一次较大幅度的下降。2011~2012年出现的下降，是因为2012年湖南省遭遇了严重的干旱，当地粮食减产，农业纯收入虽然增加，但是增速放缓了；另外，湖南省4个地区的工业增加值增速下降，而工业又是推动湖南省经济发展的重要支撑。受其综合因素影响，湖南省人均GDP增长率从2011年的19.70%降至2012年的11.53%。

2019~2020年出现的下降，其主要原因是，湖南省作为旅游资源大省，受新冠肺炎疫情影响，旅游行业遭受冲击，企业营业收入大幅下降，旅游人才流失严重。同样受新冠肺炎疫情影响，湖南省人均GDP增长率出现了一定程度的下降。与此同时，湖南省碳排放强度从2019年的0.0049提升到2020年的0.0071，能源消耗强度从2019年的0.4011提升到2020年的0.2455，恩格尔系数从2019年的28.20上升至2020年的29.65。经过综合评价后，各指标都出现了不同程度的变化，湖南省绿色发展缓慢，该省整体绿色发展指数呈较为明显的下降趋势。

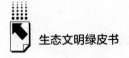

⑥福建省绿色发展指数分析

总体来说，福建省 2011~2020 年绿色发展指数排名基本稳定在第 7 名左右，偶有波动。2016~2019 年排名逐步下降，2020 年排名由 2019 年的第 13 名上升至第 6 名。这说明福建省绿色发展水平较为良好，但另一方面，福建省绿色发展水平波动幅度较大。如图 12 所示，福建省绿色发展指数在 2011~2012 年出现了一次较大幅度的下降，2012~2019 年整体呈波动上升趋势，2019~2020 年又出现了一次较大幅度的下降。2011~2012 年的下降，是受世界经济低潮影响，福建省作为传统的外贸大省，受世界经济复苏整体减速的影响，人均 GDP 增长率出现了下降，进而影响了该年的绿色发展指数。

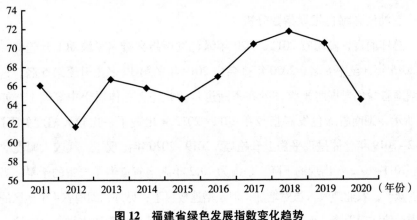

图 12　福建省绿色发展指数变化趋势

2019~2020 年出现了一次较为明显的下降，受新冠肺炎疫情影响，民营经济遭受了重大打击，而福建省的民营经济占 GDP 比重较大，受此影响，福建省人均 GDP 增长率从 2019 年的 8.55% 下降到 2020 年的 2.32%。与此同时，福建省碳排放强度从 2019 年的 0.0031 提升到 2020 年的 0.0048，能源消耗强度却从 2019 年的 0.3241 下降到 2020 年的 0.32，恩格尔系数从 2019 年的 32.00 上升至 2020 年的 33.03。经过综合评价后，各指标都出现了不同程度的变化，福建省绿色发展缓慢，绿色发展指数整体呈现较为明显的下降趋势。

⑦上海市绿色发展指数分析

总体来看，上海市2013~2019年绿色发展指数排名稳定在第2名，2020年降为第7名。这说明上海市绿色发展水平在全国范围内处于领先位置。

如图13所示，上海市绿色发展指数在2016年达到最大值，这可能与国家积极推进能耗总量和强度"双控"举措有关，上海市在该年度开始积极开展绿色低碳循环试点示范，持续实施产业结构调整。2016年之后绿色发展指数一直呈下降趋势，其中2019~2020年下降幅度最大，其原因主要是人均GDP增速放缓，由2016年的11.29%降至2020年的2.29%。同时，由于2020年新冠肺炎疫情暴发，人们居家隔离、减少出行也令服务业遭受到冲击。

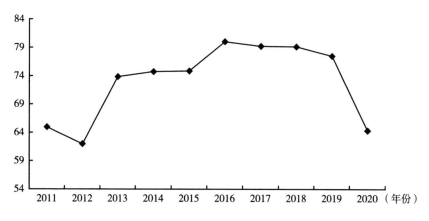

图13　上海市绿色发展指数变化趋势

⑧陕西省绿色发展指数分析

从全国范围来看，陕西省绿色发展指数排名在2012年以后有所下降，但总体还是处于比较靠前的位置，说明其绿色发展水平较好。如图14所示，陕西省绿色发展指数波动幅度较大，在2012年出现了一次下降，这主要由于当时国内外经济环境处于低潮时期，陕西省人均GDP增长率由23.39%降至15.88%，绿色发展指数也有所降低。2015年、2020年的绿色发展指数也出现较大幅度的降低，其主要原因是受人均GDP增长率的影响，这两年的人均GDP增长率相较于各自的上一年均大幅降低。陕西省属于中等规模省份，又位于西北地区，受体量及地理位置所限，在产业结构上没有绝对优势，GDP 总量的上升空间有限，GDP 总量和人均 GDP 都比较低，限制其经济发展。

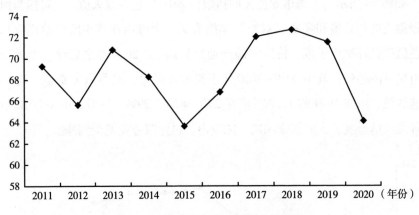

图14　陕西省绿色发展指数变化趋势

2019～2020 年人均 GDP 增长率下降，绿色发展水平也因此下降，除了新冠肺炎疫情冲击，经济下行和落实减税降费政策也是不可忽视的原因。同时，陕西省 2020 年碳排放强度和恩格尔系数都有所上升，碳排放强度由2019 年的 0.0053 升至 2020 年的 0.0142，恩格尔系数由 2019 年的 26.8 升至2020 年的 27.7，综合影响下陕西省绿色发展指数出现大幅下滑。

⑨安徽省绿色发展指数分析

总体而言，安徽省 2011～2020 年绿色发展指数排名在第 11 名左右波动，2020 年较 2019 年的排名略有上升，从第 14 名升至第 9 名，说明其绿色发展水平趋势向好。如图 15 所示，安徽省绿色发展指数在 2012 年达到最低值，该年绿色发展指数出现大幅下降是由于 2012 年人均 GDP 增长率出现了大幅度下跌，较 2011 年下降了 49.84%。2012～2018 年总体上呈上升趋势，在 2018 年达到最大值，主要是由于人均 GDP 增长率在当年到达峰值，同时安徽省积极推动经济发展绿色转型和产业升级，其碳排放强度和能源消耗强度不断降低。

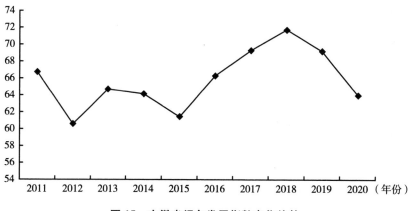

图 15 安徽省绿色发展指数变化趋势

2019~2020 年绿色发展指数降低，主要原因是人均 GDP 增长率下降，由 7.39%降至 3.05%。同时恩格尔系数有所上升，从 31.8 升至 33.3。2020 年新冠肺炎疫情暴发，同时，历史基数大、产业转型升级不快等原因，都使其经济增速出现放缓现象。2019 年安徽省全域被中共中央、国务院纳入长三角发展规划中，其积极影响使得安徽省整体绿色发展水平在 2020 年有所上升。

⑩四川省绿色发展指数分析

整体来看，四川省 2011~2019 年绿色发展指数排名基本稳定在 20 名左右，2020 年提升到第 10 名，这是其近十年来排名首次进入前 10，说明四川省绿色发展态势良好。如图 16 所示，2011~2012 年、2013~2015 年，2018~2020 年呈下降趋势，主要是这期间经济发展增速降低，尽管碳排放强度和能源消耗强度逐年降低，但是其正面影响无法抵消经济发展带来的消极影响。2015~2018 年有明显上升，得益于经济增速有所提高，绿色发展有所推进，2016 年中国共产党四川省第十届委员会第八次全体会议审议通过了《中共四川省委关于推进绿色发展建设美丽四川的决定》。

2020 年四川省的绿色发展指数为 62.84，较 2019 年有所下降，主要是因为人均 GDP 增长率下降，由 2019 年的 7.6%降至 2020 年的 4.3%，以及

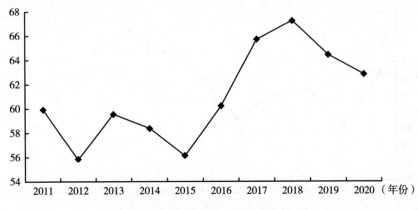

图16 四川省绿色发展指数变化趋势

恩格尔系数上升，由2019年的33.4升至2020年的35.5，进而对整体指数影响较大。一方面是因为经济下行压力增大，另一方面受到新冠肺炎疫情叠加特大暴雨洪涝灾害的影响。四川省2020年绿色发展指数排名大幅度提升，一定程度上得益于"农业多贡献、工业挑大量、投资唱主角、消费促升级"的应对政策，同其他省份相比在疫情期间取得了不错的成绩。

⑪天津市绿色发展指数分析

总的来说，天津市2011～2020年绿色发展指数排名呈波动上升趋势，2020年排在第11名，处于中等偏上的位置，绿色发展水平总体良好。如图17所示，天津市绿色发展指数在2011～2012年下降明显，主要是受到人均GDP增长率降低的影响；在2013～2015年轻微下滑，是因为人均GDP增长率持续降低，2015年甚至出现负增长。2013～2015年天津市的经济开始进入以服务业为主导的阶段，同时工业增长速度放缓，工业原料石化、钢铁等都受到全球大宗商品价格下跌的影响。2015～2019年绿色发展指数持续增长，且在2019年达到最大值，这可能得益于天津市近年碳排放强度和能源消耗强度持续降低，尽管经济增速有所波动，但整体发展在进步。

2019～2020年绿色发展指数再一次显著下降，其主要原因是该年天津市人均GDP增长率出现了负增长，对指数产生了很大的影响，而除新冠肺炎

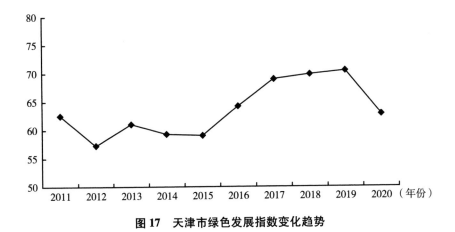

图17 天津市绿色发展指数变化趋势

疫情的原因外，指数也受到了产业结构偏重偏旧、新动能增长尚未完全见效、资源环境难以为继等问题影响。

⑫吉林省绿色发展指数分析

吉林省2011~2020年绿色发展指数排名波动较大，2016年升至第6名，2020年排在第12名，总体是在下降，绿色发展水平在全国范围内属于中等偏上水平。如图18所示，2011~2019年，吉林省绿色发展指数不稳定，波动程度比较大，其原因主要是人均GDP增长率和死亡率变动频繁。汽车、石化产业作为吉林省的支柱产业，对环境污染较大，吉林省政府为阻止污染排放、保护生态环境制定并颁布了相关条例，因此碳排放强度和能源消耗强度逐渐降低。

2019~2020年绿色发展指数显著下降，主要是因为碳排放强度、恩格尔系数都有了一定幅度的上升，该两项指标权重合计较大，即使经济增速加快，整体指标仍然呈下降趋势。吉林省作为我国老工业基地之一，疫情好转后经济复苏，工业企业复工复产，碳排放量由此激增。

⑬山东省绿色发展指数分析

总体而言，山东省2011~2020年绿色发展指数排名波动较大，2015年为第7名，2017年降至第21名，2020年排在第13名，绿色发展水平位于中游以上。如图19所示，2011~2016年山东省绿色发展指数逐年呈上下波

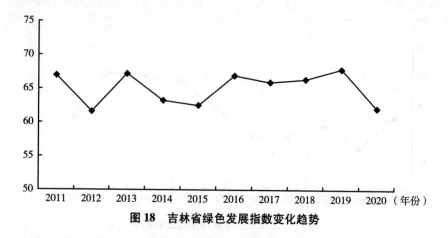

图18 吉林省绿色发展指数变化趋势

动的趋势。2017~2019 年绿色发展指数略有上升，并在 2019 年达到最大值，主要归因于 2019 年的碳排放强度显著降低。2019~2020 年绿色发展指数再次出现明显下滑，主要是人均 GDP 增长率的显著降低，由 5.5% 降至 0.75%，同时碳排放强度和恩格尔系数都有一定程度的增长。经济增长放缓的原因除疫情冲击外，山东省产业升级转型，大规模的新旧动能转换也需要一定的时间。

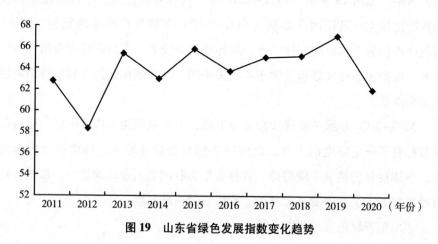

图19 山东省绿色发展指数变化趋势

⑭江西省绿色发展指数分析

整体来看，江西省 2011~2020 年绿色发展指数排名在第 12 名左右波动，排名相对稳定，绿色发展水平良好。如图 20 所示，江西省绿色发展水平 2011～2015 年呈现上下波动趋势，主要是受到人均 GDP 增长率上下波动的影响。2015～2018 年出现了明显的上升，居全国中流位置，除了经济发展水平提高，节能降耗工作也取得成效，2016 年江西省被纳入首批国家生态文明试验区。然而，2019～2020 年发展指数下降明显，2020 年全国排名第 14，较 2019 年下降了 5 名，除了人均 GDP 增长率的下降，由 2019 年的 7.86% 降至 2020 年的 4.44%，也受新冠肺炎疫情影响，经济增速放缓，同时，江西省缺乏重量级中心城市和优质企业，人才流失较严重。

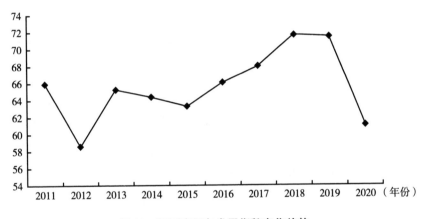

图 20　江西省绿色发展指数变化趋势

⑮贵州省绿色发展指数分析

整体来看，贵州省绿色发展指数排名在 2011～2015 年持续攀升，由全国排名末端挤进中等水平行列，并在之后的 2016～2020 年持续稳定在第 15 名左右，中间偶有波动。如图 21 所示，贵州省绿色发展指数在 2011～2018 年一直呈稳步增长态势，其原因主要是受到碳排放强度、能源消耗强度和恩格尔系数持续平稳下降的影响。其中绿色发展指数在 2012～2013 年增长幅度尤为显著，调查发现，这与 2012 年国发 2 号文件精神在贵州省林业系统得到深入贯彻落实息息相关，贵州省争取到国家林业局的支持，出台了

《关于支持贵州省加快林业发展的意见》，同时贵州省扎实推进"两江"上游生态屏障建设，由此带来了碳排放强度和能源消耗强度指标的显著下降，为绿色发展指数的显著提高作出了贡献。

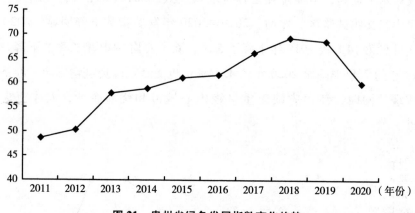

图21 贵州省绿色发展指数变化趋势

而2018年以后绿色发展指数开始呈下降趋势，并且在2019～2020年出现了明显下滑。这是由于受疫情影响，全国经济发展增速放缓，整体市场发展不景气，同时贵州省地处我国西南部，在独特的自然资源和民族文化的影响下旅游业一直是贵州省GDP增长的重要来源，但由于新冠肺炎疫情暴发，贵州省旅游业发展明显减速降档。综上贵州省人均GDP增速下降，恩格尔系数显著提高，同时也带来了绿色发展指数的大幅下滑。

⑯河南省绿色发展指数分析

整体来看，河南省绿色发展指数排名保持在中上水平，2011年排名中等居第15名，随后2013～2019年排名持续上升最终进入全国前5的行列，但在2020年排名大幅下滑，跌至第16名。如图22所示，河南省绿色发展指数整体都保持在中等偏上水平，在2011～2016年整体呈上升趋势，但波动程度较小。而在2016～2018年，上升趋势明显，这主要得益于河南省人均GDP增长率的显著提高，GDP增长的一个重要因素是河南省经济结构的持续优化。河南省科技创新持续发力，除了抓住郑州航空港经济综合实验区等三大国家战略规划实施的战略机遇，在2016年5月又成立了郑洛新国家自主创新示范区；在经济发展绿色转型的引领下，碳排放强度、能源消耗强度、恩格尔系数以及死亡率指标数值出现下降，由此实现了河南省绿色发展指数的不断提高。

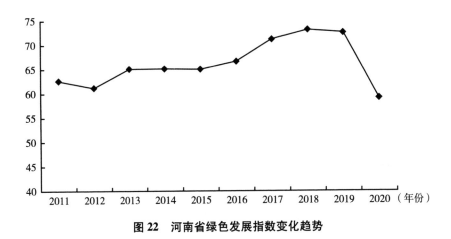

图22　河南省绿色发展指数变化趋势

如图22所示，2017~2019年河南省绿色发展指数变化平稳，但2019~2020年出现了明显下滑，这主要是由于2020年春节前后，新冠肺炎疫情暴发对经济活动产生了显著影响，人均GDP增长率大幅下降，由2019年的7.12%降至2020年的0.62%，综合影响下绿色发展指数大幅下滑，打破了以往保持在60以上的状态。

⑰湖北省绿色发展指数分析

整体来看，湖北省绿色发展指数排名也是整体居于中上水平，2011~2019年保持在10名左右的水平，偶有波动；但2020年出现了大幅下滑，排名下滑到第17名。

如图23所示，湖北省绿色发展指数在2011~2019年呈上下波动的趋势，这主要是受人均GDP增长率的影响。但2019~2020年出现了大幅下滑，主要可归因于2020年初新冠肺炎疫情暴发，在封城和停工停产的疫情防控措施下，湖北省旅游业和工业企业受影响显著。《2020年湖北省国民经济和社会发展统计公报》显示，2020年湖北省全年规模以上工业企业实现利润下降8.3%，旅游总收入下降36.8%。由于此次疫情来势凶猛，湖北省人均GDP增长率剧烈下滑，由2019年的7.88%降至2020年的-3.94%，由此2019~2020年湖北省绿色发展指数曲线显著下跌。

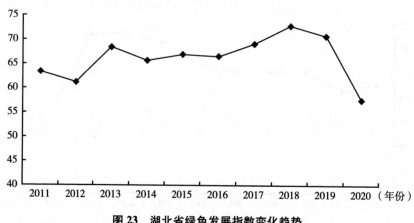

图23　湖北省绿色发展指数变化趋势

⑱甘肃省绿色发展指数分析

整体来看，甘肃省绿色发展指数排名稳定，2011~2019年排名都分布在第25名左右，2020年排名发生较大变动，升至第18名。如图24所示，甘肃省绿色发展指数在2011~2015年呈上下波动的趋势，其中分别在2012年和2015年达到极小值，2012年指数偏低是由于碳排放强度、能源消耗强度以及恩格尔系数较其他年份都略有偏高；2015年指数达到另一个极小值，这是由于2015年的人均GDP增长率是2011~2020年中的最小值。2015~2019年开始呈现稳步增长的趋势，主要是受到二级指标中碳排放强度、能源消耗强度以及恩格尔系数稳步下降的影响，这得益于甘肃省持续推进生态保护和环境质量的不懈努力，包括祁连山生态问题整改以及造林面积不断扩大等，这都展现了甘肃省绿色生态发展的良好态势。

2019~2020年绿色发展指数出现下跌，首要影响因素是该年人均GDP显著降低，下降幅度达到53.90%，具体从2020年甘肃省统计局发布的

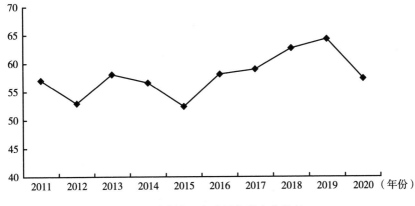

图24 甘肃省绿色发展指数变化趋势

《甘肃省国民经济和社会发展统计公报》可以看出，受2020年初新冠肺炎疫情冲击影响较大的行业是文化旅游行业，其中国内旅游收入和国际旅游外汇收入分别下降了45.70%和88.20%。

⑲重庆市绿色发展指数分析

整体来看，重庆市绿色发展指数排名处于中等偏下的位置，2012~2020年排名分布在第20名左右，偶有波动。如图25所示，重庆市绿色发展指数整体在50~70，其中在2012年达到最低值，该年绿色发展指数出现大幅下降是由于2012年人均GDP增长率出现大幅度下降，2012年相较2011年下降了47.59%，2012~2019年呈波动上升的趋势，其中2012~2013年上升趋势最明显，这得益于2013年碳排放强度、恩格尔系数和死亡率的显著降低。

2019~2020年绿色发展指数再次出现明显下滑，主要原因是疫情对其经济社会发展造成了比较严重的冲击。

⑳内蒙古自治区绿色发展指数分析

整体来看，内蒙古自治区绿色发展指数排名比较稳定，2011~2019年一直居于全国末端位置，2020年排名有了显著提升，达到全国第20名。

如图26所示，内蒙古自治区绿色发展指数整体变化较为平稳，其中在

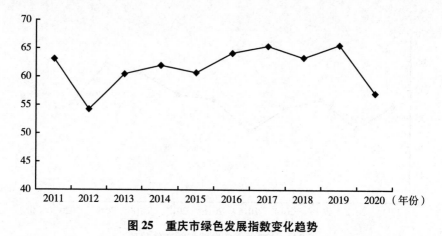

图 25　重庆市绿色发展指数变化趋势

2013 年和 2019 年各出现了一次极大值，2011～2019 年整体呈波动上升的趋势，但在 2020 年再次出现了下滑。2013 年出现第一次极大值原因在于碳排放强度、能源消耗强度和恩格尔系数的显著下降，2019 年出现第二次极大值得益于恩格尔系数和碳排放强度的下降。总体来看，内蒙古自治区的碳排放强度呈下降趋势，这与内蒙古自治区深入实施"三北"防护林体系建设、京津风沙源治理、天然林资源保护、退耕还林还草、草原生态保护补助奖励等重点工程息息相关。

2019～2020 绿色发展指数显著下降，主要是疫情对服务业以及文化旅游

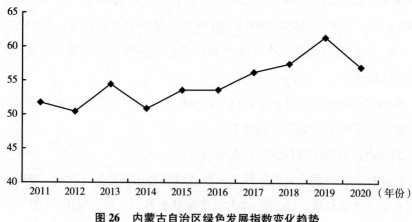

图 26　内蒙古自治区绿色发展指数变化趋势

业等产生了较大的消极影响，由此带来人均 GDP 的大幅减少，以及由于生活水平下降带来恩格尔系数的显著提高。

㉑青海省绿色发展指数分析

整体来看，青海省绿色发展指数排名保持得比较平稳，2011~2019 年排名都位于第 25~30 名，2020 年实现了突破，达到了第 21 名。如图 27 所示，青海省绿色发展指数整体分布在较低值 40~60，在 2011~2012 年出现一次显著下滑后呈波动上升趋势，但在 2019~2020 年同样也出现了明显的下降。2011~2012 年绿色发展指数出现大幅下降是由于人均 GDP 增长率降幅较大引起的，2012~2019 年保持整体上升趋势主要得益于碳排放强度、能源消耗强度以及恩格尔系数的缓慢减少。

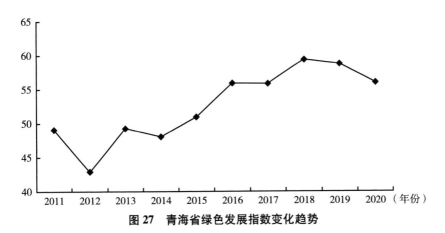

图 27　青海省绿色发展指数变化趋势

2019~2020 年再次出现下降趋势的原因仍是人均 GDP 增长率的大幅降低，其下降幅度高达 71.89%。除受到疫情的负面影响以外，青海省由于身处西北地区，缺乏发展经济的地理优势，其经济发展水平限制了绿色经济的开展。

㉒新疆维吾尔自治区绿色发展指数分析

整体来看，新疆维吾尔自治区绿色发展指数排名波动程度较大，波动水平限定在第 20~30 名，其中在 2020 年排名由 2019 年的第 27 名升至第 22 名。

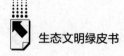

如图28所示，新疆维吾尔自治区的绿色发展指数在2011~2015年呈现下降趋势，分析二级指标可知，在2011~2015年新疆维吾尔自治区人均GDP增长率一直在倒退，在2015年甚至由8.79%跌至-1.60%，受限于地理位置，新疆维吾尔自治区的人均GDP增长率出现负增长现象，由此对绿色发展指标产生了较大的不利影响；2015~2019年新疆维吾尔自治区绿色发展指数呈增长趋势，并且在2016~2017年实现了大幅增长，这主要得益于人均GDP增长率的显著提高和碳排放强度、能源消耗强度和恩格尔系数的下降，其中GDP增长幅度惊人，这主要得益于经济结构的调整优化，其中第三产业增长9.9%，对经济增长的贡献率达58.9%，成为拉动经济增长的第一动力。

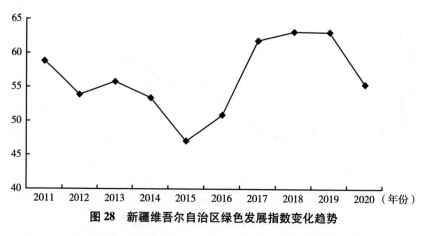

图28　新疆维吾尔自治区绿色发展指数变化趋势

2019~2020年绿色发展指数出现大幅下降，主要是受新冠肺炎疫情影响，新疆维吾尔自治区发展特色旅游产业受到了极大限制，住宿以及餐饮等服务业营业利润大幅减少，同时国内贸易也受到较大程度影响，社会零售品消费总额也相应减少。而碳排放强度、恩格尔系数都有所提高，综合影响下绿色发展指数大幅下滑。

㉓河北省绿色发展指数分析

河北省绿色发展指数在2020年暂居第23位。如图29所示，2011~2019年整体呈上升趋势，且于2019年达到峰值，但2019~2020年出现大幅下

降。河北省绿色发展指数于 2012 年出现轻微下降，主要受到人均 GDP 增长
率的影响，人均 GDP 增长率下降了 9.86%，其他因素几乎没有变化。河北
省绿色发展指标于 2019 年达到峰值，主要是因为其碳排放强度和死亡率均
达到了最低值。

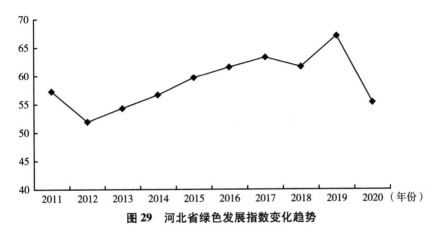

图 29　河北省绿色发展指数变化趋势

河北省绿色发展指数在 2019~2020 年大幅下降，这是因为人均 GDP 增长
率和能源消耗强度下降明显，均达到最低值。此外，虽然碳排放强度和恩格
尔系数有所上升，但上升幅度小。受疫情影响，河北省批发和零售业、交通
运输业、住宿和餐饮业的增长值较上年均有下降，特别是旅客运输总量和周
转量较 2019 年下降超 50%，因此可能会对人均 GDP 增长率产生负面影响。

㉔山西省绿色发展指数分析

山西省绿色发展指数在 2020 年暂居第 24 位。如图 30 所示，2011~2017
年虽略有波动，但整体呈上升趋势，且于 2017 年达到峰值；2017~2020 年
整体呈下降趋势。山西省绿色发展指数于 2017 年达到峰值，主要是因为人
均 GDP 增长率达到最高值。同时，2017 年的碳排放强度、能源消耗强度、
恩格尔系数和死亡率均低于前 6 年的数值。2017~2020 年呈下降趋势，是因
为人均 GDP 增长率和能源消耗强度从 2017 年开始持续降低，恩格尔系数从
2017 年开始持续上升；虽然碳排放强度在 2019 年为最低值，但 2020 年出
现大幅上升。

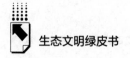

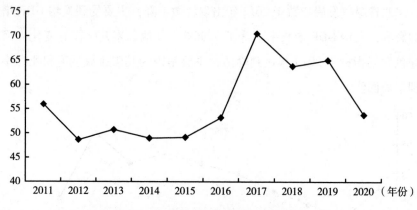

图30 山西省绿色发展指数变化趋势

2019~2020年，山西省绿色发展指数出现大幅下降，这主要是因为碳排放强度、恩格尔系数的上升，以及人均GDP增长率和能源消耗强度的下降。山西省第二、第三产业增加值占其生产总值比例较高，而2020年新冠肺炎疫情对其冲击较大，第三产业中的住宿和餐饮业、交通运输业、批发和零售业均出现了不同程度的下降，从而导致人均GDP增长率下降。

㉕黑龙江省绿色发展指数分析

黑龙江省绿色发展指数在2020年暂居第25位。如图31所示，黑龙江省绿色发展指数在2011~2015年呈波动态势，2015~2019年持续稳定上升，但在2020年出现大幅下降。黑龙江省绿色发展指数在2011~2015年出现波动是因为2012年人均GDP增长率较2011年下降了8.59%；2013年恩格尔系数较2012年下降了7.94%；而2013~2015年的持续下降，主要是因为人均GDP增长率持续下降，且2015年人均GDP增长率为负数，达到最低点。2019年绿色发展指数达到峰值，主要是因为碳排放强度和恩格尔系数均达到最低点。

2019~2020年绿色发展指数下降，主要可归因于2020年人均GDP增长率较2019年出现小幅下降，且其碳排放强度和恩格尔系数均略高于2019年。黑龙江省生产总值中第三产业占比较大，但2020年第三产业对黑龙江省生产总值的贡献率为负数，因此，对人均GDP增长率也有一定的负面影响。

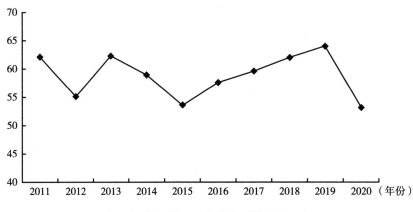

图31 黑龙江省绿色发展指数变化趋势

㉖辽宁省绿色发展指数分析

辽宁省绿色发展指数在2020年暂居第26位。如图32所示，辽宁省绿色发展指数在2011~2013年出现明显波动；在2013~2019年出现轻微波动，但总体呈上升趋势，且于2019年达到峰值。但在2019~2020年出现大幅下降，且于2020年达到最低点。2011~2013年波动明显，是因为2012年人均GDP增长率较2011年下降了8.18%，其他因素几乎不变；而2013年恩格尔系数较2012年下降了7.14%，下降幅度明显。辽宁省2019年绿色发展指标达到峰值，主要是因为碳排放强度和能源消耗强度均为最低值。

2020年下降明显，主要受人均GDP增长率、恩格尔系数和死亡率的影响，其中人均GDP增长率较2019年下降了4.88%，恩格尔系数为历年最高值。

㉗云南省绿色发展指数分析

云南省绿色发展指数在2020年暂居第27位。如图33所示，云南省绿色发展指数在2011~2019年呈波动上升趋势；但在2019~2020年出现大幅下降，且达到最低点。云南省绿色发展指数在2011~2013年出现波动，主要是因为2012年人均GDP增长率下降明显；2013年碳排放强度、能源消耗强度、恩格尔系数均较2012年有所下降，其中恩格尔系数下降明显。

2019~2020年下降明显，是因为人均GDP增长率下降幅度达到5.04%，

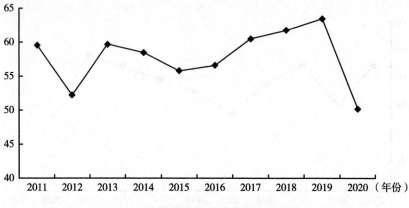

图 32　辽宁省绿色发展指数变化趋势

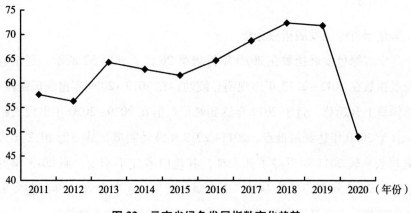

图 33　云南省绿色发展指数变化趋势

而其他因素均出现增长。2020 年云南省产业结构中第二、第三产业占比较 2019 年有所下降，可能是因为疫情对工业或服务业拖累程度更重，而第二、第三产业总体占比较重，因此人均 GDP 增长率也有所下降。

㉘广西壮族自治区绿色发展指数分析

广西壮族自治区绿色发展指数在 2020 年暂居第 28 位。如图 34 所示，绿色发展指数在 2011～2012 年出现明显下降，2012～2019 年呈上升趋势，但 2020 年出现大幅下降，且下降至最低点。广西壮族自治区绿色发展指数在 2011～2012 年出现下降主要受人均 GDP 增长率下降的影响，而其他因素变化幅度不大。2012~2019年出现上升，主要受恩格尔系数和碳排放强度的影响，恩格尔系数显著下降，碳排放强度于2019年达到最低点。

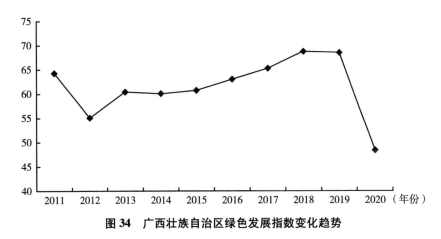

图34　广西壮族自治区绿色发展指数变化趋势

2020年绿色发展指数出现明显下降，达到最低点，这主要受人均GDP增长率和死亡率的影响。其中人均GDP增长率达到历年来最低，较2011年下降了19.77%。此外，恩格尔系数也出现轻微上升，但碳排放强度和能源消耗强度几乎不变。

㉙海南省绿色发展指数分析

海南省绿色发展指数在2020年暂居第29位。如图35所示，绿色发展指数在2011~2013年出现波动，2013~2019年呈轻微上升态势，但2020年出现大幅下降，下降至最低点。2012~2013年海南省绿色发展指数出现波动，是因为2012年海南省人均GDP增长率较2011年下降13.55%，碳排放强度、恩格尔系数、死亡率也有轻微下降，而能源消耗强度上升幅度不明显；2013年恩格尔系数较2012年出现明显下降，为5.69%，而其他指标变动不明显。2013~2019年整体小幅上升，主要受人均GDP增长率、恩格尔系数和死亡率的影响。

海南省绿色发展指标于2020年出现大幅下降，主要是因为碳排放强度在持续下降后于2020年回升。2020年新冠肺炎疫情暴发对海南省旅游、餐饮行业造成一定冲击，因此也对其人均GDP增长率产生一定影响。

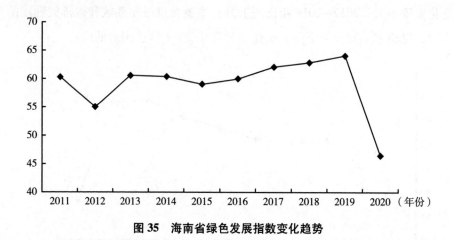

图35 海南省绿色发展指数变化趋势

㉚宁夏回族自治区绿色发展指数分析

宁夏回族自治区绿色发展指数在2020年暂居第30位。如图36所示，2011~2020年宁夏回族自治区绿色发展指数整体呈小幅波动发展状态。2011~2012年呈下降趋势，2012~2016年呈小幅上升趋势，而在2017~2020年，绿色发展指数上下波动。宁夏回族自治区绿色发展指数在2011~2012年出现小幅下降，是因为2012年人均GDP增长率较2011年出现大幅度下降。2012~2016年出现轻微上升，是因为人均GDP增长率、碳排放强度、能源消耗强度、恩格尔系数均出现下降趋势。2017~2019年出现上下波动，是因为2018年的人均GDP增长率较2017年出现大幅下降，而其他因素变化不大；2019年的人均GDP增长率、碳排放强度较2018年出现大幅下降，而其他因素变化不大。

2020年出现明显下降，是因为大部分因素发生明显变化，如：人均GDP增长率明显下降，碳排放强度、恩格尔系数明显上升。宁夏回族自治区以第二、第三产业为主导，而2020年其批发和零售业、住宿和餐饮业较2019年的增长率为负数，因此对其人均GDP增长率也造成一定负面影响。

2.自然生态高质量

自然生态是生态文明建设的基础，也是国家环境治理和生态修复的重点内容；实现自然生态的高质量发展是生态文明建设的必然要求，也是生态文

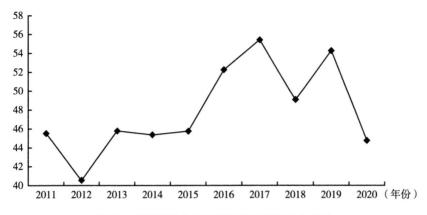

图36　宁夏回族自治区绿色发展指数变化趋势

明建设追求的重要目标。自然生态高质量一般体现在丰富的物种、清洁的空气、干净的水源、良好的地表植被以及具有生产能力的土地等方面。因此，我们选择生物丰度指数、空气质量指数、地表水达到或好于Ⅲ类水体比例、森林覆盖率以及土地沙化程度作为评价自然生态高质量的三级指标。

如图37所示，2011~2020年全国自然生态高质量指数平均值为52.885，总体呈现波动上升的趋势；2020年全国自然生态高质量指数为99.574，与2011年相比，平均年增长率为30.959%。党的十八大以来，生态文明建设纳入国家"五位一体"的总布局，特别是2015年中共中央、国务院出台了《生态文明体制改革总体方案》，加快建立系统的、完整的生态文明制度体系，为我国生态文明领域改革作出了顶层设计；另外，在生态文明建设的总体布局下，国家实施了以"蓝天保卫战"为代表的一系列环境治理措施和以"重点生态功能区"为代表的生态保护工程，有效地推动了全国自然生态的高质量发展。

从全国三大经济带来看（见图38），全国自然生态高质量指数呈中部高，东、西部低的特点。2011~2020年东、中、西部的自然生态高质量指数的平均值为63.494、71.582、62.379，中部地区的自然生态高质量指数分别是东部、西部的1.127和1.147倍。由于历史开发较早、技术条件较好，

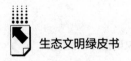

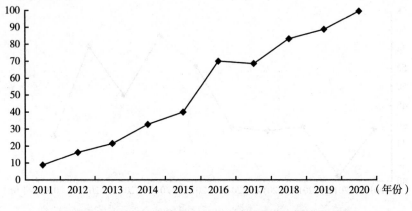

图37 2011~2020年全国自然生态高质量指数的变化趋势

东部地区是我国经济最发达的经济带，但伴随着经济发展与人口集聚，自然生态环境遭到了比较严重的破坏。而西部地区的自然生态高质量指数相对较差的原因可能是西北地区常年干旱，地表植被稀疏，并且沙漠化、荒漠化较为严重；同时伴随着中、东部地区的产业转移，高污染、高排放企业不断进入西部地区，导致其生态环境面临着较高的退化风险。中部地区位于东部和西部经济带之间，属于过渡型经济带。从总体来看，中部地区耕地和森林资源较为丰富，土地荒漠化程度也相对较低，因此，中部地区的自然生态质量处于三大经济带的最高水平。

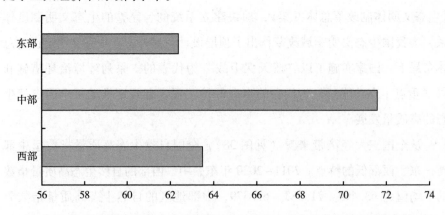

图38 2011~2020年全国三大经济带的自然生态高质量指数的平均值分布情况

2011~2020年全国三大经济带的自然生态高质量指数均呈现先降低、后升高的趋势（见图39），但增长幅度存在一定的差异。2011~2020年东部、中部、西部的自然生态高质量指数的平均年增长率分别为0.850%、0.793%和0.992%。在生态文明建设的总体布局下，退耕还林还草工程、天然林保护工程等生态工程的持续推进，国家重点生态功能区的大面积实施，西部地区的生态修复和环境治理的步伐明显加快，存在明显的追赶效应。

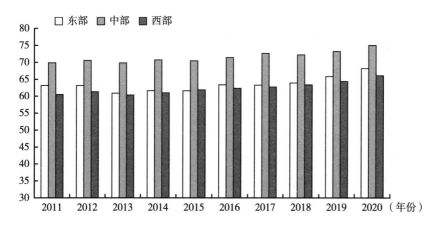

图39 2011~2020年全国三大经济带的自然生态高质量指数变化趋势

从30个省（区、市）来看（见图40），2011~2020年自然生态高质量指数的平均值超过90地区的仅有2个，分别是福建和江西。福建和江西气候属亚热带暖湿季风气候，气候条件优越，境内河流广布、山峦叠翠。2020年，福建和江西的森林覆盖率分别为66.80%和61.20%，位列全国的第1、第2位，境内分布众多自然保护区，物种也较为丰富。

2011~2020年青海、山西、河南、辽宁、安徽、北京、陕西、黑龙江、四川、吉林、重庆、湖北、贵州、海南、广东、浙江、云南、湖南以及广西的自然生态高质量指数平均值在50~90，自然生态质量处于一个相对较高的水平。其中，陕西和青海位于自然地理和气候条件比较恶劣的西北内陆地区。

2011~2020年自然生态高质量指数的平均值不超过50的省（区、市）有9个，分别是新疆、上海、甘肃、宁夏、天津、内蒙古、山东、江苏以及

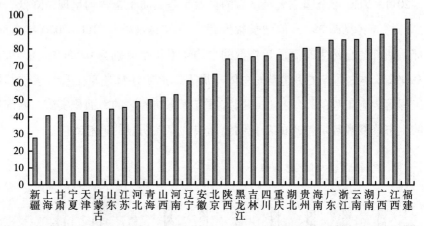

图40 2011～2020年全国30个省（区、市）的自然生态高质量指数平均值分布情况

河北，表明其自然生态质量相对较差。其中，新疆、甘肃、内蒙古以及宁夏4个地区的自然生态高质量指数较低可能是以自然地理以及气候条件为基础的自然生态本底较差造成的；而上海、天津、山东、江苏以及河北的经济发达、人口集中、城市化程度较高，这些地区生态空间萎缩迅速、环境污染较为严重。

与2019年对比来看（见图41），2020年全国30个省（区、市）的自然生态高质量指数平均值为69.238，比上年增长了2.943%。2020年山东、上海、宁夏的自然生态高质量指数的增长率均在10%以上，其生态修复和环境治理取得了良好的效果，其中宁夏自然生态高质量指数的增长率达到21.254%。然而，吉林和海南的自然生态高质量指数的增长率分别为-1.159%和-0.619%，呈现轻微下降趋势。吉林和海南的生态环境公报显示，两省2020年的生态环境状况指数（EI）均呈不同程度的下降。青海、福建、贵州、江西、湖南、广东、云南、浙江、甘肃、四川、内蒙古、广西、湖北、黑龙江、重庆、陕西、天津、北京、河北、新疆、江苏、山西、安徽、辽宁、河南的自然生态高质量指数的增长率保持在0～10%，总体呈增长态势。

从排名变化来看（见表11），福建、江西、甘肃、新疆的自然生态高质量指数在典型年份（2011年、2015年以及2020年）的排名顺序并未发生

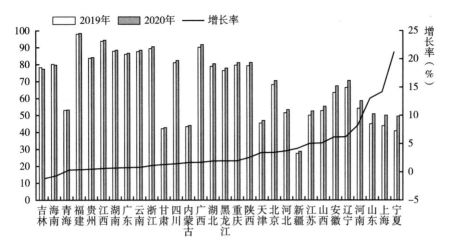

图41　2019年和2020年全国30个省（区、市）的自然生态高质量指数平均值及趋势

较大的改变，其中福建和江西位列前2名，新疆和甘肃处于后2名。云南、海南、贵州、四川、陕西、吉林、山东、江苏以及天津等地区的自然生态高质量指数在典型年份的排名变化较大。其中，云南、贵州、四川、陕西、山东、江苏的自然生态高质量指数排名总体呈上升态势。以退耕还林工程、天然林保护工程为代表的生态工程的持续推进，以黄河、长江流域治理为代表的流域综合治理方案的实施，以大气污染治理行动为代表的空气质量改善措施的出台，使得云南、贵州、四川、陕西等地区的自然生态高质量得到了明显改善。山东和江苏作为典型的经济大省，其在经济发展的同时不断地加强环境保护和生态修复工作。山东统筹推进山水林田湖草沙一体化保护修复，攻坚渤海海洋生态修复项目，大力实施废弃矿山修复和绿色矿山建设，实施"四减四增"行动，打好污染防治攻坚战。江苏省以加强生态环境保护倒逼产业结构调整和发展方式转变，出台"三线一单"生态环境分区管控方案，狠抓长江保护修复，实施沿江污染治理"4+1"工程，全面推行断面污染上游责任举证等关键举措。而海南、内蒙古、吉林以及天津的自然生态高质量指数排名在典型年份总体呈下降趋势，下降4~8个名次；特别是天津的排名由2011年的第19名下降到2020年的第27名，海南的排名由2011年的

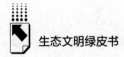

生态文明绿皮书
第 6 名下降到 2020 年的第 13 名,分别下降了 8 个和 7 个名次。天津、内蒙古以及海南的自然生态质量指数总体也呈下降的态势,吉林的自然生态高质量指数的 9 年增幅仅为 2.650%,远低于全国自然生态高质量指数增长的平均水平。北京、安徽、河南、山西、青海、上海、宁夏、甘肃、黑龙江以及广西等地区的总体排名并未发生较大改变。

表 11　全国 30 个省(区、市)在 2011 年、2015 年和 2020 年
的自然生态高质量指数排名变化

地区	年份		
	2011	2015	2020
福建	1	1	1
江西	2	2	2
湖南	3	6	5
广西	4	3	3
广东	5	5	7
海南	6	9	13
浙江	7	7	4
云南	8	4	6
湖北	9	11	12
吉林	10	15	15
四川	11	13	9
贵州	12	8	8
重庆	13	10	11
陕西	14	14	10
黑龙江	15	12	14
北京	16	16	17
安徽	17	17	18
辽宁	18	18	16
天津	19	29	27
河南	20	19	19
山西	21	20	20
河北	22	21	21
青海	23	22	22
内蒙古	24	26	28
宁夏	25	25	26
上海	26	28	25

续表

地区	年份		
	2011	2015	2020
山东	27	23	24
江苏	28	24	23
甘肃	29	27	29
新疆	30	30	30

3. 绿色生产

绿色生产是指以节能、降耗、减污为目标，以管理和技术为手段，实施工业生产全过程污染控制，使污染物的产生量最少化的一种综合措施。根据计算所得的指标权重可知，在绿色生产维度中，可再生能源和清洁能源消费量指标占比的权重较高，说明能源使用效率对绿色生产维度影响较大，因此我国可以通过加大天然气、电力等绿色能源的使用力度，避免或者降低煤炭、石油等一次能源的使用，有效提高绿色生产指数。

（1）全国绿色生产指数趋势分析

从全国整体来看，绿色生产指数整体呈波动趋势。如图 42 所示，我国绿色发展指数从 2011 年开始波动上升，经历了 2012 年和 2014 年的降低，于 2016 年达到极大值，后逐渐回落，并在 2020 年出现增长态势。

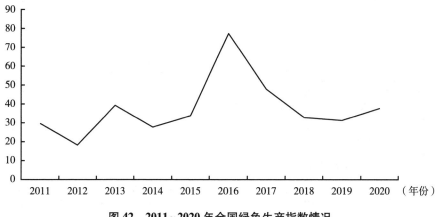

图 42　2011~2020 年全国绿色生产指数情况

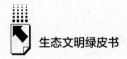

从"十三五"初期开始，我国整体的绿色生产模式已经逐步实现低碳高效的工业生产模式，但后期发展稍有回落。随着国家绿色发展战略的不断推行，特别是碳达峰、碳中和政策的出台，我国的绿色生产指数从2017年之后下降态势逐渐放缓，到2019年停止下跌，2020年已经开始呈现提高的态势，这也说明了我国绿色生产相关政策的出台初见成效，并且逐渐向碳达峰、碳中和的路径发展。

从全国整体视角分析，全国绿色生产指数由2011年的31.30升高至2020年的37.74，表明全国整体的绿色生产水平正在逐步提高，这也得益于国家对绿色生产、绿色制造的重视和改进提高。从省域视角出发，相较2019年，2020年绿色生产指数有所提高的18个省（区、市）为：江苏、福建、湖南、江西、安徽、广西、云南、陕西、吉林、四川、新疆、内蒙古、湖北、宁夏、北京、青海、天津、重庆。

（2）省域绿色生产指数趋势分析

根据2011~2020年30个省（区、市）绿色生产指数排名在前5名和后5名的频次统计，可以发现排名前5的地区主要集中在河南（6次）、江西（6次）、江苏（5次）、河北（4次）、辽宁（4次）、广东（4次）、湖南（3次）、山西（3次）和广西（3次），体现了这些地区较高的绿色生产水平。排名后5的地区主要集中在天津（8次）、海南（5次）、青海（4次）、新疆（3次）、福建（3次）和上海（3次），说明这些地区的绿色生产水平有待进一步提高，具体如表12所示。

表12　2011~2020年省域维度绿色生产水平排名

排名	2011	2012	2013	2014	2015	2016	2017	2018	2019	2020
1	广西 69.14	河南 50.54	江苏 50.50	河北 51.77	河北 60.33	河南 46.40	江苏 55.17	江苏 61.45	广东 51.85	江苏 64.58
2	四川 46.59	湖南 49.41	河北 49.53	河南 50.21	宁夏 48.99	广东 46.05	云南 53.22	江西 50.09	贵州 50.93	江西 53.09
3	河南 37.71	陕西 44.27	广西 49.37	江西 47.32	河南 42.96	新疆 44.45	山东 48.33	辽宁 48.34	江苏 45.93	湖南 45.62

续表

排名	2011	2012	2013	2014	2015	2016	2017	2018	2019	2020
4	广东 36.04	山西 43.41	山东 47.70	广西 44.61	广东 42.64	海南 44.21	河南 47.65	湖南 48.04	江西 45.43	辽宁 43.62
5	浙江 35.93	江西 43.40	辽宁 45.25	山西 44.06	山西 42.63	浙江 42.84	江西 47.42	河北 47.60	辽宁 45.16	新疆 41.35
6	重庆 35.24	辽宁 43.06	四川 44.37	山东 42.91	云南 42.44	河北 42.71	福建 46.85	新疆 43.62	山东 45.16	内蒙古 40.95
7	山东 35.07	江苏 42.70	山西 42.31	湖南 41.59	山东 41.59	山东 42.68	内蒙古 45.45	广东 43.13	河南 41.17	广东 40.94
8	安徽 32.76	四川 41.86	浙江 42.03	浙江 40.95	广西 41.42	广西 42.46	河北 42.18	山东 42.40	山西 40.32	四川 40.84
9	吉林 32.73	湖北 41.79	吉林 39.99	江苏 40.35	贵州 39.87	内蒙古 42.30	四川 41.67	陕西 42.35	浙江 40.31	山东 40.26
10	青海 32.38	广东 40.11	贵州 39.58	云南 39.48	四川 39.62	湖北 42.19	湖南 41.02	山西 41.62	内蒙古 40.14	福建 40.23
11	黑龙江 31.70	河北 40.00	河南 39.39	新疆 38.14	湖南 38.90	陕西 41.67	山西 40.10	浙江 41.55	甘肃 39.15	宁夏 38.89
12	辽宁 31.60	山东 39.94	广东 38.84	宁夏 37.41	浙江 38.51	山西 40.55	安徽 39.24	四川 36.69	新疆 38.90	安徽 38.61
13	江苏 31.42	重庆 39.24	湖北 38.50	安徽 37.23	新疆 38.47	甘肃 39.99	广东 38.66	黑龙江 36.59	宁夏 38.36	云南 37.90
14	湖南 31.29	浙江 38.29	福建 37.99	黑龙江 36.66	内蒙古 38.31	辽宁 39.67	新疆 38.55	河南 36.51	四川 38.33	甘肃 37.75
15	北京 31.09	贵州 37.88	黑龙江 37.88	贵州 35.98	江苏 37.12	四川 39.25	浙江 36.76	贵州 35.57	河北 37.59	吉林 36.53
16	海南 30.95	甘肃 37.75	陕西 37.82	湖北 35.44	辽宁 36.99	湖南 38.90	湖北 36.64	甘肃 35.42	黑龙江 36.15	陕西 36.31
17	上海 30.92	云南 36.75	湖南 36.76	福建 35.01	湖北 36.79	贵州 38.76	陕西 36.58	重庆 35.27	重庆 36.14	重庆 36.29
18	福建 30.59	福建 36.42	江西 36.23	四川 34.60	重庆 35.98	云南 38.70	宁夏 34.34	安徽 34.82	海南 34.96	广西 35.97
19	天津 30.54	广西 35.96	安徽 34.70	陕西 34.57	福建 35.16	重庆 37.93	上海 33.80	吉林 34.36	云南 34.18	河北 35.86
20	山西 29.68	安徽 35.66	宁夏 34.41	青海 34.47	上海 35.13	宁夏 37.58	辽宁 33.60	湖北 34.24	安徽 34.07	山西 34.94

排名	2011	2012	2013	2014	2015	2016	2017	2018	2019	2020
21	湖北 29.49	宁夏 35.34	上海 34.05	广东 33.92	黑龙江 34.36	黑龙江 36.97	海南 33.14	广西 34.24	吉林 33.82	浙江 34.90
22	内蒙古 28.05	黑龙江 35.22	云南 33.50	上海 33.86	甘肃 34.11	江苏 36.37	北京 32.95	云南 33.55	陕西 33.10	河南 34.86
23	陕西 27.48	吉林 33.53	甘肃 33.45	北京 33.13	北京 33.93	吉林 36.25	重庆 32.92	青海 33.20	北京 33.06	贵州 34.13
24	江西 26.97	上海 33.41	北京 32.85	海南 32.78	吉林 33.80	安徽 36.11	黑龙江 32.91	内蒙古 33.14	青海 32.66	北京 33.56
25	宁夏 24.87	内蒙古 32.63	重庆 32.08	甘肃 32.61	天津 33.62	青海 35.20	广西 32.86	北京 32.97	上海 32.25	青海 33.03
26	贵州 23.82	北京 32.30	天津 32.07	辽宁 32.44	青海 33.00	天津 34.78	甘肃 32.80	宁夏 32.66	湖北 32.10	湖北 32.75
27	甘肃 23.31	青海 31.52	海南 31.75	重庆 31.78	海南 32.14	福建 33.57	青海 32.60	天津 32.10	湖南 31.76	天津 31.98
28	新疆 22.77	海南 31.08	青海 31.56	内蒙古 31.64	安徽 31.60	北京 32.95	吉林 31.77	上海 31.64	天津 31.64	海南 31.72
29	河北 20.84	天津 30.05	内蒙古 30.87	吉林 30.92	陕西 28.18	上海 32.59	贵州 31.63	海南 30.66	广西 31.46	上海 31.27
30	云南 16.10	新疆 22.79	新疆 25.98	天津 30.34	江西 24.25	江西 32.00	天津 31.19	福建 29.28	福建 25.37	黑龙江 29.94

①绿色生产水平较高的省（区、市）分析

2011～2020年，江西省和河南省的绿色生产水平排名均有6次出现在全国前5，体现了其很高的绿色生产水平。分析可知，"十四五"期间，江西省绿色工厂和绿色园区分别达到200家和50家；《江西省"十四五"生态环境保护规划》提出，到2035年，广泛形成绿色生产生活方式，建成美丽中国"江西样板"。《江西省工业领域碳达峰实施方案》提出，到2025年，全省规模以上工业单位增加值能耗较2020年下降12%以上；"十五五"期间，力争一批重点产品工艺能效达到国内领先水平。

而河南省近年来针对工业发展领域"大而不强、多而不优"、能源资源依赖度过高等实际问题，特别提出了要将绿色化改造提升到更高的水平，并连同智能改造、技术改造，纳入工业"三大改造"攻坚任务清单，支持河南省经济高质量发展。在《河南省推进工业绿色化改造攻坚方案》里，明确了包括绿色示范工厂、实施能效水效领跑者行动、清洁生产提升行动、发展节能环保产业、推进退城入园等重点任务。直到2021年，河南省已累计创建115个国家绿色工厂，其中，省级绿色工厂达到94个。同时，还建立建成10个绿色园区、10家绿色供应链管理示范企业以及32项绿色设计产品。在地级市的维度中，郑州市、洛阳市、新乡市和南阳市是拥有国家级绿色工厂和省级绿色工厂最多的区域。驻马店市位列河南省国家级绿色工厂数量前5、焦作市位列省级绿色工厂数量前5。

2011~2020年，江苏省的绿色生产水平排名有5次出现在全国前5，河北省、辽宁省、广东省有4次出现在全国前5。据江苏省工信厅披露，江苏省整体的工业能耗水平不断下降，绿色制造体系初步形成。同时，江苏省也在不断开展省级创新绿色工厂创建，已有283家企业入围；国家级绿色制造系统解决方案供应商已有25家，为全国千余家企业提供解决方案。根据《江苏省工业领域节能技改行动计划（2022~2025年）》，到2025年，江苏省规上工业单位增加值能耗将比2020年下降17%以上，绿色低碳发展水平显著提升。此外，江苏推广应用新能源汽车，新能源汽车的使用由2014年的0.9万辆增加到2021年的23.9万辆，同时，高速公路服务区充换电设施覆盖率达100%，全省11个绿色出行创建城市工作整体推进率达到72%。

河北省近年不断强化绿色生产政策的落地。河北省以石化、钢铁、化工、建材等行业为焦点，推动制造业绿色升级。《河北省人民政府关于加快建立健全绿色低碳循环发展经济体系的实施意见》指出，河北省推行产品绿色设计，创建一批省级绿色工厂、绿色园区。一方面，推进汽车领域再制造产业发展，另一方面，推进国家固体废弃物综合利用基地建设，推进京津冀固体废弃物综合利用。健全"散乱污"企业监管长效机制，夯实网格化管理基础；加快实施排污许可制度，适时将碳排放许可纳入其中。

辽宁省近年不断强化绿色生产的发展理念，以沈阳为例，《沈阳市"无废城市"建设工作方案》提出的第一个任务是推行工业绿色生产，推进工

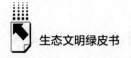

业固体废物综合利用。包括推进绿色工厂建设，以汽车、先进装备制造等重点行业为引领，建立沈阳绿色制造可复制可推广的绿色工厂模式。到2025年，建立绿色制造企业重点培育库，新增省级以上绿色制造企业100个。同时，推进园区循环化改造，推广辽宁法库经济开发区建设经验，推进沈阳永安经济开发区、沈阳近海经济区实施园区循环化改造，推动公共设施共建共享、能源梯级利用、资源循环利用和污染物集中安全处置。到2025年，省级以上制造类园区循环化改造率达到100%。此外，该工作方案还提出践行绿色生活方式，推动生活源固体废物资源化利用；强化全程精细管理，筑牢危险废物环境安全底线；推行农业绿色生产，促进农业固体废物回收利用；构建收集处置网络，推进建筑垃圾规范利用处置；激发社会生机活力，营造"无废城市"建设良好氛围；加强四大体系建设，提升"无废城市"建设保障能力等。到2025年，沈阳市绿色矿山创建数达到持有效采矿许可证矿山数的70%以上；一般工业固体废物综合利用率达到90%；城市居民小区生活垃圾分类覆盖率稳定保持在100%，农村地区生活垃圾分类覆盖率达到85%；塑料污染得到有效控制，塑料垃圾实现零填埋，电商快件不再二次包装率达99%等。

绿色日益成为广东省经济的基底色，各行各业争做"双碳"达标先锋，推进生态文明和美丽广东建设。当前，广东省各行业正积极发展光伏发电等新能源体系，为实现"双碳"目标贡献广东力量。广东电网数据显示，截至2021年底，广东省新能源装机达2360万千瓦。在梅州，一种"农光互补"的新种植模式为农业生产提供了新思路。《广东省生态文明建设"十四五"规划》要求，到2025年，非化石能源占一次能源消费比重达到29%，同时全省建成光伏发电装机容量约2800万千瓦。在广东省工业制造业领域，光伏项目的分布与应用已初具规模。广汽集团作为较早布局光伏发电系统的本土企业，截至2021年底，已投入使用光伏发电装备合计达68万平方米。

2011~2020年，湖南省、山西省、广西壮族自治区的绿色生产水平排名均有3次出现在全国前5，体现了其较高的绿色生产水平。比如，湖南省在冶金、有色、化工、建材、机械、轻工、纺织、食品、医药、电子信息、军工等重点行业内，积极开展绿色工厂创建。在园区规划、空间布局、产业链设计、能源利用、资源利用、基础设施、生态环境、运行管理等方面贯彻资源节约和环境友好理念，推行基础设施的共建共享，实现园区能源梯级利用、水资源循环利用、废物交换利用、土地节约集约利用，从而提升园区资源能源利用效率。在大型成套装备等行业选择龙头企业，按照产品全生命周期理念，加快建立采购、生产、营销、回收及物流体系。

山西省大力推动制造业节能改造，绿色工业低碳发展取得积极成效。山西省聚焦钢铁等高耗能行业，推广使用节能先进技术和设备。在"十二五"与"十三五"期间，山西省规模以上工业增加值能耗分别下降29%和16%。针对工业固废"量大率低"的特点，大力推广先进成熟技术，从高端、中端、低端三个层面推进煤矸石、粉煤灰、脱硫石膏、冶炼渣等大宗固废循环利用。此外，山西省加快实施绿色制造工程，共培育62个国家级绿色工厂、5个绿色园区以及4家绿色供应链管理企业。在加大政策支持力度方面，强化节能环保、新能源、CCUS等项目的投融资支持等。

广西壮族自治区让产业实现"绿色转型"，着力打通"绿水青山与金山银山"的双向转化通道。比如，银海铝业集团锚定"双碳"目标，对电解铝企业开展技术改造。围绕冶金、有色、建材、汽车、机械、化工、电子信息等重点产业，广西共创建国家级绿色园区8个、国家级绿色工厂67个、自治区级绿色工厂107个，战略性新兴产业增加值占全区规上工业增加值比重超过16%。同时，不断优化全省的工业能源结构。水电、核电、风电、光伏等可再生能源装机容量共2820万千瓦，占比达51.2%。

②绿色生产水平待提高省（区、市）分析

2011~2020年，天津市的绿色生产水平排名有8次出现在全国后5，绿色生产水平亟待提高。由南开大学、天津市生态环境监测中心等高校、科研院所共同开展研究的天津市大气颗粒物源解析结果显示，天津市扬尘排放占比为30%、燃煤排放占比为27%、工业排放占比为20%、机动车排放占比为17%。这些数据清晰指出了空气污染的"病根"所在——生态环境问题归根结底是发展方式和生活方式问题。天津港煤炭和矿石运输以汽运为主，货车运输撒漏、堆场苫盖不严，再加上柴油车尾气侵扰，整个港区的空气环

131

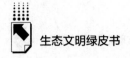

境都不太乐观。天津市的"钢铁围城""园区围城"现象也是绿色生产的阻碍。因此，对于天津市来说，有必要坚持长期作战、稳扎稳打，优化布局结构、转变交通运输结构、优化能源结构。

2011～2020年，海南省和青海省的绿色生产水平排名分别有5次和4次出现在全国后5，绿色生产水平有待提高。海南省的工业发展主要还是依托海底石油开采、天然气开采等产业，这类传统的产业具有高耗能、高污染的特点，而且目前海南省依然形成了石油化工、煤焦化、棉纺以及优质果品加工等六大基地，从第一产业中的整体结构上来看，高耗能的产业仍然占据了50%以上的比重，比如开采类产业。近年来，青海省工业发展存在结构性矛盾突出的问题。2020年青海省能源消费总量为4335.25万吨标准煤，同比上涨50.5%，其中工业的能源消费量近八成，而重工业的能源消耗则占99.4%。青海省清洁能源最富集，但其在清洁能源发展方面仍存在较多问题。2010～2020年，青海省工业污染虽然有所下降，但是基数仍然较大，而且工业烟粉尘排放量不降反升，长期发展下去将会导致生态环境不可持续发展。

2011～2020年，新疆、福建、上海的绿色生产水平排名均有3次出现在全国后5，绿色生产水平有待提高。新疆长期以来产业发展方式粗放，自然资源被大规模开发，但利用程度却处于初级水平。虽在短期内具有高回报率，但从长远来看，这种以初加工为主的生产方式不可持续。由于缺乏高新技术的支撑，煤炭、石油、天然气等矿产资源的开采及相关工业耗能高，经济效益不明显。此外，新疆产业结构不合理，第二产业中重型化特征仍然突出。虽然，劳动密集型产业因资源优势得到了些许发展，但收益尚未达成规模。此外，新疆的单位GDP能耗远远落后于全国平均水平，多数产业部门习惯于高投入、高耗费的传统生产方式，不愿投入人力资金以升级创新生产模式，技术创新能力的不足导致生产成本难以下降。

福建省的工业能源消耗量占全社会能源消费总量的比重仍然较高。从能源消费结构上看，传统化石能源的消费量占能源消费总量的80%以上，严重阻碍低碳制造业的发展。此外，节能环保技术等关键技术研发创新能力仍然比较薄弱，技术进步对制造业绿色发展的贡献率仍然偏低。绿色科技创新体系尚不完善，科技创新与产业创新之间依然存在相互脱节的问题，仍缺乏绿色制造技术规范、标准、法规体系等配套政策法规的支撑。

4. 绿色生活

（1）全国绿色生活指数趋势分析

绿色生活指数反映的是人类生活方式对生态文明的影响程度，重点反映了城乡居民衣、食、住、行对生态环境的影响，旨在倡导绿色生活方式，缓解环境压力。因此，本文选取绿色产品市场占有率、生活用水消耗率、人均绿色低碳出行、城镇绿色建筑占城市建设用地面积比重、人均粮食消耗率以及城市生活垃圾无害化处理率作为评价绿色生活的三级指标。由指标权重可知，权重最高的是生活用水消耗率，说明居民用水量对绿色生活维度影响较大，可以通过宣传标语、公益广告等方式向居民普及节水的重要性，避免水资源的浪费，最大限度地提高绿色生活综合指数；权重较高的是人均绿色低碳出行指标，这符合当前绿色发展实际与国家降碳行动目标一致的时代背景；而城镇绿色建筑占城市建设用地面积比重这一指标权重较低，说明城镇绿色建筑建设对绿色生活指数影响程度较小。从我国整体情况来看，绿色生活指数总体呈现上升趋势，表明随着生态文明的逐步推进，我国居民绿色环保意识逐渐增强，环保理念逐渐深入人心。

2011～2020年，我国绿色生活指数平均值为57.06，年均增长率为6.09%，总体呈现逐步上升并趋于稳定的趋势（见图43）。党的十八大提出从新的历史起点出发，作出"大力推进生态文明建设"的战略决策，提出要节约集约利用资源，推进水循环利用。各地区积极响应，2011～2015年我国绿色生活指数整体呈上升趋势。而随着生态文明建设的不断推进，2015～2019年我国绿色生活指数呈平稳态势，但生态建设与经济发展之间的矛盾长期存在，短期内居民未能养成绿色低碳的生活习惯。受人均绿色低碳出行与人均粮食消耗率的波动影响，2020年绿色生活指数出现波动下降趋势。

（2）省域绿色生活指数趋势分析

2011年中国30个省（区、市）绿色生活指数排名前5的地区分别是北京、宁夏、上海、新疆与江苏，排名后5的地区分别是河南、安徽、湖北、

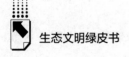

图43　2011~2020年中国绿色生活指数变化趋势

四川、山西（见图44）。2015年全国排名前5的地区与2011年一致，但排名顺序稍有变化，上海上升至第2名，江苏上升至第4名，宁夏退后至第3名，新疆退后至第5名。排名后5的地区分别为河南、贵州、湖北、江西和四川（见图45）。与2011年相比，安徽、山西绿色生活指数增长明显，尤其是山西，从2011年的排名倒数第1上升至第17名，进步明显。2020年全国排名前5的地区分别是上海、北京、宁夏、江苏与甘肃（见图46），与2015年相比，上海成为全国绿色生活指数最高的地区，甘肃升至全国第5。排名后5的地区分别为广西、福建、四川、海南与重庆，与2015年相比有较大变化，说明各个省（区、市）都在积极倡导绿色生活，但成效不一，未能形成稳定的局面。

2020年中国30个省（区、市）的绿色生活指数超过60的仅有上海和北京，分别排在第1位和第2位（见图46）。这两个地区经济基础雄厚，经济发展水平居全国前列，居民整体素质偏高，尤其是上海绿色生活指数高达72.24。上海作为实施生活垃圾分类的试点城市，绿色生态理念深入人心，对城市绿色发展起到了重要作用。排名靠后的地区如贵州、山西、河南、江西、湖北、浙江、广西、福建、四川、海南和重庆，这11个地区绿色生活指数未能超过50，说明这些地区仍需强化居民的绿色发展理念，促进居民生活方式转变。

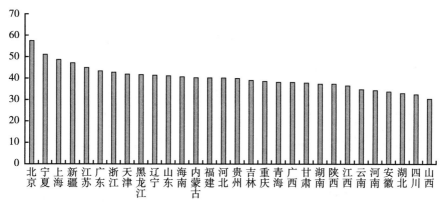

图44　2011年中国30个省（区、市）的绿色生活指数情况

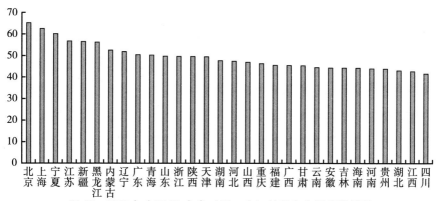

图45　2015年中国30个省（区、市）的绿色生活指数情况

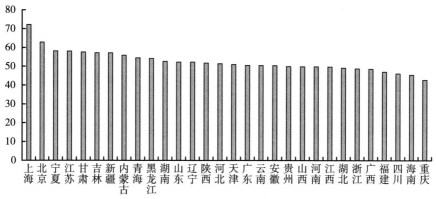

图46　2020年中国30个省（区、市）的绿色生活指数情况

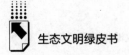

　　进一步分析，2020年排名前5的地区其2011~2020年绿色生活指数变化趋势如图47所示，这些地区的绿色生活指数总体呈现增长态势。上海从2016年开始绿色生活指数排名全国第1，2020年绿色生活指数达到72.24，远超全国其他地区。上海的经济实力雄厚，绿色生态意识较强，2019年上海正式成为生活垃圾分类试点城市，进一步提升了居民的环保意识。北京、江苏的绿色生活指数较高，2011~2020年平均值分别为63.46、54.92。北京作为中国政治、经济、文化的中心，中高端消费者群体较多，对绿色产品的需求较大，绿色产品市场占有率较高。江苏2014年绿色生活指数涨幅明显，这是由于江苏重视城镇绿色建筑建设。2013年江苏省政府出台《江苏省绿色建筑行动实施方案》，重点推进小城镇和农村绿色建筑示范。"十三五"期间，江苏城镇新建民用建筑全面按照绿色建筑标准设计建造，大大提高了城镇绿色建筑的面积，减少了传统建筑造成的环境污染问题。上述三个地区的共同点为它们的交通基础较好，外来人口较多，公共交通更为便利，绿色出行方式更为普遍，这在一定程度上缓解了汽车尾气排放对环境造成的污染。宁夏、甘肃可能受限于地区经济发展水平和地域人口分布特征，居民消耗的资源远远低于其他省（区、市），同时，这两个地区属于干旱半干旱区，居民节约用水理念深入人心，生活用水消耗率远远低于全国平均水平，因此它们的绿色生活指数排名居全国前列。

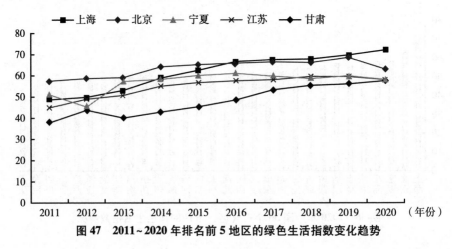

图47　2011~2020年排名前5地区的绿色生活指数变化趋势

2020年全国排名后5的地区为广西、福建、四川、海南、重庆，它们主要分布在华南和西南地区。2011~2020年，这些地区的绿色生活指数均值为44.16，且总体呈现上升趋势（见图48），年均增长率分别为3.07%、1.91%、4.68%、1.30%、1.22%，远低于全国平均水平。排名靠后的5个地区受经济条件、技术水平等方面的限制，其绿色产品的市场占有率低于全国平均水平，但人均粮食消耗率较高，可能存在食物浪费情况。长远来看，这些地区应进一步提高生产技术，转变经济发展方式，倡导绿色生活理念，积极响应国家"光盘行动"，避免食物浪费。值得注意的是，上述地区的森林资源丰富，可以发展森林游憩产业，调整产业布局，提升绿色产品市场占有率。

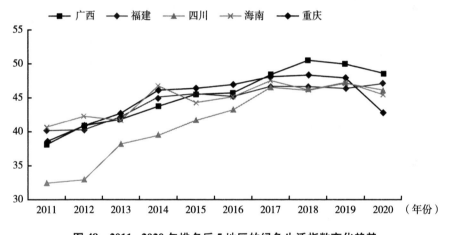

图48　2011~2020年排名后5地区的绿色生活指数变化趋势

2020年与2019年中国30个省（区、市）的绿色生活指数及其增减情况如表13所示。其中，有9个地区处于正增长态势，增幅最快的是贵州，达到了9.78%，其次是青海与吉林，增幅分别为6.09%和4.84%，天津、湖南与陕西增幅较小，未超过1%。在21个呈现下跌态势的省（区、市）中，绿色生活指数下降幅度最大的是重庆市，高达10.71%，这主要是因为其城市生活垃圾无害化处理率下降幅度过大；其次是北京市，其绿色生活指数下降了8.23%。受新冠肺炎疫情影响，《2021北京市交通发展年度报告》

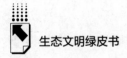

显示，北京公交、地铁、出租客运量降幅都超过四成，人均绿色低碳出行大幅度下降。广东、湖北、宁夏、新疆等多个地区的绿色生活指数均出现下降现象，因此，应加强绿色环保理念宣传。

表13 2020年与2019年中国30个省（区、市）的绿色生活指数及其增减情况

单位：%

省（区、市）	2020年	2019年	增减幅度	省（区、市）	2020年	2019年	增减幅度
上海	72.24	69.79	3.51	天津	51.01	50.80	0.42
北京	62.93	68.58	-8.23	广东	50.57	53.03	-4.65
宁夏	58.13	59.93	-3.00	云南	50.50	51.21	-1.39
江苏	58.06	59.54	-2.50	安徽	50.41	50.58	-0.33
甘肃	57.58	56.07	2.69	贵州	49.98	45.53	9.78
吉林	57.17	54.53	4.84	山西	49.88	51.12	-2.43
新疆	57.14	59.32	-3.67	河南	49.84	50.13	-0.59
内蒙古	55.87	57.46	-2.76	江西	49.72	50.79	-2.10
青海	54.49	51.36	6.09	湖北	49.15	51.66	-4.85
黑龙江	54.21	56.18	-3.51	浙江	48.77	49.34	-1.14
湖南	52.66	52.46	0.39	广西	48.60	49.94	-2.69
山东	52.32	53.09	-1.45	福建	47.09	46.36	1.56
辽宁	52.28	53.99	-3.18	四川	46.12	47.12	-2.11
陕西	51.77	51.35	0.82	海南	45.45	47.25	-3.81
河北	51.39	51.94	-1.06	重庆	42.79	47.92	-10.71

5. 环境治理

生态环境质量只能更好、不能变坏，加快构建生态环境治理体系是生态文明建设的重要内容。党的十九大报告针对环境治理问题提出了"构建政府、企业、社会和公众共同参与的环境治理体系"的指导思想，明确主张在环境治理中构建基于多元主体共同参与的新型环境治理模式，以期最大程度地发挥政府机制、市场机制和社会机制在环境治理中的协同治理作用，持续提升各地区的环境治理能力，推进生态文明体制改革和建设美丽中国。

（1）中国环境治理指标构成及变动分析

中国特色生态文明建设评价体系中，环境治理的权重为14.88%，在6个评价维度中排第4位。环境治理指数反映的是对已产生的污染的整治与管理情况，体现了政府和企业对工业污染和生活污染的治理水平。因此，选取一般工业固体废物综合利用率、县城生活垃圾处理率、城市污水处理厂集中处理率、突发环境事件次数以及工业污染治理完成投资占GDP的比例作为评价环境治理的三级指标。由指标权重可知，权重最高的是一般工业固体废物综合利用率，说明工业污染治理是环境治理维度中的主要内容，通过对工业生产过程中产生的有害物质如细颗粒物、二氧化硫等，选取合适的污染治理技术进行变害为利的转化，可以最大限度地提高环境治理指数；权重较高的是城市污水处理厂集中处理率，其具体含义是指城市中经过集中污水处理厂处理，且达到排放标准的污水量与城市污水排放量的百分比，反映了一个城市污水集中收集处理设施的配套程度，是评价一个城市污水处理工作的标志性指标，也是影响环境治理指数的重要因素。城市的日常运转会产生大量的污水，包括生活污水、工业废水等，如若得不到有效处理，就会造成水污染，加剧水资源短缺，影响人们的生产生活。突发环境事件次数这一指标的权重最低，其属于小概率事件，对环境治理指数影响程度较小。

2011~2020年，我国环境治理指数总体呈现波动上升的趋势（见图49），环境治理指数由2011年的35.36增长到2020年的62.28（见表14），年均增长率为7.62%，表明随着环境污染防治的持续推进，我国在环境治理方面取得了一定的成效。自党的十八大提出"大力推进生态文明建设"的战略以来，我国各地区的环保治污工作明显加强，环境综合治理能力不断提高，2011~2014年我国环境治理指数呈直线上升态势。但也要看到，随着城镇化和工业化的不断推进，2014~2017年环境治理指数有所回落，这说明污染防治是一场旷日持久的攻坚战，决不能看到一点点成效就忽视相关治理工作。而且，作为全球最大的发展中国家，我们长期面临工业发展和环境污染的矛盾，在工业发展任务仍然艰巨的情况下，环境治理任重道远。2018

年6月，党中央、国务院下发了《关于全面加强生态环境保护坚决打好污染防治攻坚战的意见》，提出了三大作战目标，即坚决打赢蓝天保卫战、着力打好碧水保卫战、扎实推进净土保卫战。2017~2020年，我国环境治理指数逐渐提高，到2020年已回升至62.28，说明这几年我国的环境治理能力在稳步提升。

图49　2011~2020年中国环境治理指数变化趋势

表14　2011~2020年中国环境治理指数

年份	2011	2012	2013	2014	2015	2016	2017	2018	2019	2020
全国	35.36	46.64	57.02	68.87	66.64	59.48	50.08	50.93	52.39	62.28
C51	11.60	15.30	18.70	22.59	21.85	19.51	16.42	16.70	17.18	20.42
C52	6.18	8.15	9.96	12.03	11.64	10.39	8.75	8.90	9.15	10.88
C53	8.17	10.78	13.18	15.92	15.40	13.75	11.58	11.77	12.11	14.40
C54	4.49	5.92	7.24	8.75	8.46	7.56	6.36	6.47	6.65	7.91
C55	4.92	6.49	7.93	9.58	9.27	8.27	6.97	7.09	7.29	8.66

（2）省域环境治理指数排名变动分析

如表15所示，我国30个省（区、市）的环境污染情况和环境治理能力存在差异。通过比较各地区的环境治理指数不但可以看到30个省（区、市）2011~2020年环境治理水平的变化，也可以反映出各地区环境治理水平的差异，有助于对各地区的环境治理提出针对性的建议。

表15　2011、2015 和 2020 年 30 个省（区、市）的环境治理指数

省(区、市)	2011 年	2015 年	2020 年
山东	81.3037	83.0025	77.4177
天津	77.7604	83.7151	85.1849
重庆	73.8346	77.5856	78.6502
浙江	73.5220	80.0088	85.4746
江苏	70.3238	75.3432	78.6084
安徽	67.8711	78.5926	79.0537
广东	66.2476	75.8442	76.5470
上海	66.0972	82.1062	82.7997
河南	64.3907	71.4353	75.0062
福建	63.6613	70.6997	69.3720
湖北	61.6006	65.2017	69.7182
陕西	60.9388	65.6980	64.6514
北京	60.7688	68.6473	60.7455
云南	60.2266	61.6086	64.9689
江西	59.8399	62.5167	61.7411
内蒙古	59.0429	62.6521	58.6657
吉林	57.2585	60.2688	64.7610
河北	56.4089	66.1242	67.1359
湖南	55.0122	65.4973	74.2173
贵州	54.9350	63.7146	71.0942
海南	52.4964	58.9228	72.1101
新疆	52.4137	58.4064	61.3610
宁夏	51.9570	63.3628	63.3308
山西	51.0701	58.9053	62.0123
青海	49.4856	46.7299	59.4265
四川	46.2175	52.0860	56.6199
甘肃	45.2958	55.9985	64.6146
辽宁	45.2950	49.5818	61.9768
广西	42.6356	56.4221	59.1852
黑龙江	32.1687	45.3559	60.0990

由表 15 可以得知，2011~2020 年，全国大部分省（区、市）的环境治理指数基本呈平稳趋势，天津市一直以领先的优势稳居前两位，近年的环境

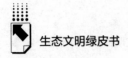

治理指数均在 80 以上。山东省 2011 和 2015 年的环境治理指数与天津市不相上下，但 2015 年后明显滑落，从 2015 年的 83.00 一直下滑到 2020 年的 77.42，排名更是直接跌至第 7。环境治理指数排行靠前的省（区、市）基本集中在天津、浙江、上海、安徽等地区，而环境治理指数较为靠后的省（区、市）基本集中在黑龙江、广西、甘肃这几个地区。整体来看，省域之间的环境治理指数差距较为悬殊，环境治理较差的省域主要集中在东北和西部地区，而沿海地区的环境治理指数明显优于其他地区。

2011 年中国 30 个省（区、市）环境治理指数排名前 5 的地区分别是山东、天津、重庆、浙江和江苏，排名后 5 的地区分别是四川、甘肃、辽宁、广西和黑龙江（见图 50）。2015 年全国排名前 5 的地区分别是天津、山东、上海、浙江和安徽，排名后 5 的地区分别为甘肃、四川、辽宁、青海和黑龙江。与 2011 年相比，排名靠前的省份中变化较大的是重庆和江苏，重庆由第 3 名跌至第 6 名，江苏由第 5 名跌至第 8 名。天津和山东稳居前两名，浙江的环境治理排名也较为稳定，说明其环境治理水平较高。排名靠后的省份均较为稳定。在排名居中的省份中，云南与河北的波动较大，云南由 2011 年的第 14 名下跌至 2015 年的第 20 名，而河北则上升了 6 名，其他省份的排名均较为稳定。2020 年全国排名前 5 的地区分别是浙江、天津、上海、安徽与重庆，排名后 5 的地区分别为黑龙江、青海、广西、内蒙古和四川。与 2015 年相比，浙江超越天津成为全国环境治理指数最高的省份，而山东则由 2015 年的第 2 名滑落至第 7 名，浙江、天津和上海虽然排名有所变化但仍位于全国前 5，这说明这几个地区已经具备一定的环境治理能力和较为完备的治理规范和治理措施。在排名靠后的几个省（区、市）中，甘肃的环境治理指数排名较 2015 年上升了 7 位，辽宁上升了 6 位，两省成功跳出了后 5 名，黑龙江省也有所提升。排名居中的省份中内蒙古和海南波动最大，内蒙古由原来的第 18 名下跌至第 29 名，排名下降了 11 位，海南则由原来的第 22 名升至第 11 名，其他省份的排名同样较为稳定。

（3）全国及省级环境治理指数动态比较

2019 年和 2020 年的全国环境治理指数分别为 52.38 和 62.28，2020 年

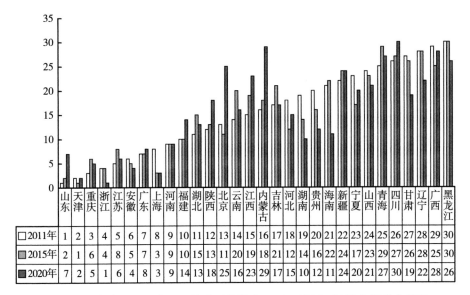

图50 30个省（区、市）环境治理指数在2011、2015、2020年的排名情况

较2019年的环境治理指数上升了近10个单位，年增长率为18.90%，表明这两年全国环境治理指数显著提升，全国环境治理水平处于一个上升的良好态势，但是总体治理指数仍未突破70，全国环境治理还有一定的进步空间，特别是在部分地区环境治理指数远滞后于全国平均水平的情况下，我国的环境治理仍有很长的路要走，这是与经济发展相伴随的持久战，也是我们需要努力打赢的攻坚战。

2020年和2019年中国30个省（区、市）环境治理指数增减情况如表16所示，其中，有21个地区处于正增长态势，增幅最大的是河南省，达到了18.29%，其次是陕西与贵州，增幅分别为13.71%和11.07%，福建、天津与辽宁增幅较小，均未超过5%。在9个环境治理指数呈现下跌态势的地区中，北京和青海环境治理指数降幅最大，分别为10.73%和10.23%，这主要是由于一般工业固体废物综合利用率下降幅度过大，北京和青海有关部门应给予一定关注。山东、湖北、河北、新疆等多个地区的环境治理指数也均出现下降现象，虽然降幅不大但也应该引起重视。

表16　2020年和2019年中国30个省（区、市）环境治理指数增减情况

单位：%

省（区、市）	2019年	2020年	增减幅度	省（区、市）	2019年	2020年	增减幅度
天津	85.09	85.18	0.11	青海	66.20	59.43	-10.23
上海	81.35	82.80	1.79	吉林	65.26	64.76	-0.77
浙江	81.22	85.47	5.24	江西	64.58	61.74	-4.40
山东	77.74	77.42	-0.41	贵州	64.01	71.09	11.07
江苏	76.50	78.61	2.75	云南	64.00	64.97	1.52
安徽	75.63	79.05	4.52	河南	63.41	75.01	18.29
湖北	73.50	69.72	-5.15	辽宁	61.69	61.98	0.46
重庆	72.84	78.65	7.98	广西	60.91	59.19	-2.82
广东	72.35	76.55	5.80	宁夏	60.47	63.33	4.72
湖南	70.01	74.22	6.00	甘肃	59.53	64.61	8.54
福建	69.31	69.37	0.09	山西	58.91	62.01	5.27
海南	68.51	72.11	5.26	黑龙江	58.85	60.10	2.13
北京	68.05	60.75	-10.73	陕西	56.86	64.65	13.71
河北	67.23	67.14	-0.14	四川	56.09	56.62	0.94
新疆	66.25	61.36	-7.38	内蒙古	55.55	58.67	5.60

　　从表16中2019年和2020年的省域环境治理指数可以看出，环境治理指数最高的分别是2019年天津市的85.09和2020年浙江省的85.47，最低的分别为2019年内蒙古的55.55和2020年四川的56.62。可以看出，随着时间的变化，最高和最低指数值均有所上升，这说明省域环境治理水平在这两年呈显著上升态势。

　　2019年30个省（区、市）中环境治理指数排名前5的分别是天津、上海、浙江、山东和江苏，2020年排名稍有变动，浙江、天津和上海仍稳居前3，山东和江苏掉出前5，而安徽和重庆则分别升至第4名和第5名。这说明，各地区的环境治理指数是动态变化的。从数值上看，2019年和2020年前5名的环境治理指数差距并不大，第1名与第5名的指数值相差不到10个单位。同样的，后5名的环境治理指数值相差也不大，最后1位和倒数第5位相差不到5个单位。但对比环境治理指数排名前5和后5的指数值可以发现，各地区的环境治理水平相差极大，2020年排名第1的浙江（85.47）与排名最后的四川（56.62）指数值更是相差了近30个单位。这表明除了需要持续推进环境治理，环境治理指数较低的地区应积极学习治理水平较高地区的做法，并结合自己的实际情况进行相应改进，补齐环境治理的短板才能提升全国的环境治理水平。

6. 生态保护

保护优先是我国生态文明建设的基本方针，生态环境保护与修复是生态文明建设的重要内容。生态文明建设事关全社会的永续发展，保护生态环境就是保护生产力，改善生态环境就是发展生产力，保护生态环境，加强生态文明建设对社会发展具有重大意义。

（1）中国生态保护指数趋势分析

中国特色生态文明建设评价体系中，生态保护指数权重为9.77%。生态保护主要体现在生态保护区划定、生态投资、市容环境卫生投资、农业面源污染控制等方面，具体选定的评价指标为：自然保护区占辖区面积比例、林业生态投资占GDP比例、市容环境卫生投资占GDP比例和农用化肥农药使用减少量与总量比例折算指数，权重分别为3.97%、1.80%、1.94%和2.06%。

2011~2020年，全国生态保护指数整体呈现波动增长的趋势。如图51所示，生态保护指数由2011年的27.28增长到2020年的77.27，年均增长率为10.97%，说明生态保护已经取得了一定的成效。同时，在2011~2020年，生态保护指数曲线的反复波动，说明生态保护措施并不稳定，生态保护可持续性有待增强。在生态保护指标下的4个三级指标中，自然保护区占辖区面积比例和农用化肥农药使用减少量与总量比例折算指数的得分变动较大，林业生态投资占GDP比例、市容环境卫生投资占GDP比例的得分变动较小。党的十八大以来，生态文明建设被提升到了前所未有的高度，生态保护被放在了生态建设优先的位置，全国自然保护区的面积从2012年的11825.58万公顷增长到2020年的15553.65万公顷，增长显著。同时，全国农用化肥使用量和农药使用量也由2012年的5838.80万吨和180.61万吨分

别下降到 2020 年的 5250.70 万吨和 131.33 万吨，分别下降了 10.07%
和 27.29%。

图 51 2011～2020 年中国生态保护指数变化趋势

（2）省域生态保护指数趋势分析

分省域看，2020 年生态保护指数排名前 3 的地区分别是青海省、四川
省和江西省。青海省 2020 年自然保护区面积为 2178 万公顷，占青海省面积
的 30.14%，自然保护区面积仅次于西藏；青海省拥有可可西里自然保护
区、三江源自然保护区、青海湖景区等 7 个国家级自然保护区，国家级自然
保护区面积位居全国第 1；同时，青海省也是我国生态建设与保护的重要省
份，2020 年林业生态投资占 GDP 比例为 0.87%。四川省 2020 年自然保护
区面积为 804 万公顷，占四川省面积的 16.57%；四川省是我国农业大省
和粮食主产区，2020 年农用化肥使用量和农药使用量相较 2019 年分别下
降了 5.39% 和 8.99%，下降比例明显。江西省也是我国的农业大省和粮食
主产区，2020 年农用化肥使用量和农药使用量相较 2019 年下降了 5.88%
和 15.94%，农药使用量下降显著；同时，江西省 2020 年加大了市容环境
卫生投资力度，2020 年市容环境卫生投资占 GDP 比例为 0.26%，排名全
国第 2。

2020 年生态保护指数排名后 3 的地区分别是上海市、浙江省和江苏省。

无论是上海市、浙江省还是江苏省，其自然保护区面积占辖区面积比例都较低，浙江更是在该方面位列全国倒数第1。同时，这3个地区的林业生态投资占GDP比例也非常低，没有1个地区超过1‰，且均处于全国倒数。此外，上海市的市容环境卫生投资占GDP比例也非常低，仅为万分之二，位列全国倒数第1。

2011~2020年，生态保护指数排名持续靠前的地区分别为青海省、四川省、甘肃省和黑龙江省。青海省生态保护指数连续10年排名全国第1（见表17、图52）。这四个省份自然保护区面积占辖区面积比例都较高，青海省、甘肃省和黑龙江省林业生态投资占GDP比例较高，四川省农用化肥使用量和农药使用量持续减少。

表17 2011~2020年30个省（区、市）生态保护指数及排名情况

名次	省（区、市）	2011年	省（区、市）	2012年	省（区、市）	2013年	省（区、市）	2014年	省（区、市）	2015年
1	青海	57.69	青海	57.03	青海	59.84	青海	60.90	青海	63.03
2	甘肃	47.43	甘肃	40.86	新疆	42.03	新疆	46.49	甘肃	45.22
3	黑龙江	40.91	黑龙江	40.55	北京	40.52	北京	45.83	黑龙江	39.94
4	四川	39.62	内蒙古	38.58	黑龙江	40.43	甘肃	43.04	内蒙古	37.27
5	北京	37.07	四川	38.57	甘肃	39.97	黑龙江	42.09	四川	36.53
6	新疆	36.60	新疆	36.26	内蒙古	39.94	吉林	37.42	吉林	34.87
7	吉林	35.53	辽宁	36.13	四川	37.74	四川	36.99	新疆	33.88
8	内蒙古	35.05	吉林	35.77	辽宁	34.58	内蒙古	35.88	辽宁	31.75
9	辽宁	32.17	云南	30.94	吉林	33.11	辽宁	31.96	北京	30.48
10	山西	30.20	陕西	30.49	宁夏	29.17	天津	29.16	宁夏	29.50
11	宁夏	30.02	宁夏	29.35	山西	28.76	宁夏	28.94	山西	27.63
12	广西	29.98	广西	28.81	广西	28.72	广西	28.24	广西	27.58
13	云南	29.92	山西	28.64	重庆	28.61	重庆	27.68	重庆	27.24
14	湖北	29.67	北京	28.54	湖南	27.09	云南	27.56	云南	26.75
15	贵州	29.13	湖南	28.08	云南	26.40	山西	27.23	江西	25.09
16	重庆	28.78	重庆	28.01	海南	25.69	湖南	25.14	上海	24.73
17	广东	28.38	江西	26.13	江西	24.84	广东	24.93	广东	24.63

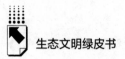

续表

名次	省(区、市)	2011年	省(区、市)	2012年	省(区、市)	2013年	省(区、市)	2014年	省(区、市)	2015年
18	天津	27.12	天津	25.35	天津	23.33	上海	23.89	陕西	24.30
19	陕西	25.73	贵州	24.35	陕西	23.16	江西	23.29	海南	24.00
20	湖南	25.60	广东	22.85	河南	23.10	贵州	22.90	天津	23.56
21	河南	25.02	海南	22.09	安徽	22.54	陕西	22.44	贵州	23.16
22	海南	24.93	河南	21.83	贵州	22.03	海南	22.41	湖南	22.57
23	江西	22.42	湖北	21.78	河北	21.24	河南	21.37	河南	21.38
24	安徽	22.34	河北	21.27	广东	21.07	河北	20.89	福建	19.19
25	上海	20.85	安徽	21.04	上海	19.63	湖北	20.14	河北	18.71
26	山东	20.82	山东	20.78	山东	18.97	安徽	19.75	安徽	18.45
27	福建	20.35	上海	20.58	福建	18.95	山东	19.47	江苏	18.42
28	河北	18.99	福建	20.39	江苏	17.87	福建	18.64	山东	17.95
29	江苏	17.25	江苏	17.01	湖北	16.10	江苏	18.06	湖北	16.56
30	浙江	15.21	浙江	15.90	浙江	15.51	浙江	14.11	浙江	14.98

名次	省(区、市)	2016年	省(区、市)	2017年	省(区、市)	2018年	省(区、市)	2019年	省(区、市)	2020年
1	青海	60.69	青海	58.66	青海	64.47	青海	54.71	青海	56.03
2	甘肃	41.49	黑龙江	40.02	甘肃	52.83	黑龙江	47.44	四川	48.28
3	黑龙江	39.27	新疆	36.74	黑龙江	50.67	江西	45.27	江西	46.86
4	北京	39.16	辽宁	35.64	北京	50.09	四川	38.93	甘肃	41.25
5	内蒙古	37.48	甘肃	35.36	内蒙古	43.36	海南	37.02	河北	40.06
6	四川	36.40	四川	35.11	四川	38.80	甘肃	34.31	黑龙江	37.81
7	新疆	34.46	内蒙古	33.36	新疆	37.12	北京	29.61	河南	36.59
8	吉林	32.92	北京	33.30	江西	36.68	湖北	29.59	内蒙古	36.48
9	广西	31.25	吉林	32.06	吉林	32.33	河南	29.55	贵州	36.12
10	辽宁	29.13	宁夏	26.30	海南	31.11	山东	25.03	新疆	35.64
11	山西	26.86	重庆	26.29	山西	30.32	陕西	24.96	广西	30.01
12	重庆	26.50	云南	24.04	广西	29.01	湖南	24.44	山东	28.99
13	宁夏	26.28	山西	23.56	贵州	28.70	内蒙古	24.18	天津	28.33
14	云南	25.23	天津	22.99	山东	28.40	云南	23.52	安徽	26.59
15	贵州	24.92	海南	22.84	广东	28.10	安徽	23.01	湖南	26.37
16	陕西	23.95	陕西	22.59	河北	27.79	河北	21.72	重庆	26.01

续表

名次	省(区、市)	2016 年	省(区、市)	2017 年	省(区、市)	2018 年	省(区、市)	2019 年	省(区、市)	2020 年
17	江西	23.91	广东	22.30	云南	27.22	贵州	21.71	云南	26.00
18	广东	23.57	江西	21.92	湖北	25.95	天津	21.59	吉林	22.66
19	天津	23.10	湖南	21.56	重庆	23.39	新疆	21.24	辽宁	22.28
20	湖南	21.24	贵州	21.38	河南	22.12	辽宁	19.10	海南	21.69
21	海南	20.35	广西	20.12	宁夏	21.82	山西	17.28	宁夏	19.77
22	上海	19.84	上海	19.97	安徽	18.91	广东	16.90	陕西	19.26
23	河南	19.42	安徽	17.24	辽宁	18.60	重庆	16.76	湖北	19.07
24	湖北	19.38	湖北	17.13	陕西	17.11	吉林	16.34	广东	18.98
25	福建	18.68	河南	16.56	湖南	15.92	宁夏	16.07	北京	18.69
26	山东	18.65	河北	15.96	上海	14.85	广西	14.93	福建	17.95
27	河北	18.08	江苏	15.63	江苏	14.28	上海	13.24	山西	17.27
28	安徽	17.11	福建	14.84	福建	14.01	浙江	13.23	江苏	17.07
29	江苏	16.44	浙江	14.61	浙江	10.80	福建	13.16	浙江	14.42
30	浙江	12.66	山东	14.23	天津	10.49	江苏	12.25	上海	10.23

注：由于西藏自治区数据缺失严重，没有计算其生态保护指数。

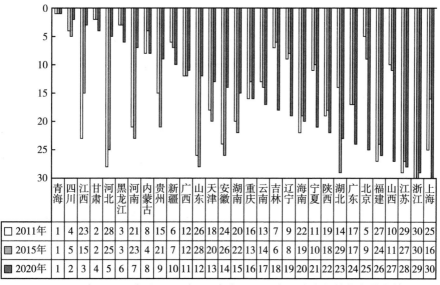

图 52　2011 年、2015 年和 2020 年 30 个省（区、市）生态保护指数排名情况

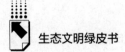

2011~2020 年，生态保护指数排名基本靠后的地区分别为上海市、浙江省、江苏省和福建省。这四个地区的自然保护区面积占辖区面积比例、林业生态投资占 GDP 比例都很低，同时上海市的农用化肥使用量和农药使用量下降幅度相对较小。

2011~2020 年，生态保护指数排名进步明显的地区分别为江西省、河北省、河南省和山东省。江西省生态保护指数排名的进步主要得益于市容环境卫生投资占 GDP 比例和农用农药化肥使用减少量占使用量比例方面的显著进步。河北省主要得益于林业生态投资占 GDP 比例、市容环境卫生投资占 GDP 比例方面的明显提高。河南省主要得益于市容环境卫生投资占 GDP 比例、农用化肥农药使用减少量占使用量比例方面的进步。山东省主要得益于农用化肥农药使用减少量占使用量比例方面的进步。河南省和山东省既是农业大省，也是我国的粮食、蔬菜主产区，近些年在减少农用化肥使用量和农药使用量方面持续发力，农用化肥使用量和农药使用量持续下降，生态保护成效显著。

2011~2020 年生态保护指数排名退步明显的省（区、市）分别为新疆、吉林、辽宁、宁夏和北京。新疆维吾尔自治区和宁夏回族自治区的生态保护指数排名退步主要是由于农用化肥农药使用减少量占使用量的比例方面的退步。新疆维吾尔自治区的农用化肥使用量整体仍处于增长态势，化肥使用量不减反增，相较其他省份整体处于下降的趋势，反差明显。吉林省排名的退步主要由于其自然保护区面积占辖区面积的比例不升反降，相较其他地区的自然保护区面积占辖区面积整体处于增长的趋势，反差明显。辽宁省排名退步的原因一方面与自然保护区面积占辖区面积比例下降有关，另一方面也与林业生态投资占 GDP 比例的下降有关。北京市排名退步的原因一方面与北京市市容环境卫生投资占 GDP 比例下降有关，另一方面与北京市农用化肥农药使用减少量占使用量比例的降幅变缓有关。

相较 2019 年，2020 年中国生态保护指数上升了 23.42，说明全国生态保护水平明显提高。中国生态保护指数的上升，主要得益于全国自然保护区面积占辖区面积比例和市容环境卫生投资占 GDP 比例的上升。2020 年，全国自然保护区面积为 15153.5 万公顷，相较 2019 年增加了 432.5 万公顷。2020 年，全国市容环境卫生投资额为 1130.03 亿元，相较 2019 年增加了 445.62 亿元，市容环境卫生投资占 GDP 比例有了大幅度提高。同时，2020 年林业生态投资额继续增加，林业生态投资占 GDP 比例相较 2019 年有微弱增长。2020 年全国农用化肥农药使用量继续减少，农用化肥使用量和农药使用量相较 2019 年分别下降了 152.94 万吨和 7.84 万吨，下降量占 2019 年使用量的比例分别为 2.83% 和 5.64%。

相较 2019 年，2020 年省域生态保护指数排名第 1 和第 3 的省份没有变化，仍为青海省和江西省；第 2 名由黑龙江省变为了四川省，黑龙江省则下降到了第 6 名。相较 2019 年，2020 年生态保护指数排名进步最明显的地区为广西壮族自治区，由 2019 年的第 26 名进步到 2020 年的第 11 名，进步了 15 名；其次是河北省，由 2019 年的第 16 名进步到 2020 年的第 5 名，进步了 11 名。相较 2019 年，2020 年退步最明显的地区为湖北省，由 2019 年的第 7 名退步到 2020 年的第 23 名，退步了 16 名；其次是海南省，由 2019 年的第 5 名退步到 2020 年的第 20 名，退步了 15 名；退步超过 10 名的地区还有北京市和陕西省。

相较 2019 年，2020 年生态保护指数超过 50 的地区数量仍只有 1 个。相较 2019 年，2020 年生态保护指数位于 40~50 的地区数量由 2 个增加到了 4 个，位于 30~40 的地区数量由 3 个增加到了 6 个，位于 20 以下的地区数量则由 11 个下降为 10 个。

参考文献

[1] 穆艳杰、韩哲：《生态正义还是环境正义——论生态文明的价值旨归》，《学术交流》2021 年第 4 期。

[2] 黄承梁、燕芳敏、刘蕊等：《论习近平生态文明思想的马克思主义哲学基础》，《中国人口·资源与环境》2021 年第 6 期。

[3] 曹孟勤、姜赟：《关于人与自然和谐共生方略的哲学思考》，《中州学刊》2019

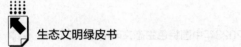

年第 2 期。

［4］刘湘溶：《关于人与自然和谐共生的三点阐释》，《湖南师范大学社会科学学报》2019 年第 3 期。

［5］李颂、曹孟勤：《从万物一体到人与自然和谐共生》，《哈尔滨工业大学学报》（社会科学版）2020 年第 5 期。

［6］石楠、王波、曲长虹等：《公园城市指数总体架构研究》，《城市规划》2022 年第 7 期。

［7］成金华、彭昕杰、冯银：《中国城市生态文明水平评价》，《中国地质大学学报》（社会科学版）2018 年第 21 期。

［8］胡悦、金明倩、孙丽：《基于 PSR 模型的京津冀生态文明指数评价体系研究》，《资源开发与市场》2016 年第 12 期。

［9］牛敏杰、赵俊伟、尹昌斌等：《我国农业生态文明水平评价及空间分异研究》，《农业经济问题》2016 年第 3 期。

［10］杨加猛、叶佳蓉、王虹等：《生态文明建设中的利益相关者博弈研究》，《林业经济》2018 年第 11 期。

政策布局篇

Policy Reports

中国地下水开发利用及管理对策

杜丙照　黄利群　穆恩林　廖四辉　江方利*

摘　要： 地下水是保障我国供水安全的重要战略储备资源。做好地下水管理工作，需妥善解决地下水不合理开发引发的各类问题和风险，在保障供水安全的同时维护生态系统健康和地质环境安全。现阶段，我国地下水超采威胁了供水安全、导致了生态系统退化、引发了地面沉降和海水入侵，以及危及了粮食安全和生命安全等，产生了一系列的资源、生态、环境、安全问题。未来，应从明确地下水管理目标、强化地下水取用水监督管理、全面推进地下水超采治理、抓好地下水管理的基础保障四个层面进一步加强地下水的开发利用和管理。

---

* 杜丙照，水利部水资源管理司副司长，主要研究方向为水利水电工程；黄利群，水利部水资源管理司处长，主要研究方向为环境科学与资源利用；穆恩林，博士，高级工程师，主要研究方向为资源科学、水利水电工程；廖四辉，水利部水资源管理司副处长，主要研究方向为水利水电工程、行政法及地方法制；江方利，水利部水资源管理司科员，主要研究方向为水利水电工程、电力工业。

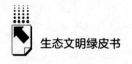
关键词： 地下水管理 超采治理 供水安全

人多水少和时空分布不均是中国水资源的主要特征。我国地下水分布广泛、变化稳定、水质良好、便于应用，具有丰枯调剂作用，是保障水资源供给的重要压舱石和稳定器，也是应对突发事件、保障供水安全的战略储备资源。做好地下水管理工作，妥善解决地下水不合理开发引发的各类问题和风险，在保障供水安全的同时维护生态系统健康和地质环境安全，对促进经济社会高质量发展具有重要意义。

一 中国地下水资源及其开发利用状况

（一）中国地下水资源状况

2001~2016 年，全国多年平均地下水资源量约为 8160 亿 m³，其中，山丘区多年平均地下水资源量为 6613 亿 m³，平原区多年平均地下水资源量为 1800 亿 m³，重复计算量为 253 亿 m³；与 1980~2000 年全国多年平均地下水资源量相比，减少了 58 亿 m³，其中辽河平原、京津冀地区减少明显，分别减少了 11% 和 8%。

2021 年，全国水资源总量为 29638.2 亿 m³。其中，地表水资源量为 28310.5 亿 m³，地下水资源量为 8195.7 亿 m³，地下水与地表水资源不重复量为 1327.7 亿 m³。

（二）中国地下水开发利用状况

中国是世界上开发利用地下水最早的国家之一。中国已发现的最早的水井是浙江余姚河姆渡古文化遗址水井，其年代距今约 5700 年。20 世纪 70 年代之前，我国地下水开发利用以小规模、分散式为主。20 世纪 70 年代以后，地下水用水量由 200 亿 m³ 快速增加至 2000 年以来的 1100 亿 m³ 左右，

2012 年达到最大值 1133.8 亿 m³，之后呈递减趋势。

2021 年，全国地下水开采总量达 853.8 亿 m3，其中，浅层地下水开采量为 828.3 亿 m³，深层承压水开采量为 25.5 亿 m³。平原区地下水开采量为 744.1 亿 m³，占全国地下水开采总量的 87.2%；山丘区地下水开采量 109.7 亿 m³，占全国地下水开采总量的 12.8%。2021 年全国地下水用水总量与"十三五"期末的 1069 亿 m³ 相比下降了 20.1%，地下水用水量占用水总量的比例由 17.5% 下降至 14.4%。

地下水开采主要集中在北方地区。2021 年，北方 6 个水资源一级区地下水开采量达 787.1 亿 m³，占全国地下水开采量的 92.2%；南方 4 个水资源一级区地下水开采量达 66.5 亿 m³，占全国的 7.8%。农业是地下水用水大户，近 40 年来农业开采地下水占总开采量的比重呈递减趋势，从 1980 年的 88.0%，下降到 2021 年的 71.3%。

二 中国地下水管理概况及成效

（一）组织编制完成《地下水利用与保护规划》

2016 年，水利部组织编制完成了地下水利用与保护规划，明确到 2020 年全国地下水开采总量控制在 1004 亿 m³ 以内，到 2030 年全国地下水开采总量控制在 922.3 亿 m³ 以内。

（二）建立健全地下水管理法规体系

2008 年，《地下水管理条例》起草工作启动。2021 年 10 月 21 日，国务院颁布《地下水管理条例》，自 12 月 1 日起施行，这是中国首部地下水管理专门法规。地方也进行了很多的探索，16 个省级人民政府或水利（务）厅（局）出台了地下水管理政策法规。

（三）组织开展全国取用水管理专项整治工作

水利部通过取用水管理专项整治行动，摸清了规模以上（管径 20cm 以

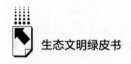

上）地下水取水口数量、取水口合规性及其监测计量状况，依法整治存在的问题，规范取用水行为，促进地下水合理开发利用。核查登记规模以上地下水取水口 520 万余个，占总取水口数量超 95%。严控超载地区用水，对黄河流域地下水超采的 62 个县区暂停新增地下水取水许可。

（四）全面加强地下水监测

水利部同自然资源部实施国家地下水监测工程，其中水利系统共建成 10298 个地下水自动监测站。监测数据及其分析评价成果，已经在华北地下水超采综合治理、超采区水位变化通报、管控指标确定等工作中发挥了积极作用。

（五）严格的地下水管理监督检查考核

最严格水资源管理制度考核自 2013 年开始实施，其结果经国务院审定后对社会公布，并通过资金奖补等激励方式，充分调动了地方的积极性。为发挥考核的指挥棒作用，围绕地下水超采治理，考核将地下水超采区综合治理完成情况、水位变化排名、管控指标确定、监督检查中发现问题及整改情况等纳入其中，引起了地方政府的高度重视，取得了很好的效果。

（六）组织开展超采区地下水水位变化通报

自 2020 年起，依托水利部、自然资源部建设的地下水监测工程和部分省区监测站，对 108 个存在浅层地下水超采问题的地市、37 个存在深层地下水超采问题的地市，按照季度平均水位同比变化进行通报，并利用技术会商、监督检查等方式进行督导，已与 14 个地市人民政府开展技术会商，取得了很好的警示效果。

（七）建立地下水管控指标体系

水利部组织启动地下水管控指标确定工作，以县级行政区为单位，选取地下水取用水量、区域性地下水水位、局部重点防护地下水水位的控制指标，以及地下水取用水计量率、地下水监测井密度、灌溉用机井密度的管理指标，作为地下水管控的主要依据（见图1）。已完成对15个省份的成果技术审查，其中有13个省份的成果已经省级政府同意后实施。

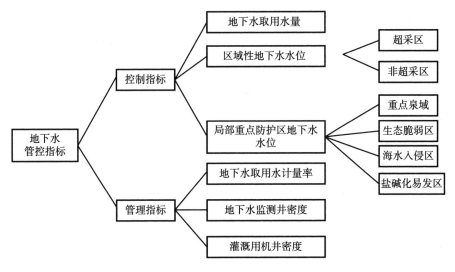

图1　地下水管控指标框架体系

（八）组织开展地下水超采治理

2014年以来，以南水北调东中线一期工程受水区为重点，我国在北京、天津、河北、山东、山西、河南等地区开展了地下水超采综合治理，实现了这些地区的城区年压减地下水超采量30亿 m^3，同时，河北、山东、山西、河南4个省份的农村地区实现了年压采能力37亿 m^3。

2019年，经国务院同意，水利部同财政部、国家发展改革委、农业农村部印发《华北地区地下水超采综合治理行动方案》，以京津冀地区为治理重点，统筹提出了地下水超采综合治理的"一减、一增"总体思路，以及"节""控""调""管"等重点举措，并实现了地下水位止跌回升。2021年

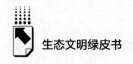

12月底，京津冀治理区浅层地下水水位较 2018 年同期总体上升 1.89m，深层承压水水位总体回升 4.65m。

三　中国地下水存在的问题及危害

根据第一次全国地下水超采区评价（2012~2015 年）结果，在全国平原区中有 21 个地区存在地下水超采问题，地下水超采区面积近 30 万 km²，每年超采地下水约 160 亿 m³。超采区主要分布在华北平原、三江平原、松嫩平原、辽河平原及辽西北地区、黄淮地区、鄂尔多斯台地、汾渭谷地、河西走廊、天山南北麓—吐哈盆地、北部湾等区域。

地下水过度开发利用导致了地下水超采问题，并引发了一系列生态环境问题。

1. 资源问题：威胁供水安全

由于长期超采地下水，一些地区地下水水位持续下降，含水层疏干，形成降落漏斗，地下水资源亏空，泉流量衰减，井水枯竭，对城乡供水安全构成威胁。

2. 生态问题：导致生态系统退化

地下水超采导致了地下水水位持续下降，改变了地表水与地下水的补排关系，引起了河湖萎缩、河道断流。西北干旱半干旱地区地下水水位下降还导致了草原退化、绿洲萎缩。

3. 环境问题：引发地面沉降和海水入侵

一是引发地质灾害。地下水超采导致的地质应力下降，是诱发地面沉降的原因之一。华北地区是我国地面沉降较为严重的区域，部分地区不同程度地出现了地裂缝，为城市基础设施、区域交通和通讯、防洪安全和农业生产带来严重安全隐患。二是引起海水入侵。沿海地区超采地下水导致海水与淡水之间的水动力平衡被破坏，海水进入淡水含水层，咸水区分布面积扩大，威胁生态安全和供水安全。我国山东省、辽宁省海水入侵最为严重，广西、海南等南方滨海省份也存在海水入侵问题。

4. 安全问题：危及粮食安全和生命安全

地下水超采后，其水位将下降，严重时将影响农作物生长，危及粮食安全。而且可能导致地质构造改变，引发地面沉降、地裂缝等地质灾害，影响建筑物安全，危及人的生命安全。尤其是沿海城市可能加速下沉，危及人类生存空间。

四　加强地下水保护和超采治理的必要性和紧迫性

习近平总书记2014年发表了"3·14"重要讲话，要求从实现长治久安的高度和以对历史负责的态度修复华北平原地下水超采问题，有序实现河湖休养生息，让河流恢复生命、流域重现生机；把华北地面沉降问题作为一个重大专项，提出可操作的实施方案，并纳入京津冀协同发展的顶层设计，开展地下水超采漏斗综合治理。

2021年通过的《中华人民共和国国民经济和社会发展第十四个五年规划和2035年远景目标纲要》指出，要加快华北地区及其他重点区域的地下水超采综合治理。2021年中央一号文件《中共中央 国务院关于全面推进乡村振兴加快农业农村现代化的意见》明确提出推进重点区域地下水保护与超采治理。

2022年，党的二十大报告强调建立人与自然和谐共生的中国式现代化，并指出要站在人与自然和谐共生的高度谋划发展，坚持山水林田湖草沙一体化保护和系统治理，统筹水资源、水环境、水生态治理，推进各类资源节约集约利用等，这些都是地下水保护与管理工作的直接要求。

（一）进入新发展阶段，需要进一步提高地下水安全保障水平

新发展阶段是我国开启全面建设社会主义现代化国家新征程、向第二个百年奋斗目标迈进的新阶段。地下水作为经济社会发展不可缺少的战略资源，必须从资源安全、生态安全、经济安全、粮食安全的角度，重新审视其资源和生态功能，以问题为导向，把握供给与需求、近期与远期、地表与地

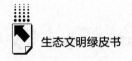
下的关系，明晰地下水管理的难点、治理的要点、保护的重点，把有限的地下水资源节约好、保护好、配置好、利用好，切实提高地下水安全保障水平。

（二）贯彻新发展理念，需要切实加强地下水保护

贯彻以人民为中心的发展思想和创新、协调、绿色、开发、共享的新发展理念，保障生活用水、基本生态用水和合理生产用水需求。地下水管理要发挥水资源的刚性约束作用，划定地下水开发利用的上限，守住地下水保护的底线，推动经济社会以水定需、量水而行。特别是在地下水超采区，要将经济活动严格限定在水资源的承载能力范围以内，让经济社会向更为节水、更为环保、更为安全、更可持续的方向发展。要因地制宜、多措并举退减超采的地下水，抑制不合理用水需求，强化问题治理，切实扭转地下水水位下降趋势，促进区域生态环境向好发展。要不断增强地下水管理领域的忧患意识，坚持底线思维，有效化解地下水管理领域的各种风险。

（三）构建新发展格局，需要加快地下水超采治理步伐

构建新发展格局关键在于经济循环的畅通无阻。水资源是经济发展不可或缺的要素。目前，全国地下水超采问题依然十分严峻，华北地区、黄淮地区、汾渭谷地、河西走廊、鄂尔多斯台地等地区的超采问题的治理仍任重道远，地下水水位持续下降的趋势还未得到根本遏制。从长期趋势判断，我国水资源消耗总量将处于微增长状态，全面建设社会主义现代化国家的进程将始终伴随着水资源短缺的重大制约和地下水超采的严峻挑战。如果继续通过超采地下水来满足水资源需求，其引发的水生态损害问题以及战略储备资源的损耗，将成为国家资源安全、生态安全、经济安全、粮食安全的重大隐患。因此，要深入贯彻落实习近平生态文明思想，把地下水超采治理作为生态文明建设的重要工作任务，综合运用节约用水、生态补水、水源置换、结构调整等措施，加快解决地下水过度开发利用问题，还水于河、藏水于地。

五　加强地下水管理的主要措施

地下水管理工作要认真贯彻"节水优先、空间均衡、系统治理、两手发力"的治水思路，加快建立水资源刚性约束制度，以水定需、量水而行，通过研究确定地下水开采总量和地下水水位管控指标，明确地下水管理目标；通过监测计量、水位通报、检查考核等措施，强化地下水取用水监管；通过节约用水、结构调整、水源置换、生态补水等综合措施，促进地下水超采治理。

（一）明确地下水管理目标

1.建立地下水管控指标体系

《中华人民共和国水法》《中华人民共和国水污染防治法》《地下水管理条例》和最严格水资源管理制度对地下水水位、水量"双控"管理提出明确要求。地下水管控指标是地下水管理的主要依据，也是水资源刚性约束的重要内容。应继续推动各省（区、市）尽快批复实施地下水管控指标。并在此基础上，建立全国地下水管控指标体系，落实监管责任和措施，实施严格的地下水刚性约束管理。

2.划定超采区和禁限采区

组织全国各省（区、市）开展新一轮地下水超采区划定工作，并结合最新的水资源量和地下水监测成果，核定地下水超采区和超采量。在此基础上，推动各省（区、市）划定地下水禁采区、限采区，严格管理地下水禁采、限采。以适当方式公布地下水超采区和禁采区、限采区的划定范围，动员社会力量对超采问题及其管理进行监督。建立动态评价机制，开展超采区动态评价，及时掌握超采区变化及其治理情况，为精准治理提供科学依据。

（二）强化地下水取用水监督管理

1.扎实推进地下水取用水问题整改

结合全国取用水管理专项整治行动及其"回头看"工作，推动各省

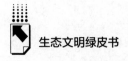

（区、市）对专项整治工作中发现的问题进行整改，强化地下水取水口管理和监测计量，进一步提升地下水开发利用的管控能力。

2.突出抓好地下水监测计量

监测计量是地下水监管的"耳目"和"尖兵"，应全面加强我国地下水监测计量能力。督促指导地方政府进一步摸清地下水资源状况、可开采量、取用水情况及分行业开发利用情况，完善地下水资源、机井、取用水等台账。充分利用国家地下水监测工程和国家水资源管理信息系统，推进监测计量能力建设。强化取水计量监控，推动年许可水量 20 万 m^3 以上的机井实现在线计量、年取水量 2 万 m^3 以上的机井及深井全部安装计量设施、年取水量 2 万 m^3 以下及管径 20cm 以上的机井通过"以电折水"确定地下水量。

3.持续做好地下水水位变化通报

建立超采区地下水水位变化通报机制是落实以水位管控为核心的地下管理思路、强化地下水监管、压实主体责任、促进超采治理的创新性举措。持续跟踪通报影响和成效，完善通报内容和技术方案，及时启动技术会商、监督检查、工作约谈等后续督导工作，并适时向社会公开通报，推动各有关地区的人民政府落实超采治理的主体责任。

（三）全面推进地下水超采治理

1.深化华北地区地下水超采综合治理

2013 年以来，南水北调东中线一期工程取得明显进展，实践证明，华北地区地下水超采治理"一减、一增"的工作思路是可行的。下一步，拟在巩固受水区城区压采成果的基础上，聚焦水位改善回升，聚焦解决局部超采问题，聚焦解决深层超采问题，在水位回升和超采面积减少上加大工作力度。加强工作协同配合，统筹多水源，实施好京津冀三省市河湖生态补水工作，并尽可能多补水，努力完成"一增"任务；继续抓好区域节水、水源置换、种植结构调整等措施，按期实现压采目标，力争完成"一减"任务。

2.协调推进其他重点区域地下水超采治理

借鉴华北地区地下水超采治理经验，组织编制三江平原、松嫩平原、辽河平原、黄淮地区、鄂尔多斯台地、河西走廊、汾渭谷地、天山南北麓—吐哈盆地、北部湾地区等 10 个重点区域的地下水超采治理方案，因地制宜、分类施策，进一步明确地下水超采治理的阶段目标、重点任务、保障措施等，推动实现地下水采补平衡。

（四）抓好地下水管理的基础保障

1. 完善法律法规标准体系

贯彻落实《地下水管理条例》，编制地下水开发利用监督管理办法等配套政策制度，强化地下水开发、利用、节约、保护的全方位监管。制定出台河湖地下水回补技术规程、地下水管控指标确定技术导则等。总结和梳理地下水管理工作需求，逐步完善地下水监管制度与标准体系，实现对地下水的规范化管理。

2. 充分利用经济杠杆调节手段

水利部会同有关部门先后印发了《关于水资源费征收标准有关问题的通知》《关于水资源有偿使用制度改革的意见》，明确要求地下水资源费征收标准高于地表水，超采地区水资源费征收标准高于非超采地区，超采地区和严重超采地区取用地下水的水资源费征收标准按照非超采地区标准的 2~5 倍确定。2016 年以来，河北、北京、天津等 10 个地区开展了水资源税改革试点，地下水平均税额是地表水的 3 倍，一般超采地区、严重超采地区地下水平均税额标准分别为非超采地区的 1.9 倍、3.2 倍。2022 年，水利部、国家发展改革委、财政部联合印发了《关于推进用水权改革的指导意见》，对当前和近期（2025 年）、远期（2035 年）的用水权改革工作作出安排和部署，要求加快水权初始分配，推进用水权市场化交易，健全完善水权交易平台，加强用水权交易监管。此外，将会同有关部门严格执行地下水资源费（税）标准，逐步扩大水资源税改革范围，完善费税标准的动态调整机制，充分利用经济杠杆倒逼超采地区减少地下水取用量，不断提升地下水开发利用管控水平。

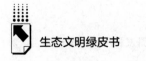
3.严格地下水管理监督检查考核

监督检查考核是发现问题、修正方向、落实地下水管理责任的关键抓手。下一步，应加强地下水超采治理动态跟踪，及时掌握治理任务落实情况。督促地方逐级形成地下水问题清单，分析深层次原因，明确解决问题的时间表、路线图，督促问题整改到位。

4.提高地下水管理的智慧化水平

结合智慧水利建设等，整合扩展水资源管理与调配业务应用，不断改进水资源管理信息系统，形成地下水监管"一张图"，提高地下水保护管理工作的数字化、网络化、智能化水平。

参考文献

［1］中华人民共和国水利部：《中国水资源公报》（2021年度），2022年6月，http：//www.mwr.gov.cn/sj/tjgb/szygb/202206/t20220615_1579315.html。

［2］习近平：《高举中国特色社会主义伟大旗帜 为全面建设社会主义现代化国家而团结奋斗——在中国共产党第二十次全国代表大会上的报告》，《中华人民共和国国务院公报》2022年第30期。

［3］杨得瑞、杜丙照、黄利群等：《加强地下水管理，促进高质量发展》，《中国水利》2021年第7期。

［4］李原园、于丽丽、丁跃元：《地下水管控指标确定思路与技术路径探讨》，《中国水利》2021年第7期。

［5］杨得瑞：《贯彻落实〈地下水管理条例〉，奋力开创地下水管理新局面》，《中国水利》2021年第23期。

［6］吕彩霞、马超：《加快建立水资源刚性约束制度，推动新阶段水利高质量发展——访水利部水资源管理司司长杨得瑞》，《中国水利》2021年第24期。

G.4
生态文明建设的立法布局与展望

齐婉婉*

摘　要：　我国的生态文明法治是随着生态文明思想的不断发展而逐渐深入的。党的十八大以来，我国已形成了以宪法中有关环境保护的规定为统领，以《中华人民共和国环境保护法》这一环境基本法为核心，以污染防治、生态保护、资源保护等领域的单行环境法律为主体，以其他相关立法关于环境保护的规定为补充的较为完备的法律体系。未来我国宜以环境法治理念深化污染防治法律体系建设，深入推进环境污染防治；以社会法治理念推动生态保护法律持续发展，提升生态系统多样性、稳定性和持续性；以经济法治理念加大自然资源法律建设力度，加快发展方式绿色转型，并积极稳妥推进碳达峰碳中和等的生态文明立法建设。

关键词：　生态文明思想　生态文明法治　碳达峰　碳中和

党的十八大以来，我国生态文明建设取得了显著成效，国家积极稳妥地推进生态文明相关立法、执法与司法等各项工作的开展，促进形成全民共建共享共治的生态文明法治体系，日益完善的生态文明法治保障体系正逐步形成。党的二十大高屋建瓴，既对生态文明建设提出要求，也为生态文明法治的完善提供了指引。

---

* 齐婉婉，法学博士，南京林业大学讲师，主要研究方向为环境与资源保护法。

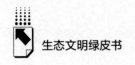
一 生态文明思想指导下的生态文明法治的发展

生态一词最早源于环境科学家对环境生态学的阐述，我国宪法将生态环境与生活环境相对，① 从而明确了生态环境的范围。《中国大百科全书》对文明的定义包括狭义和广义两个维度，狭义的文明仅指精神文明，广义的文明既包括精神文明，还包括物质文明。我国最初有关生态文明的理念是在借鉴环境科学关于生态文明定义的基础上形成的，而生态文明法治则是随着生态文明思想的不断发展而逐渐深入的。2005 年，习总书记提出"绿水青山就是金山银山"，有力地推进了我国生态文明理念的发展和生态文明建设的实践。2012 年，党的十八大使得生态文明建设的战略地位愈发凸显。2015 年通过的《生态文明体制改革总体方案》，对生态文明体制改革进行了系统阐述，标志着生态文明思想由理念向实践发展迈出了重要的一步。

2018 年，生态文明被纳入《中华人民共和国宪法》，生态文明的宪法依据由此形成。② 在此基础上，2021 年，习近平生态文明思想得到系统阐述，为指导生态文明建设和生态环境保护取得历史性成就、发生历史性变革提供了有力的支撑，同时，也有力地指导我国生态文明法治建设不断向纵深推进。党的二十大报告对生态文明建设提出了更高的要求，并进一步提出推动绿色发展等发展理念。③ 未来我国将以这些生态文明理念为指引，进一步推进生态文明法治的发展。

---

① 《中华人民共和国宪法》第二十六条："国家保护和改善生活环境的生态环境，防止污染和其他公害。"

② 《中华人民共和国宪法修正案》序言第七段一处："推动物质文明、政治文明、精神文明、社会文明、生态文明协调发展，把我国建设成为富强民主文明和谐美丽的社会主义现代化强国，实现中华民族伟大复兴。"

③ 中国政府网：《习近平提出，推动绿色发展，促进人与自然和谐共生》，http：//www. gov. cn/xinwen/2022-10/16/content_ 5718825. htm，2022 年 10 月 16 日。

二　生态文明建设的立法布局

党的十八大以来，我国积极加强制定和完善生态环境保护的相关立法，生态环境立法实现了从量到质的全面提升，务实管用、严格严密的生态环境保护法律法规体系已基本形成。① 这为生态环境保护工作提供了重要的法制基础。目前我国已形成以宪法中有关环境保护的规定为统领，以《中华人民共和国环境保护法》（以下简称《环境保护法》）这一环境基本法为核心，以污染防治、生态保护、资源保护等领域的单行环境法律为主体，以其他相关立法关于环境保护的规定为补充的比较完备的法律体系，其内容涉及土壤、森林、江河、固废、湿地等环境要素。同时，相关领域的立法也呈现显著的"生态化"特征，这在《民法典》的绿色原则以及相关章节有关生态环境保护的规定、行政法和刑法对生态环境保护的回应、诉讼法对环境公益诉讼和生态环境损害赔偿诉讼等内容中都有体现。

（一）环境基本法的制定与完善

2014 年，我国全面修改了生态环境领域基础性、综合性法律——《环境保护法》，明晰了协调发展以及污染者负担等基本原则的内涵，明确了协调发展原则是环境保护优先的协调发展原则，改变了以往对于协调发展原则是经济优先的环境与经济协调发展的误解。同时更加注重对生态破坏者责任的追究，为环境保护具体法律制度的完善提供了更加明确的依据，有力地推动了相应的环境保护实践。此外，《环境保护法》通过规定较为严格的环境责任制度，确立了按日连续罚款等处罚规则，加大了环境违法的惩治力度。通过完善信息公开和公众参与制度，增加了公众参与环境保护的途径，提高了公众参与的积极性。《环境保护法》还通过引入公益诉讼

---

① 人民网：《生态环境部：十年来我国生态环境法治建设取得全方位、开创性、历史性成就》，http://finance.people.com.cn/n1/2022/0928/c1004 - 32536060.html，2022 年 10 月 11 日。

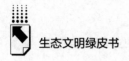

制度，加大了对环境违法行为的监督力度，更好地发挥了公众在环境保护和环境治理中的作用。以《环境保护法》为依托，我国生态环境法律体系得到重构。

但不可否认的是，现行的《环境保护法》仍存在法律位阶过低，环境污染防治、自然生态保护以及自然资源保护的规定体例有待完善，环境权利救济路径可实施性较差等问题。因此，我国具有更高法律位阶的统筹性法律——环境法典的编纂工作正在紧锣密鼓地进行。在已经完成的相关草案中，污染防治编、自然资源保护编、绿色低碳发展编的体例构成，既清晰完整地囊括了环境保护的各个方面，又有效地整合了现有的各项环境保护法律。环境法典是目前我国在完善环境保护基本法领域进行的有益探索。

（二）环境保护单项法律的制定与完善

除了环境基本法的制定和完善，目前我国已经形成了一套相对全面的环境保护单项法律体系，包括大气、水、土壤、固废、噪声、放射性等一批污染防治领域的专门法律，以及湿地保护、生物安全等生态要素方面的法律。

在污染防治类单项法律领域，党的十八大以来，面对环境污染的严峻紧迫形势，党中央、国务院坚决向污染宣战，先后颁布实施大气、水、土壤污染防治行动计划，先后制定和修改了《土壤污染防治法》《固体废物污染环境防治法》《大气污染防治法》《噪声污染防治法》等 13 部法律和 17 部行政法规，提出了坚决打好污染防治攻坚战的决策部署，极大地推动了我国环境污染防治法治工作的开展，污染治理成效不断显现，环境质量明显改善。

在自然保护类单项法律领域，我国在农用地保护、湿地保护、流域保护等物种栖息地保护上取得了突破性进展，相继制定了《长江保护法》《黑土地保护法》《黄河保护法》等法律。2020 年 12 月 26 日，《长江保护法》通过，由此，我国第一部流域法律应运而生。2022 年 10 月 30 日，《黄河保护法》颁布，并将从 2023 年 4 月 1 日起施行。《黄河保护法》对于黄河流域相较于其他流域的突出问题针对性地提出了改进方案，在强化水资源刚性约束、强化生态保护与修复、强化文化保护传承等方面新增一系列规定。黄河流域是中华文化的摇篮，黄河流域蕴含着丰富的文化遗产，《黄河流域法》对黄河流域的文化遗产的保护①与传承②也提出了相应的要求。在生物多样性保护等物种保护方面，我国积极推动《青藏高原生态保护法》等相关立法，全面提升绿水青山的"生态颜值"。

在自然资源类单项法律领域，2016 年颁布的《国务院关于全民所有自然资源资产有偿使用制度改革的指导意见》对自然资源资产的所有权和使用权分离提出要求。2019 年颁布的《关于统筹推进自然资源资产产权制度改革的指导意见》提出健全自然保护地内自然资源资产特许经营权等，对我国自然资源资产产权制度改革具有推动作用。2019 年颁布的《自然资源统一确权登记暂行办法》是对我国自然资源所有权和自然生态空间统一确权登记的指导文件。此外，我国在森林资源的开发与养护、湿地资源的保护等方面也取得了深远的发展，先后制定和完善了《森林法》《湿地保护法》等自然资源类法律，为妥善处理生态文明建设过程中经济利益与环境利益的关系提供了法律依据。

（三）其他生态文明建设的相关立法

在有关环境保护的刑事立法方面，2011 年《中华人民共和国刑法修正案（八）》将原有的重大环境污染事故罪修改为污染环境罪。2020 年 12 月，《中华人民共和国刑法修正案（十一）》第 24 条再次增设适用"处七年以上有期徒刑"的 4 种情形。刑法在规范行为人环境利用行为，保障环境保护工作等方面都发挥了重要作用。2021 年正式实施的《民法典》中有关绿色原则的规定为民事活动的环境保护义务提供了法律依据，并作为基本原则贯穿于民事活动的方方面面。此外，《民法典》还将环境污染和生态破坏责任纳入其中，生态环境损害赔偿责任制度由此正式确立。

---

① 参见《黄河保护法》第九十三条。
② 参见《黄河保护法》第九十四条。

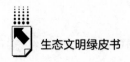

此外，在党内法规建设方面，我国注重通过立法压实党委政府责任。党的十八大以来，我国制定并实施中央生态环境保护督察、党政领导干部生态环境损害责任追究等专项党内法规，强化中央对地方党委、政府生态环境保护工作的督察问责，推动落实生态环境保护"党政同责、一岗双责"。

三　生态文明建设的立法展望

党的二十大报告对生态文明建设提出进一步要求，其中有关生态文明理念的阐述也将为未来我国的生态文明立法提供方向性的指引。未来我国宜以环境法治理念深化污染防治法律体系建设，深入推进环境污染防治；以社会法治理念推动生态保护法律持续发展，提升生态系统多样性、稳定性、持续性；以经济法治理念加大自然资源法律建设力度，加快发展方式绿色转型，并积极稳妥推进碳达峰碳中和等的生态文明立法建设。

（一）以环境法治理念深化污染防治法律体系建设

在污染防治法律体系建设方面，要进一步深入推进环境污染防治。党的二十大报告指出我国正在探索实现人与自然协调发展的中国式现代化，并提出基本消除重污染天气等目标。随着社会经济的发展，我国城市机动车数量显著增加，城市机动车污染等移动污染源对城市大气污染的贡献率持续增大，提高城市机动车污染规范治理能力的重要性日益受到关注。对于城市机动车污染治理的现代化，应从健全新能源汽车激励制度、细化机动车召回制度以及加强机动车淘汰制度建设等方面对城市机动车进行规范治理，探索实现城市机动车全过程治理的规范化。对于机动车燃油的现代化治理，应从优化机动车燃油标准体系、强化机动车燃油技术升级制度建设及完善机动车燃油监测制度等方面进行制度设计。此外，通过完善城市总体规划体系、加强城市相关基础设施建设以及健全城市机动车道路规划和建设制度，进一步促进城市机动车道路法律制度的发展，以统筹车、油、路等要素促进我国城市机动车排气污染防治的现代化治理。在生活垃圾分类制度的立法方面，在污染者负担原则与公众参与原则的共同作用下，生活垃圾分类制度中的居民可同时具备"污染者"与"公众"的身份特征。污染者负担原则通常以义务作为本位，而公众参与原则则以权利作为本位，因此，生活垃圾分类制度具有权利与义务的双重属性。现有生活垃圾分类制度在这种复杂的双重属性中陷入了强制居民履行义务却忽略其权利行使的困境。因此，应当明确生活垃圾分类制度中权利和义务的边界，明确多元主体在生活垃圾分类制度中的多元功能。

（二）以社会法治理念推动生态保护法律持续发展

在生态保护法律持续发展方面，要进一步提升生态系统的多样性、稳定性和持续性，明确社会法治理念在推动生态保护法律持续发展中的作用。通过推进以国家公园为主体的自然保护地体系建设等方面的立法，加快重要生态系统保护和修复重大工程的实施。我国国家公园以保护功能优先，兼顾公众科研、教育以及游憩等多元功能，将过去利用和保护作为对立价值进行环境立法的做法逐渐向两种价值相互融合的方向转变。因此，以国家公园为主体的自然保护地体系的立法建设，应采取以保护优先并兼顾开发为立法理念的综合法规范模式。政府规制行为在自然保护地建设实践中发挥着不可或缺的作用。各类自然保护地的功能定位不同，在实践中政府的规制行为也存在差异，立法中对政府规制行为的定性不明导致其存在滥用的风险。因此，在推进以国家公园为主体的自然保护地体系的立法工作时，应根据不同类型自然保护地的环境保护需求，引入协调发展原则及比例原则理论对政府类型化规制行为进行法理分析，并以政府规制行为类型化分析为基础，进一步探索自然保护地政府规制行为类型化的规范构造。

在生态补偿制度方面，在生态保护过程中，虽然付出生态保护成本或发展机会成本的行为使得生态服务价值得以增加，但是并没有直接特定的受益者，因此，受全体公民委托负有保护环境义务的政府应作为生态保护补偿的受益主体，对因增加生态环境利益而付出生态保护成本或发展机会成本的主体给予补偿。此外，政府作为抽象的自然资源所有者代表而发挥的作用属于现行资源税费制度已经认可的政府职责，政府在生态环境污染治理中承担的义务也已经通过排污费制度予以涵盖，生态保护补偿制度的调整范围仅包括因保护环境等增加生态环境利益的活动而付出生态保护成本或发展机会成本的行为。因此，生态保护补偿制度的补偿主体既不包括开发利用资源而需要对国家缴纳资源税费的私主体，也不包括因环境污染的治理行为而需要对国家进行缴纳排污费的私主体。综上，政府在建立生态保护补偿制度中的职能属于其履行生态保护补偿主体义务的范畴。在完善生态补偿制度的立法方面，应注重明确政府在生态保护补偿制度中的补偿主体地位，明晰作为补偿主体的政府以及作为受偿主体的公众的权利和义务，以便为生态补偿制度实践提供较为可行的法律支撑。

（三）以经济法治理念加大自然资源法律建设力度

党的二十大报告指出，高质量发展是全面建设社会主义现代化国家的首要任务。在自然资源法律建设方面，宜以经济法治理念加大自然资源法律建设力度。对此，党的二十大报告提出了两点要求，即加快发展方式绿色转型以及积极稳妥推进碳达峰碳中和、参与应对气候变化全球治理。①

首先，在加快发展方式绿色转型方面，应推进各类资源节约集约利用，发展绿色低碳产业，倡导绿色消费，推动形成绿色低碳的生产方式和生活方式。科学界定各类资源的属性，通过制定地方性法规或地方政府规章完善各类资源管理体制，明确各类资源管理机构的职能与职责，明确中央和地方在各类资源管理中的职能分工。作为重要的生态组成部分，自然资源的权属明确、确权登记以及统一的自然资源资产产权管理是发展方式绿色转型的前提。因此，对于我国全民所有的自然资源，应积极探索全民所有自然资源资产所有权改革，持续稳妥地推进全民所有自然资源资产所有权委托代理机

---

① 中国政府网：《习近平提出，推动绿色发展，促进人与自然和谐共生》，http://www.gov.cn/xinwen/2022-10/16/content_5718825.htm.http://www.news.cn/2022-06/04/c_1128713010.htm，2022年10月18日。

制，以便更好地行使国家对自然资源的全民所有权。① 此外，对于自然资源的使用方式，可以在国家主导下探索特许经营等多元方式，如对于某些自然资源，可通过探索引入 BOO 模式等不移交所有权特许经营方式，广泛吸纳社会资金，减轻自然资源管理体制建设中自然资源补充资金投入的压力，弥补市场机制参与资源配置的缺陷和不足，从而提高生态环境保护水平。自然资源特许经营使得自然资源的管理权与经营权实现了分离，自然资源管理机构能够将其精力更多地置于自然资源相关行政事宜和自然资源的管理之上，更加高效地行使其对自然资源的行政管理权以及其作为自然资源所有者的代表者而对自然资源拥有的资源管理权。被特许人是经自然资源管理机构通过招标投标等竞争手段，公开选拔出的最优主体，相比于自然资源管理机构，其在经营能力、经营经验等方面具有专业性较强的优势，可以更有效地掌握市场动向、应对市场变化及利用市场资源行使自然资源经营权，为公众提供更加优质的商品和服务。

其次，要积极稳妥推进碳达峰碳中和，参与应对气候变化全球治理。在碳达峰碳中和等方面的立法，应注重明确碳达峰碳中和法律制度的规制目标，碳达峰碳中和法律制度的内容应当包括规划制度、温室气体排放控制制度、温室气体库管理制度、低碳发展促进制度和碳汇制度。碳达峰碳中和法律制度的构建应当从相关法律规范的"低碳化"改造、《气候变化应对法》的适时制定两个方面展开，积极参与应对气候变化全球治理。近年来，中国的生态文明建设取得显著成效，中国在不断践行着自己的环境保护承诺，中国也在用实际行动向世界发出呼吁，进一步推进人类命运共同体理念背景下的国际合作。② 气候变化效果难以预测，仅依靠公共资金不能完全满足需要；加之私人资金主要来自发达国家国内的大型企业和机构投资者，其既有从事气候相关行业经济活动的实践经验，对拟资助的发展中国家相关项目的

---

① 参见《中华人民共和国民法典》（2020 年）第二百四十九条、第二百五十条、第二百五十四条。

② 新华网：《中国这十年 十年踪迹十年心：生态环境保护的中国行动》，http://www.news.cn/2022-06/04/c_ 1128713010.htm，2022 年 6 月 4 日。

运行风险、可行性、预期回报等较为了解，又具有相对充足的流动资金。因此私人资金参与资助发展中国家势在必行。那么既然要扩大私人投资参与的规模、弥补公共资金数量的不足，就必须赋予私人资金在公约体系下一定的法律地位，这是未来必须面对的挑战。气候变化基金在发展中国家内部如何分配一直是人们关注的焦点，确定气候变化基金使用的优先领域，是气候变化基金切实可行的一个重要前提。首先，应解决减缓和适应实施能力问题，建设相应国家机构等，从而使资金接受国可以高效地接收并且运用资金。其次，应当确定气候变化基金合适的接受者。明确发展中国家缔约方中合适的资金接受者，并合理分配气候变化基金，将各国连接为一个气候利益共同体。

党的十八大以来，我国生态文明法治建设取得了显著成效。展望以后的生态文明建设，我国宜把握法治建设这一关键领域，运用法治手段推动生态文明建设，以人与自然和谐共生的中国式现代化全面推进中华民族伟大复兴。

参考文献

［1］王灿发、程多威：《新〈环境保护法〉下环境公益诉讼面临的困境及其破解》，《法律适用》2014 年第 8 期。

［2］蔡守秋、张翔、秦天宝等：《公法视阈下环境法典编纂笔谈》，《法学评论》2022 年第 3 期。

［3］吕忠梅：《环境法典编纂方法论：可持续发展价值目标及其实现》，《政法论坛》2022 年第 2 期。

［4］琪若娜：《生活垃圾分类制度的双重属性困境与出路》，《干旱区资源与环境》2021 年第 5 期。

［5］吕忠梅：《〈长江保护法〉适用的基础性问题》，《环境保护》2021 年第 Z1 期。

［6］陈虹：《"保护法"与"开发法"的共生相融：彰显〈长江保护法〉的绿色发展之维》，《环境保护》2021 年第 Z1 期。

［7］齐婉婉、柯坚：《自然保护地政府规制行为的规范化——以类型化分析为进路》，《旅游科学》2021 年第 5 期。

［8］齐婉婉、柯坚：《论政府在生态保护补偿制度中职能的法律属性》，《广西社会科学》2021 年第 6 期。

［9］徐以祥、刘继琛：《论碳达峰碳中和的法律制度构建》，《中国地质大学学报》（社会科学版）2022 年第 3 期。

［10］秦天宝：《"双碳"目标下我国涉外气候变化诉讼的发展动因与应对之策》，《中国应用法学》2022 年第 4 期。

［11］邓树刚、何斌：《绿色气候基金：〈联合国气候变化框架公约〉资金机制的新发展》，《云南大学学报》（法学版）2013 年第 6 期。

［12］齐婉婉：《绿色气候基金法律问题研究》，《学理论》2018 年第 4 期。

G.5
基于生态文明视角的农林高质量发展

刘同山　陈晓萱*

摘　要： 进入新时期，农林高质量发展成为实现经济转型发展的重要途径。党的十八大以来，生态文明建设的持续深入推进赋予了农林高质量发展新的内涵特征与优势条件。在一系列以生态为导向的政策部署之下，农林高质量发展取得了显著成效，同时在农业面源污染、农田灌溉、森林资源发展与经营、林业碳汇、林业转型发展等方面仍面临一些挑战。实现生态文明导向下的农林高质量发展，需要着力推动农业减量化、完善农田基础设施建设、提升森林经营能力、加强林业碳汇体系建设。

关键词： 农林高质量发展　生态文明　农业减量化　林业产业转型

一　生态文明视角下农林高质量发展的内涵

（一）生态文明视角下农林高质量发展的内涵特征

自党的十八大将生态文明建设纳入中国特色社会主义事业"五位一体"总体布局以来，我国经济发展方式开始向可持续发展方向转变。自党的十九大报告指出"我国经济已由高速增长阶段转向高质量发展阶段"之后，生

---

* 刘同山，管理学博士，南京林业大学教授、博士生导师，南京林业大学城乡高质量发展研究中心主任、农村政策研究中心研究员，主要研究方向为农村土地制度、城乡绿色发展；陈晓萱，南京林业大学在读博士研究生，主要研究方向为农村土地制度、农业转型发展。

态文明建设的战略地位更加突出。之后，党的二十大报告又进一步提出"必须牢固树立和践行绿水青山就是金山银山的理念，站在人与自然和谐共生的高度谋划发展"，以持续推动生态文明建设。农林作为关系国计民生的基础产业，也是最接近生态的产业，不仅可以为人类提供必需的物质产品和生态产品，而且还关系到生态文明的发展传承，然而，农林发展模式还未实现真正转变，以生态文明理念继续引领农林高质量发展是中国实现转型发展的现实需要，因此，农林成为生态文明建设的重要载体。除认识到农林在生态文明建设中的重要性以外，要想推动生态文明建设的进程，还需要准确把握生态文明导向下农林高质量发展的内涵特征。

生态文明导向下实现农林高质量发展需要从生产布局、生产方式、产业发展、产品供给等多个角度进行阐释。第一，农林生产空间布局的优化是实现农林高质量发展的前提，需要以农业生态环境承载力为依据调整和优化农林业主体功能布局。总体上应当按照"宜农则农、宜牧则牧、宜渔则渔、宜林则林"的原则，构建科学合理专业化的生产格局。例如以永久性基本农田建设为基础建立粮食生产功能区和重要农产品生产保护区，保障粮食和重要农产品供给，选择产业基础较好的地区建立特色农产品优势区，加强绿色农产品供给能力。第二，农林业生产方式的转变关乎产业的可持续发展，必须转变过去要素驱动的经济增长方式，减少生态破坏，提高农林资源利用的效率。农林业在资源利用过程中，要依靠科技创新能力，通过研发优质品种，应用节水灌溉、测土配方施肥、深耕深松、秸秆还田等技术，推广科学种养模式，提升林木最优轮伐期的精确性等一系列措施，最大限度地实现资源的最佳配置，提升可持续发展能力。第三，农林产业发展模式绿色化为实现生态文明导向下农林高质量发展提供了强大动力，应当注重将数字化、智能化、绿色化的技术创新嵌入农林产品的生产、加工、流通等多个环节，并且着力促进农村三产融合，扩大如乡村旅游、森林康养等绿色产业的发展规模，以带动全产业链发展方式的绿色化。第四，提升绿色产品供给能力是推动农林高质量发展的重要途径，要顺应当下消费者日益增长的农产品质

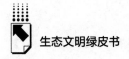
量需求，增加无公害、绿色、有机等优质农产品供给，促进农产品供给由"量"向"质"转变。

（二）生态文明导向下农林高质量发展的优势条件

近年来，在农业供给侧结构性改革的推进下，农林转型发展需要的制度保障、技术支撑以及市场需求都得到了完善与扩大，为实现生态文明导向下的农林高质量发展创造了有利条件。

首先，农林转型发展的政策环境不断优化。党的十八大以来，习近平总书记多次强调要坚持质量兴农、绿色兴农，农业政策要从增产导向转向提质导向；要健全以绿色生态为导向的农业政策支持体系，建立绿色低碳循环的农业产业体系，加快构建科学适度有序的农业空间布局体系，切实改变农业过度依赖资源消耗的发展模式；将农业绿色发展摆在重要位置，为实现生态文明导向下农林高质量发展提供行动指南。此后，中共中央、国务院以及相关部门就防止农林业粗放发展破坏生态环境和提高农林业在生态文明建设中的独特作用作出大量政策安排，为农林转型发展提供了坚实的制度保障。

其次，农林科技装备水平提高。农林科技装备是转变农林生产方式、提高农林发展质量的重要基础。在习近平总书记提出要把发展农业科技放在更加突出的位置，大力推进农业机械化、智能化建设，给农业现代化插上科技的翅膀以后，我国不断加大现代种业、林木育种、大中型农机具研发、森林生态系统价值评估等的投入力度，加快推进农业科技创新联盟、林业科技创新工程建设，促进农林科技成果转化应用，农林物质技术装备水平快速提升。2021年，我国农业科技进步贡献率超过61%，农作物耕种收综合机械化率超过72%；① 2018年，林业科技进步贡献率超过53%。随着"藏粮于

---

① 《国家发改委：2021年农业科技进步贡献率达61%》，央视新闻网，http：//content - static. cctvnews. cctv. com/snow-book/index. html？item_ id = 5873308173559105123，2022年9月28日。

技"战略不断推进，到 2025 年，我国农业科技进步贡献率将达到 64%，[①]
林业科技进步贡献率将达到 60%，科技成果转化率将达到 70%，[②] 并基本建
成林草科技创新体系，为实现农林高质量发展提供有力支撑。

最后，产品消费市场需求提升。随着城乡居民收入水平的提高，居民消
费能力提升，消费结构也得到了优化。居民对绿色、生态、优质农产品及生
态性服务的需求日益增加，多样化、个性化、高端化的消费方式逐渐兴起，
为绿色农产品、生态产品、高端木制林产品等相关产业发展创造了巨大的市
场空间。而且，与"一带一路"沿线主要国家的深入合作，也拓展了农林
产品的国外消费市场。国内外绿色产品消费市场的扩大为农林高质量发展与
生态文明建设实现耦合带来了强大的内生动力。

二 生态导向的农林高质量发展政策安排

在生态文明建设的持续推动下，农林业发展面临新的机遇与挑战，相关
的政策需要作出调整与完善，保证农林业发展与生态文明建设并行不悖。正
如习近平总书记所说，"在认识世界和改造世界的过程中，旧的问题解决
了，新的问题又会产生，制度总是需要不断完善"。[③] 根据生态文明建设的
总体要求，中央在促进农林高质量发展的过程中完善了相应的政策设计。下
文分别从农业和林业两个方面进行具体阐述。

（一）生态导向的农业高质量发展政策安排

有关生态文明导向下农业高质量发展的政策主要体现在污染防治、基础
设施建设和生产技术应用三方面。

---

① 《"十四五"全国农业机械化发展规划》，农业农村部网站，http：//www.moa.gov.cn/
govpublic/KJJYS/202112/t20211229_6385942.htm，2022 年 1 月 6 日。

② 《国家林业和草原局：到 2025 年科技进步贡献率提高 7 个百分点》，新华社网站，https：//
baijiahao.baidu.com/s？id=1645792456512338164&wfr=spider&for=pc，2019 年 9 月 27 日。

③ 习近平：《关于〈中共中央关于全面深化改革若干重大问题的决定〉的说明》，中央政府门
户网站，http：//www.gov.cn/ldhd/2013-11/15/content_2528186.htm，2013 年 11 月 15 日。

一是重视农业面源污染治理。农业资源环境是农业生产的物质基础，然而我国农业资源环境遭受着外源性污染和内源性污染的双重压力，制约了农业健康的发展。因此，加强农业面源污染治理，成为促进农业资源永续利用、改善农业生态环境的内在要求。为了打好农业面源污染防治攻坚战，中央进行了一系列政策部署。2013年中央一号文件提出，"强化农业生产过程环境监测，严格农业投入品生产经营使用管理，积极开展农业面源污染和畜禽养殖污染防治"。2014年中央一号文件提出了农业面源污染防治的具体途径，包括高效肥、低残留农药、有机肥使用以及规模养殖场畜禽粪便资源化利用和开展高标准农膜和残膜回收试点等。2015年5月中共中央、国务院印发的《关于加快推进生态文明建设的意见》中也强调要"加强农业面源污染防治，加大种养业特别是规模化畜禽养殖污染防治力度"。此后，农业面源污染治理及实施化肥农药零增长行动等相关的治理措施，被陆续写进相关的中央文件。

二是完善农田基础设施建设。总体而言，我国耕地质量不高、土地细碎化、灌溉条件不足等问题比较明显，这样的生产条件难以与机械化、规模化的现代农业生产经营方式匹配，也更不利于推动生态文明导向下的农业高质量发展。正是这样，习近平总书记提出，"既要重视大型水利工程这样的'大动脉'，也要重视田间地头的'毛细血管'，解决农田灌溉的'最后一公里'问题。要划定永久基本农田，抓紧建设一批旱涝保收、稳产高产的高标准农田"。① 2015年中央一号文件提出，"统筹实施全国高标准农田建设总体规划"，"加快大中型灌区续建配套与节水改造，加快推进现代灌区建设，加强小型农田水利基础设施建设"，将高标准农田建设和农田水利设施建设作为转变农业生产方式的重要保障。2017年中央一号文件又指出要"加快高标准农田建设，提高建设质量"，"推进重大水利工程建设，抓紧修复水毁农田设施和水利工程，加强水利薄弱环节和'五小水利'工程建设"。2018年9月，中共中央、国务院印发的《乡村振兴战略规划（2018~2022年）》更是明确了到2022年高标准农田建设和农田水利基础设施建设工作所要完成的目标，以

---

① 《人民日报》，2022年12月23日第13版。

进一步推动完善农田基础设施建设，为农业高质量发展奠定良好基础。

三是支持农业生产技术创新与应用。从根本上缓解农业发展与资源环境、生态环境之间的矛盾，离不开农业生产技术的支撑。而且与发达国家相比，我国农业科技应用的整体水平也不高。因此，要加快农业科技进步，"给农业插上科技的翅膀"，构建以绿色生态为导向的农业科技创新推广体系，促进农业绿色发展，为生态文明建设注入强大动力。为此，中央加大了对农业生产技术创新和应用的支持力度。2016年10月，国务院印发的《全国农业现代化规划（2016~2020年）》，提出应提高农业技术装备和信息化水平，并从全面提高自主创新能力、推进现代种业创新发展、增强科技成果转化应用能力等五个角度进行了详细的阐述，为后续相应工作的顺利开展提供了政策指引。2017年9月，中共中央办公厅、国务院办公厅印发了《关于创新体制机制推进农业绿色发展的意见》，提出要"构建支撑农业绿色发展的科技创新体系"。通过与各类创新主体开展以农业绿色生产为重点的科技联合，我国在农业投入品减量高效利用、有害生物绿色防控、废弃物资源化利用等领域取得突破性科研成果，并加快成熟适用绿色技术、绿色品种的示范、推广和应用。2019年中央一号文件又提出"实施农业关键核心技术攻关行动，培育一批农业战略科技创新力量"，推动生物种业、智慧农业、绿色投入品等领域自主创新，以加快突破农业关键核心技术，解决一些农业生产中的卡脖子难题。

（二）生态导向的林业高质量发展政策安排

为促进生态文明导向下林业的高质量发展，林业高质量发展政策主要从森林资源保护和提升森林资源质量两方面进行了部署。

一方面，加强森林资源的保护利用。森林资源是维护生物多样性、维护气候稳定、调节大气环境、保持水土的重要自然工具，同时也是地球上最重要的资源产地，为人类提供了大量的生产生活资源，因此，针对森林资源进行有效保护具有重要的现实意义。天然林作为森林资源的主体和精华，是自然界中群落最稳定、生物多样性最丰富的陆地生态系统。全面保护天然林对于维持森林资源丰富性，进而推进生态文明建设具有重大意义，因此，国家

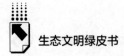

将天然林保护作为森林资源保护的重点内容。2013年中央一号文件提出"加大三北防护林、天然林保护等重大生态修复工程实施力度",并在持续实施天然林保护和林业重大工程的基础上,2014年中央一号文件又提出"在东北、内蒙古重点国有林区,进行停止天然林商业性采伐试点",借助试点改革,逐步加大对天然林的保护力度。2015年中央一号文件指出要"继续扩大停止天然林商业性采伐试点"。2016年中央一号文件更是明确提出"完善天然林保护制度,全面停止天然林商业性采伐",实现对天然林的全面保护。2019年7月,中共中央办公厅、国务院办公厅又印发了《天然林保护修复制度方案》,在全面保护的基础上,完善对天然林的管护,加强退化天然林的修复工作,以提升天然林质量。

在天然林保护的基础上,中央还结合其他一系列林业重点保护工程,推进森林资源保护工作。2015年中央一号文件提出要实施新一轮退耕还林还草工程,大力推进重大林业生态工程,加强营造林工程建设。2016年中央一号文件提出,"扩大新一轮退耕还林还草规模","开展大规模国土绿化行动,增加森林面积和蓄积量","加强三北、长江、珠江、沿海防护林体系等林业重点工程建设",运用多种手段提高森林资源总量。之后多个中央文件都强调要继续扩大实施退耕还林还草、三北防护林体系建设等林业重点工程。2019年修订的《森林法》中更是规定"国家加强森林资源保护,发挥森林蓄水保土、调节气候、改善环境、维护生物多样性和提供林产品等多种功能",赋予森林资源保护新的法律内涵。2021年1月,中共中央办公厅、国务院办公厅印发《关于全面推行林长制的意见》,以严格的考核制度为抓手,加大地方对森林草原资源生态保护、修复的力度。

另一方面,注重提升森林质量,增加森林碳汇。实现生态文明导向下林业的高质量发展,除了要加强森林资源的保护,更离不开森林资源质量的提升,特别是全球气候变化加剧对森林的生态功能提出了更高的要求。在2016年1月召开的中央财经领导小组第十二次会议上,习近平总书记指出,森林关系国家生态安全,要着力提高森林质量,坚持保护优先、自然修复为主,坚持数量质量并重、质量优先,坚持封山育林、人工造林并举。为深入贯彻总书记的讲话精神，中央开始全面实施森林质量精准提升工程。2016年10月，国务院印发的《全国农业现代化规划（2016~2020年）》提出了确保"十三五"末森林蓄积量达到165亿立方米的目标，实际上体现了提升森林培育经营质量的要求。同月，国务院又印发了《"十三五"控制温室气体排放工作方案》，提出要"全面加强森林经营，实施森林质量精准提升工程，着力增加森林碳汇"。之后，"实施森林质量精准提升工程"这一内容又被先后写入2017年和2018年的中央一号文件。2020年"双碳"目标提出以后，国家更加重视森林在碳中和中发挥的作用。2021年9月和10月，国务院先后印发了《关于完整准确全面贯彻新发展理念做好碳达峰碳中和工作的意见》《2030年前碳达峰行动方案》，要求提高森林质量和稳定性，为实现碳达峰、碳中和奠定坚实基础。

三 农林高质量发展现状及其特点

随着生态文明建设的深入推进，我国农林发展方式逐渐转型，农业绿色生产和森林资源保护已经初见成效，农林业正逐步转向高质量发展，农业碳排放强度明显降低，森林固碳能力进一步增强。

（一）农林业高质量发展初见成效

1. 农业减量化、基础设施建设成效显著

一是单位播种面积的农业投入品使用量不断降低。2004~2020年，农用化肥、农药、农用塑料薄膜、农用柴油这四类主要的农业投入品使用量均呈现先上升后下降的趋势，并且这四类农业投入品使用量发生转变的拐点都出现在2012年之后（见图1）。具体来看，除农用柴油以外，其他三项投入品的使用量降幅均较为明显。其中，农药的减量化效果最明显，从2012年达到最大使用量以来，农药的使用量持续降低，到2020年已降至0.52千克/亩，比2012年下降29.73%。其次是农用化肥，2020年为20.90千克/亩，相较于2014年的24.20千克/亩，降低了13.64%。最后是农用塑料薄膜，

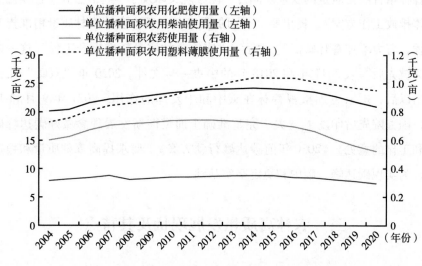

从 2014 年的 1.04 千克/亩减少到 2020 年的 0.95 千克/亩，降低了 8.65%。可以看出，自党的十八大提出生态文明建设总方针以来，我国农业发展正逐渐向绿色化、减量化方向转变。

图1 2004~2020 年单位播种面积农业投入品使用量

资料来源：《中国农村统计年鉴（2021）》。

　　二是单位粮食产量化肥农药消耗量不断降低。除个别年份略有小幅上升以外，从 2004 年到 2020 年，每生产 1 吨粮食所消耗的化肥农药呈现明显的下降趋势（见图2）。2020 年，每生产 1 吨粮食所消耗的化肥和农药分别为 78.43 吨/千克和 1.96 吨/千克，较 2004 年分别下降了约 21%和 34%，这在一定程度上表明我国的粮食生产正逐步摒弃以往的"高消耗"模式，转而向"高效率"模式靠拢。

　　三是农田水利基础设施建设不断完善。农田水利作为与农业生产紧密相关的一部分，其发展状况不仅关系农业综合生产能力，还会对农业生态环境产生影响，因此，农田水利基础设施的建设对于生态文明导向下的农业高质量发展具有重要意义。自 2004 年起，有效灌溉面积、节水灌溉面积和除涝面积三项指标总体都呈现上升趋势（见图3）。其中，有效灌溉面积从 2004

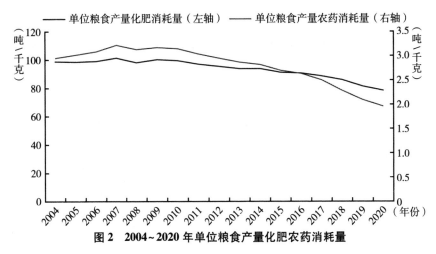

图2　2004~2020年单位粮食产量化肥农药消耗量

资料来源:《中国农村统计年鉴（2021）》。

年的54478.42千公顷增加到2020年的69160.52千公顷,增长26.95%,农田灌溉惠及范围持续扩大,这表明我国农田水利建设取得了长足的进步;相较2004年的20346千公顷,2020年我国节水灌溉面积已达37796千公顷,农业节水规模不断扩大,不但提高了水资源利用效率,而且节约了一定的农业种植时间和成本;除涝面积在2004~2020年扩大了3388千公顷,为保障农作物的正常生长提供了基础条件。

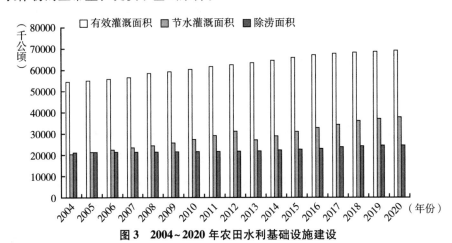

图3　2004~2020年农田水利基础设施建设

资料来源:《中国统计年鉴（2021）》。

2. 森林资源状况得到持续改善

一方面，森林面积和森林覆盖率持续增加。2004~2020 年，我国森林面积和森林覆盖率稳步提升，2020 年，森林面积达 22044.62 万公顷，较 2004年增加 2499.4 万公顷，森林覆盖率达 23%，较 2004 年增长了约 3 个百分点（见图 4）。其中，天然林和人工林的面积也在不断扩大，说明我国在天然林保护修复以及营林造林方面的投入取得了较为突出的成效。从全球视角来看，即便 2010~2020 年世界森林面积每年净减少 470 万公顷，我国也依然保持着良好的森林面积增长态势。2020 年，中国森林面积占世界森林总面积的 5.4%。

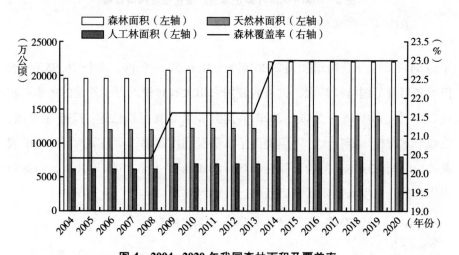

图 4　2004~2020 年我国森林面积及覆盖率

资料来源：《中国森林资源清查数据》。

另一方面，森林蓄积量也呈现稳定的上升趋势。相较于 2004 年的149.13 亿立方米，活立木蓄积量在此后的 16 年里共增加了 40.94 亿立方米，增长了 27.45%；森林蓄积量从 2004 年的 137.21 亿立方米上升到 2020年的 175.60 亿立方米，平均每年增加 2.40 亿立方米；天然林蓄积量和人工林蓄积量也分别从 2004 年的 114.02 亿立方米、19.61 亿立方米上升到 2020年的 190.07 亿立方米、33.88 亿立方米（见图 5）。森林蓄积量的持续增长意味着我国森林资源总规模和丰富程度得以提高，森林生态环境得到较大改善，为后续林业生产经营提供可靠的物质基础。

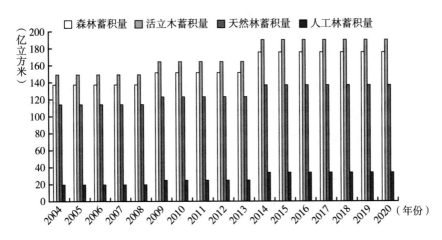

图5　2004~2020年我国森林蓄积量

资料来源：《中国森林资源清查数据》。

（二）农业碳排放持续减少

碳排放作为引发全球气候变化的重要因素，它的减少将直接影响全球生态环境，而农业不仅是与气候变化联系最为紧密的产业，也是全球碳排放的主要贡献者。据联合国粮农组织的统计，2019年，农粮系统释放了170亿吨二氧化碳当量，占全球人为排放量的31%。因此，降低农业碳排放对于改善全球气候状况具有重要意义，也是实现生态文明导向下农林高质量发展的必然要求。我国目前尚未建立农业碳排放统计体系，因此本文采用联合国粮农组织（FAO）数据库中有关中国的统计数据，分别从碳排放总量、碳排放结构和碳排放强度三个方面对我国的农业碳排放现状及特征进行分析。

1.碳排放总量

如图6所示，我国农业碳排放总量稳中有降。2004~2016年，农业碳排放总量平稳达峰，从78023万吨上升到84221万吨，涨幅7.94%，2016年以后，总量持续下降，到 2019 年，下降至 79180 万吨，平均每年减少约 1680 万吨。这主要是因为我国从 2015 年开始实施了化肥农药零增长等一系列促进农业绿色发展的举措，在减少化学投入品增长，提高秸秆、畜禽粪便等农业废弃物的综合利用水平方面取得了显著的成效，极大地促进了农业的减排。从总量构成上来看，农业活动碳排放量和能源消耗碳排放量分别在 2016 年和 2017 年达到峰值，之后开始呈现下降趋势。相比能源消耗，农业活动对农业碳排放总量的贡献率达到 4/5 以上，这意味着减少农业活动碳排放是未来实现农业低碳可持续发展的关键抓手。

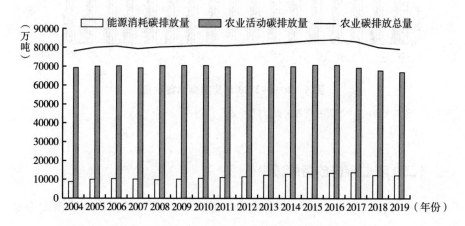

图 6　2004~2019 年我国农业碳排放总量及构成

资料来源：联合国粮食及农业组织（FAO）。

2. 碳排放结构

农业碳排放主要是由各项农业活动所释放的二氧化碳构成。总的来看，种植业（包括水稻种植、化肥施用、作物残留、有机土壤培肥等）和养殖业（动物肠道发酵、粪便管理、牧场残余肥料）几乎各占"半壁江山"，种植业略高于养殖业。从农业活动碳排放结构看，动物肠道发酵、化肥施用、水稻种植和能源消耗是最主要的 4 个来源，2019 年，分别占碳排放总量的 23.16%、20.57%、18.61 和 15.49%，共占据约 4/5 的总量（见图 7）。

从农业活动碳排放的变化情况来看，大多都呈现稳中有降的特征，尤其

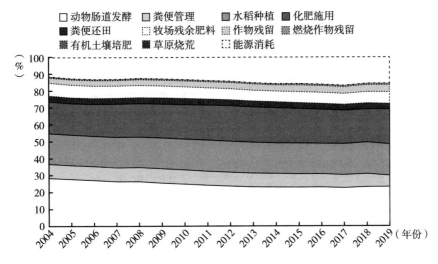

图7　2004~2019年我国农业活动碳排放的主要构成

资料来源：联合国粮食及农业组织（FAO）。

是在 2015 年、2016 年达到峰值之后，各碳源的排放量都开始明显减少。其中，粪便管理和动物肠道发酵的碳排放量下降幅度是最明显的，分别从6560 万吨和从 22153 万吨降至 5246 万吨和 18337 万吨，分别下降了 20.03%和 17.23%，这主要得益于我国在加快推进畜禽粪污资源化利用技术和改善动物饲料结构配比方面取得的进步（见图 8）。作为第二大碳源，化肥施用的碳排放量在 2014 年达到最大值 17185 万吨，此后连续 4 年减少，2018 年为 15619 万吨，平均每年减少约 392 万吨。同时，化肥施用也是近年来农业减排的最大贡献者，2016 年到 2018 年的农业碳减排有 30.49% 来源于化肥施用。但也要看到在 2019 年化肥施用的碳排放量有小幅回升，未来仍需在化肥施用减排上加大投入力度。

3. 碳排放强度

根据数据可得性，本文的农业碳排放强度包括单位农业产值所产生的碳排放、每生产 1 单位稻谷所产生的碳排放以及单位化肥施用所产生的碳排放，此三者结合中国的农林牧渔业总产值、稻谷产量以及化肥施用数据

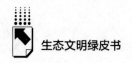

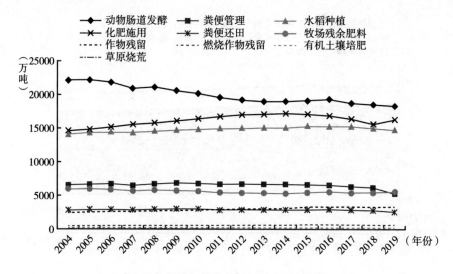

图8　2004~2019年我国各农业活动碳排放量

资料来源：联合国粮食及农业组织（FAO）。

求得。

总体而言，我国农业、稻谷和化肥碳排放强度均呈下降趋势（见图9）。具体来看，农业碳排放强度连续16年下降，已从2004年的2.15吨/万元减少到2019年的0.64吨/万元，降幅超过70%；稻谷碳排放强度具有波动降低的特征，2004年，生产1吨稻谷产生的碳排放量为0.79吨，2019年减少至0.70吨；化肥碳排放强度在2004~2018年保持下降的趋势，但在2019年略有上涨，需要引起重视。相比于生产1吨稻谷产生的碳排放量，施用1吨化肥产生的碳排放量明显要高得多，可见化肥减量对于我国农业减排至关重要，未来仍需加强化肥减量方面的工作。

（三）森林固碳能力增强

近年来，为应对全球气候变化，推动以CO_2为主的温室气体减排，全球各国都参与了温室气体减排行动。森林是地球上最大的陆地生态系统，也是最主要的碳贮库，其年固碳量约占整个陆地生态系统的2/3，对维持全球碳

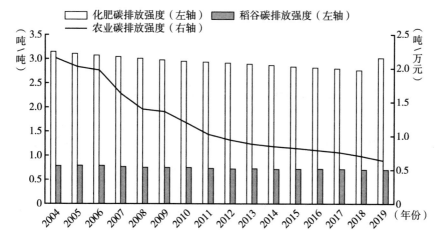

图9 2004～2019年我国农业、稻谷、化肥碳排放强度

资料来源：联合国粮食及农业组织（FAO）、《中国农村统计年鉴（2021）》。

平衡、应对气候变化、稳定生态系统起着至关重要的作用。而且，相对于其他减排方式，发展森林碳汇具有成本低、潜力大、效率高的优势。因此，森林碳汇逐渐成为 CO_2 减排的重要替代方式。

现阶段，我国的森林固碳能力在不断提升。根据第四次和第九次全国森林资源清查数据，有关研究估算全国森林碳汇从1990年的185.5亿吨增长至2020年的321.4亿吨，净增加135.9亿吨，年均增加约4.5亿吨，对世界森林碳汇的贡献率从1.8%提高至3.2%。同时，也有学者预计，在一定条件下，到2050年，全国每年将新增森林碳汇7.86亿吨，到2060年，每年将新增森林碳汇8.14亿吨。森林碳汇主要是流量概念，而森林碳储量则是存量概念，是森林碳汇多年累积的结果，因此森林碳储量是体现森林固碳能力的重要指标。根据有关部门测算，目前我国的森林植被总碳储量已达92亿吨，平均每年增加2亿吨以上的森林碳储量，折合碳汇为7亿～8亿吨。[1] 而且，森林蓄积量每增加1亿立方米，相应地可以多固定1.6亿吨二

---

[1] 寇江泽：《降碳减排在行动 我国森林植被总碳储量已达92亿吨》，国家林业与草原局政府网，http：//www.forestry.gov.cn/main/61/20210207/041704351693742.html，2021年1月15日。

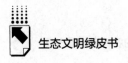

氧化碳，从我国森林蓄积量持续增加的现实情况也可以看出森林固碳能力的提升。

四 农林高质量发展面临的问题

尽管在相关政策安排下，我国结合自身发展的现实情况，在农林高质量发展方面取得了一定的成效，但仍然面临着一些亟待解决的问题。

（一）农业高质量发展面临挑战

1. 农业面源污染压力

一是化肥农药用量与利用率仍与世界平均水平存在较大差距，化肥农药替代品应用有待加强。目前，我国以不到 1/10 的耕地，消耗了全球超 1/4 和 2/5 的化肥和农药，单位面积的化肥、农药用量更是远超世界平均水平。尽管 2020 年我国水稻、小麦、玉米三大粮食作物化肥利用率为 40.2%，农药利用率为 40.6%，比 5 年前有了明显提升，但与欧美发达国家的 50%~60% 仍有不小的差距。化肥、农药的长期过量低效利用不仅污染土壤和水源，带来持续的面源污染，还会影响农产品质量安全，威胁人体健康。与此同时，由于有机化肥、生物农药等绿色农业投入品质量参差不一、成本高、配套不完善、见效过程长、市场效益难以实现，农户使用此类投入品的积极性不高，这同样也对化肥农药减施构成不利因素。

二是农用塑料膜、农药包装物带来的白色污染问题尚未完全解决。即便 2020 年我国农用塑料膜回收利用率已超过 80%，但是每年未回收的农用塑料膜覆盖面积接近 0.6 亿亩，再加上我国农用塑料膜质量总体偏低，仅有不到 5% 的农用塑料膜通过了国标质量检验，[①] 可以想象我国仍然有大面积的土地会受到低质农用塑料膜的污染，加剧土壤质量下降。而且，我国虽然出

---

① 资料来源：《占全球总量 75%，一年 1400 亿，这项世界第一背后的功过是非……》，新华社客户端，https：//xhpfmapi.zhongguowangshi.com/vh512/share/10041261，2021 年 6 月 7 日。

台了《农药包装废弃物回收处理管理办法》，设立了农药包装废弃物回收站点，但是在实际的操作中缺乏有效的回收机制及资源化利用途径，且农户的生产习惯一时又难以转变，农户缺乏回收积极性。再加上目前尚未将农药包装物回收纳入官方统计，对地方的农药包装物回收情况难以形成有效的监管，不利于提高回收率。

三是畜禽养殖废弃物资源化利用水平提升难度大。首先，养殖主体畜禽养殖废弃物处理压力较大。养殖主体也是畜禽养殖废弃物处理主体，当前的农业面源污染治理政策要求养殖主体提高废弃物处理能力，而新设备的购置与维护都将大大增加养殖主体的生产成本，尤其是一些经营规模较小的养殖主体因无力承担这笔费用，其废弃物处理能力远远达不到国家要求，阻碍了整体的废弃物资源化利用水平的提高。其次，畜禽养殖废弃物及其相关产品的市场有效需求不足。农家肥、商品有机肥作为畜禽养殖废弃物的衍生产品，在肥效方面存在较大差异，施用成本也较高，因此市场需求并不高。并且很多地方存在种养不结合的情况，畜禽养殖废弃物无法得到及时有效的利用，造成了资源浪费与环境污染。最后，政策补贴机制不完善。目前的畜禽养殖废弃物处理补贴政策主要倾向于大规模养殖户，但我国的畜禽养殖以中小规模为主，补贴难以惠及大多数的养殖户。

2.农田灌溉问题

一方面，农田灌溉基础设施仍有待改善。目前，我国农田灌溉条件仍有很大改善空间，在农田水利建设工程与现有设备质量提升方面的问题突出，导致农田水利灌溉的"最后一公里"不通畅，自然灾害抵御能力不足、水资源难以优化配置，对粮食生产及现代农业发展带来不利影响。农业农村部的数据显示，到 2019 年底，全国小型农田水利工程完好率的平均值不到50%，大型灌排泵站设备完好率不足60%，大中型灌区中有60%工程设施不配套。[①] 其中，大多农田水利设施都建于 20 世纪，受当时建设条件、技术

---

① 《农业现代化辉煌五年系列宣传之二十三：大力推进农业节水 保障国家粮食安全》，中华人民共和国农业农村部网站，http://www.ghs.moa.gov.cn/ghgl/202107/t20210713_6371688.htm，2021 年 7 月 13 日。

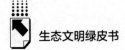

和资金等约束，工程建设质量普遍不高，后期的改造升级难度大、进展慢，短期内还难以满足现代农业生产的要求。再加上农田水利工程管护不到位，灌区维养经费难落实、年度缺乏计划性以及相应的管理体制不完善，制约了农田水利建设工作的高效开展。

另一方面，农田灌溉技术及效率不高。由于我国节水农业起步较晚，在灌溉方式和灌溉技术上仍存在短板，农田灌溉效率不高问题较为突出。根据国际灌溉和排水委员会（ICID）发布的报告，[①] 2017 年，我国喷灌和微灌面积占总灌溉面积的比例仅为 13.7%，远低于发达国家的 58.5%，甚至低于 ICID 统计的 23 个发展中国家和地区的平均水平（16.5%）。[②] 2019 年底，我国的农田灌溉有效利用系数达到了 0.559，高效节水灌溉面积占耕地面积的比重为 17.7%，虽然较以往有所提高，但是仍有超过 40% 的水资源会在灌溉过程中被浪费，节水灌溉技术的应用不够广泛。同时，根据联合国粮农组织的相关数据，2019 年，我国单位耕地农业用水达 214 立方米，我国人均水资源量不足美国的 1/5，而单位耕地面积农业用水却是美国的 2.85 倍，[③] 说明我国在节水农业的发展上还有很大的提升空间。

（二）林业高质量发展面临多重压力

1. 森林资源发展和经营水平有待提高

近年来，在实施了一系列重大生态修复工程和开展众多植树造林活动以后，我国在森林资源质量与经营管理方面仍存在一些问题。一方面，我国森林质量普遍不高导致森林的生态功能难以发挥作用。森林生态功能的提升除了需要扩大森林面积，更要着力提高森林质量。但目前我国单位面积森林蓄积量、森林碳储量和森林生物量与世界平均水平存在一定差距，森林质量发展还有着巨大空间。联合国粮农组织的数据显示，[④] 2020 年，我国单位面积

① ICID's Annual Report 2019-20, https: //icid-ciid. org/publication/info/33。
② 资料来源：ICID 官网，https: //www. icid. org/sprinklerandmircro. pdf。
③ 根据 FAO 的数据计算得到，http: //www. fao. org/aquastat/statistics/query/index. html。
④ 根据 FAO 的数据计算得到，https: //fra-data. fao. org/WO/fra2020/home/。

森林蓄积量、生物量和碳储量分别为 87.24 立方米/公顷、93.22 吨/公顷和 45.33 吨/公顷，低于全球平均水平（137.11 立方米/公顷、130.85 吨/公顷和 62.43 吨/公顷），与德国（320.78 立方米/公顷、218.65 吨/公顷和 195.45 吨/公顷）、新西兰（418.95 立方米/公顷、409.74 吨/公顷和 310.68 吨/公顷）等林业发达国家的差距更大。另外，从森林资源的结构来看，我国人工林面积占森林面积的 36.30%，但其总蓄积量仅占森林总蓄积量的 19.29%，单位面积蓄积量为 42.33 立方米/公顷，还不及天然林单位面积蓄积量的一半，[①] 未来我国在人工林的培育过程中应更加注重质量提升。

另一方面，森林经营的水平仍需提高。联合国粮农组织于 1997 年为森林经营作了一个广义定义，即森林经营是一种通过行政、经济、法律、社会以及科技等手段的人为干预措施，目的是保护和维持森林生态系统各种功能，同时通过发展具有社会、环境和经济价值的物种，来长期满足人类日益增长的物质和环境的需要。[②] 在前期国土绿化行动的推进下，宜林荒地逐渐减少，目前造林工作更多的是在一些土地条件较差的地区开展，这不仅需要面临更高的造林成本，而且林木成活的难度也大，导致全国的造林进展减缓。国家统计局的数据显示，我国造林总面积从 2020 年开始便呈现下降趋势，2021 年造林总面积还不到 2019 年的 50%。在森林资源总量增速逐渐放缓的情况下，我国更需要提升当前森林资源的经营管理能力，以保护和维持森林系统的生态功能。但是，我国目前"重造林轻经营、重栽树轻管护"的传统森林培育模式仍未彻底转变，限制了森林生态功能发挥作用。在传统的森林培育过程中，很多营林生产方式的选择只是着眼于短期的经济效益，管理人员缺乏对生物多样性的重视，培育的种类过于单一，政府也没有加大结构调整力度，因此，在面对病虫害和气候变化时，很容易产生大面积的林木毁坏，不利于林木的长期生长。再加上遥感、林业信息技术、森林生长模拟系统等智能化、实用化、自动化的监测管理手段支持的不充分，森林经营

---

① 根据《第九次全国森林资源清查报告》计算得到。

② 《当前森林经营需要注意的几个问题》，国家林业和草原局政府网，http：//www. forestry. gov. cn/main/5462/20190215/092508519916500. html，2019 年 1 月 11 日。

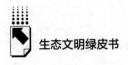

管理工作很难有效进行。

2. 林业碳汇交易体系亟待完善

林业碳汇是指利用森林的储碳功能，通过造林、再造林和森林管理，减少毁林等活动，吸收和固定大气中的二氧化碳，并按照相关规则与碳汇交易相结合的过程及活动机制。林业碳汇是全球碳市场和国际碳抵消机制、碳中和行动的重要组成部分。随着碳交易试点的运行与推进，我国林业碳汇项目交易市场得到一定的发展，呈现了国家层面的 CCER 碳汇项目交易和地方层面的多种自愿交易形式并存的格局。但林业碳汇作为一个新鲜事物，其交易体系还不够健全，政府、企业、民众对碳汇交易的相关规则也并未充分了解，导致林业碳汇交易项目无论是数量，还是开发能力或便捷度，都与发达国家存在较大差距。具体来看，当前林业碳汇交易主要面临以下 3 方面的挑战。

一是林业碳汇参与交易存在一定的技术障碍。碳汇林的营造需要经历造林、抚育、管护等一系列过程，每个过程的技术投入都将对林木的生长质量产生影响，并决定其能否真正成为碳汇林。目前我国各地区存在树种、产区、经济等方面的差异，尚未形成统一的林业碳汇计量标准；加之碳汇的计算存在人为干扰和技术原因导致的估算偏差，加大了全国性的统一监测难度。因此，碳汇林的营造技术水平、碳汇计量与监测技术成为影响林业碳汇参与碳交易的不确定性因素之一。

二是林业碳汇有效需求不足。林业碳汇交易的需求方主要来自自愿减排的"买家"和一些受到排放量限制的企业，而中国目前实行的碳排放自愿减排交易，并没有出台强制减排的相关要求，在这样的情况下，碳排放主体自愿购买碳汇的积极性不高。与此同时，在经济形势转变以及供给侧结构性改革的开展之下，许多落后产能被淘汰，传统高碳排放产业发展受限，这在很大程度上抑制了林业碳汇的交易需求。

三是林业碳汇交易支持措施缺乏。从交易成本来看，由于林业碳汇交易的流程过于繁复，一些公允性、低成本、便利化的碳汇项目第三方评估测定机制尚未建立，林业碳汇项目的交易成本过高，抑制了市场活力。从资金支持来看，林业碳汇交易不仅要面临一定的市场风险，还在很大程度上受到自然环境的影响，给交易双方带来较高的资金风险，而当前林业碳汇项目的金融产品和服务方式创新不足，林业信贷、林业保险等配套支持体系不健全，交易双方得不到比较充分的资金保障。

3.林业产业转型发展面临困难

随着中国经济步入由高速增长向高质量发展的新阶段，林业产业发展需要向高质量发展转型。在"双碳"目标下，作为森林资源开发利用的主体，林业在发展过程中更应当注重节能减排，为森林生态和环境可持续发展作出一定贡献。然而，我国林业产业依赖劳动力、资本与自然资源等传统要素投入驱动发展的模式仍未得到根本性的改变，片面强调林业产值的规模和增速，忽视质量和效益，会使林业转型发展面临障碍。

一方面，林业科技创新能力较弱，不利于产品质量提升。我国林产工业总体上还属于劳动密集型产业，人均劳动生产率不及发达国家的1/6。林产品以初级产品为主，其深加工产品不足、产品综合利用效率低、自主品牌建设水平不高、科技创新含量较低，不仅造成了林业资源的严重浪费，而且会使我国在国外市场竞争中处于弱势地位。在国家实施"双碳"战略以后，我国对有关低碳技术、零碳技术、负碳技术等技术创新的需求加大，林业产业在技术创新、产业升级上面临的压力将更大。

另一方面，林业产业链各环节缺乏纵向合作，阻碍产业融合发展。受传统观点影响，林业在三次产业间的发展较为独立，存在明显的"孤岛效应"，因此，林业产业链条短、各环节间缺乏纵向协作等问题较为突出。第一，林业第一产业的规模化、机械化、信息化发展滞后，难以支撑林业第二、第三产业的发展。第二，第二产业和前后产业链环节协作不紧密，对第一和第三产业的拉动和推动作用有限。第三，由于我国林业社会化服务发展起步较晚，林业第三产业发展受限，主要集中在森林旅游与休闲服务业，而林业生态服务、林业专业技术服务以及林业公共管理服务业等发展较为滞后。

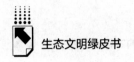

五 推动农林高质量发展的政策建议

党的十八大以来,在生态文明理念的指导下,我国农林发展逐渐向高质量发展方向转变,在农业绿色生产和森林资源开发利用方面取得了一定成绩,但同时也面临着不少困难。为了更好地推动农林高质量发展,本文提出以下两方面的政策建议。

(一)推动农业绿色化高质量发展

第一,深入推进农业减量化、绿色化发展。首先,提高农业化学品的使用效率。基层政府要加强农业生产技术的推广和指导,应用如测土配方施肥、激素防虫、物理防虫等绿色防控技术,以提高化肥使用效率,减少化学农药使用量。并且,着力发挥农业社会化服务组织在化肥统配统施、统防统治、带动广大小农户应用先进绿色生产技术上的作用。其次,积极推广应用绿色农业投入品。国家要加大绿色农药、可降解地膜等既环保又高效的绿色农业投入品的研发力度并促进成果转化,以补贴挂钩的形式引导农户应用商品有机肥、农家肥、生物农药等产品。最后,提高农业废弃物回收利用水平。在农村人居环境整治专项资金中划拨出用于农业废弃物回收的款项,在每个村设置农业废弃物收储点,并由专人负责收集、登记和清运,并将农业废弃物回收情况作为农村人居环境整治项目完成的重要考核内容,同时试点探索地膜"以旧换新",提高农民自主回收的积极性。有关畜禽养殖废弃物的回收利用问题,则需要政府针对不同规模的养殖户提供相应的设备购置补贴,探索多种方式并存的市场补偿机制,完善废弃物加工配送、物流仓储等设施,优化畜禽养殖废弃物市场价格形成机制,提高养殖户对畜禽养殖废弃物回收利用的积极性。

第二,继续完善农田基础设施建设。我国当前农田基础设施建设程度还未能完全满足农业绿色高质量发展的要求,需要在农田水利设施建设、耕地质量方面有所改善。在农田水利设施方面,新建小型农田水利设施和改造旧有农田水利设施并进,提高水利设施建设标准,加大水利设施管护力度。同时加大财政对节水灌溉工程建设的投入力度，考虑在有条件的地区建设高标准农田灌溉区，充分应用自动化控制技术、现代信息技术和人工智能技术，推进灌溉智能化、自动化和节约化。大力推广喷灌和滴灌等节水技术，将节水设备购买纳入相应的农业补贴政策，对自愿采用节水技术生产的农户提供补贴。在耕地质量方面，不仅要继续拓宽秸秆还田、轮作和休耕的应用范围，保持土壤肥力，还要选择一批农业发展有潜力地区的中等地、低等地，因地制宜采取工程改造，实施集水补灌工程，修筑梯田，推广旱作农业技术等，推动中、低产田改造升级。另外，还要结合耕地质量提升、水利设施建设、节水灌溉应用、农业机械化等，加快高标准农田建设，为农业标准化生产创造有利条件。

（二）促进林业发展向高质量转变

一要注重提升森林经营能力。森林经营应从注重木材生产向关注生态效益转变。在全球气候变化条件下，一些国家开始综合考虑木材生产与碳汇效益的平衡，还有一些国家将森林经营的重点转向了碳汇价值。作为森林资源总量丰富但质量不高的发展中大国，我国更需要通过提升森林质量，发挥森林的碳汇价值作用。因此，我国的森林经营方式也应当遵循这种改变，在造林营林过程中，转变过去盲目粗放经营的模式，逐渐向集约化、精细化、规模化经营转变，从树种选择、种源筛选、造林模式、抚育管理和采伐方式等方面对森林经营环节进行改进和调整，并重视提高林木的林分质量和生态系统的服务功能。一方面，要了解多元森林经营主体的利益需求，完善森林经营的激励机制，通过补贴政策、绩效考核等多种手段提高林农、林业企业、林业管理部门等多元主体的参与意愿。另一方面，要完善森林经营规划、森林经营方案制度，国家、省、县三级要协调规划森林布局和森林结构，对规划方案采取严格的审批备案措施，并且在森林抚育过程中加强对经营主体的技术指导与规范，以及提高相应的营造林质量监管等技术水平。

二要加强林业碳汇体系建设。首先，政府有关部门应该加强林业碳汇计量、碳汇开发相关技术的研究和应用推广，探索形成符合中国利益诉求的碳汇相关技术标准，并重视碳汇项目管理人才培养，为碳汇项目开发提供人才支撑。其次，建立林业碳汇购买激励机制，对主动参与林业碳汇交易的企业登记备案，将其履行的社会责任信息纳入企业信用评价体系以及行政许可，并对企业及其参与的招投标项目给予一定优待，以扩大林业碳汇需求。最后，尽快出台相应的林业碳汇交易规范条例，简化和标准化林业碳汇的交易程序，降低交易的固定成本，加强第三方服务机构的建设，为林业碳汇交易提供专业化、便捷化的评估测定验收服务，提高交易效率。与此同时，还需要加大对林业碳汇交易的金融支持力度，加大政策性金融机构对有关林业碳汇贷款和补贴的项目开发力度，通过税收优惠、债券发行等方式引导商业性金融机构为林业碳汇交易提供信贷、融资等服务。

三要为林业产业转型发展提供支撑。当前我国林业产业要实现转型发展主要需要在科技创新能力和产业融合发展两方面做出努力。在科技创新能力方面，政府需要大力支持林业科技创新，加大对林业生物质能转换技术和新材料等绿色低碳关键技术的研发力度，推进产业绿色化、智能化、数字化。在林业科技注重创新的同时，由于科研工作主要集中在高校和科研院所，缺乏市场主体的参与，科技成果难以落实到实际生产中，为此还需要着重完善科技成果转化收益分配机制和推广示范项目管理，引导创新主体更加注重市场需求，探索各种形式的科技成果对接市场，提高科技成果转化率。在产业融合发展方面，加强"企业+林业专业合作社+林农"模式建设，延长产业链，增强林产品品牌建设能力，提高产品附加值。在淘汰落后产能、压缩过剩产能的基础上，以林草结合、林农结合、绿色发展为导向，发展林业高效、复合经济，扩大林业生态产品的供给，引导林业与旅游、康养、科教等第三产业深度融合。

参考文献

[1] 尹昌斌、福夺、王术等：《中国农业绿色发展的概念、内涵与原则》，《中国农

业资源与区划》2021 年第 1 期。

［2］杨滨键、尚杰、于法稳：《农业面源污染防治的难点、问题及对策》，《中国生态农业学报》（中英文）2019 年第 2 期。

［3］刘珉、胡鞍钢：《中国创造森林绿色奇迹（1949-2060 年）》，《新疆师范大学学报》（哲学社会科学版）2022 年第 3 期。

［4］徐晋涛、易媛媛：《"双碳"目标与基于自然的解决方案：森林碳汇的潜力和政策需求》，《农业经济问题》2022 年第 9 期。

［5］郑绸、冉瑞平、陈娟：《畜禽养殖废弃物市场化困境及破解对策——基于四川邛崃的实践》，《中国农业资源与区划》2019 年第 3 期。

［6］王恒、王博：《农田水利高质量发展：关键问题与对策建议》，《西北农林科技大学学报》（社会科学版）2022 年第 4 期。

［7］于天飞：《影响中国林业自愿碳市场稳健发展的几个问题分析》，《世界林业研究》2022 年第 4 期。

［8］印桁熠：《中国林业碳汇交易现状与提升路径研究》，《价格月刊》2017 年第 9 期。

［9］冯丹娃、曹玉昆：《"双碳"战略目标视域下我国林业经济的转型发展》，《求是学刊》2021 年第 6 期。

［10］宁攸凉、沈伟航、宋超等：《林业产业高质量发展推进策略研究》，《农业经济问题》2021 年第 2 期。

G.6
环境资源问题的本质与法律功能

张红霄　汪海燕*

摘　要： 1987 年，由布伦特兰夫人领导的世界环境与发展委员会在《我们的共同未来》中首次提出"可持续发展"理论，强调以最小的环境成本满足当代人生存与发展的需要，并不对后代人生存与发展构成危害；2005 年，习近平总书记提出的"绿水青山就是金山银山"同样体现了经济与生态协调发展的理念；2022 年，党的二十大报告进一步指出，尊重、顺应与保护自然是全面建设社会主义现代化国家的内在要求。然而，在普遍的社会认知中，经济发展与生态保护是对立的，这一观点较大程度地影响了环境资源法的科学立法与有效实施，进而影响人与自然和谐共生的中国式现代化目标的实现。本文从人与自然关系发展进程的角度，分析环境资源问题的外部性本质，以及环境资源法在外部性内化方面的任务。环境法的主要任务在于界定政府管理权、企业排污权和公民环境权的法律边界，自然资源法的主要任务在于划定产权主体的行为边界与规范外部性内化措施。

关键词： 环境资源问题　外部性　法律产权

---

* 张红霄，理学博士，南京林业大学教授、博士生导师，南京林业大学生态文明与乡村振兴研究中心主任，主要研究方向为自然资源产权制度、农林经济政策与法规、制度经济；汪海燕，南京林业大学讲师，南京林业大学生态文明与乡村振兴研究中心成员，主要研究方向为自然资源产权、乡村治理。

从 1972 年联合国召开首次人类环境大会至今，人类对环境资源问题的态度逐渐由伦理关怀走向理性决策。1987 年，由布伦特兰夫人领导的世界环境与发展委员会在《我们的共同未来》中首次提出"可持续发展"理论，强调以最小的环境成本满足当代人生存与发展的需要，并不对后代人生存与发展构成危害；2005 年，习近平总书记提出的"绿水青山就是金山银山"同样体现了经济与生态协调发展的理念；2022 年，党的二十大报告进一步指出，尊重、顺应与保护自然是全面建设社会主义现代化国家的内在要求。然而，在普遍的社会认知中，经济发展与生态保护是对立的，这一观点较大程度地影响了环境资源法的科学立法与有效实施，进而影响人与自然和谐共生的中国式现代化目标的实现。本文拟从人与自然关系发展进程的角度，分析环境资源问题的经济根源，进而明确环境资源法的法律功能，为环境资源立法与实施提供可持续发展的立法宗旨与制度安排。

一 确立经济发展与生态保护的可持续发展观

党的二十大报告阐明了保护自然的真谛：大自然是人类赖以生存发展的基本条件。大自然为人类生存发展提供了可以利用的土地、矿藏、森林等自然要素，承载着人类活动排放的废水、废气、固体废物。当人类开发与利用土地、矿藏、森林等自然要素的强度超过其承载力，当人类排放的废水、废气和固体废物超过了环境的自净能力，便产生了资源问题与环境问题。当环境问题与资源问题严重到由人、资源和环境构成的生态系统失去平衡时，便威胁到人类的生存发展。因此，尊重自然、顺应自然与保护自然的本质是人类生存发展的需要，只有理性的生态保护观才有利于科学决策，人与自然关系的发展历程也验证了这一点。

人类与环境资源的关系，大致可以分为隶属、走出与创造三个阶段。隶属阶段，环境资源以其丰富的蕴藏满足人类的单一需求；走出阶段，人类具有初步认识自然与改造自然的能力，逐步从自然环境中独立出来；创造阶段，随着科学技术迅猛发展，人类对环境资源的支配能力达到鼎盛。过于自信的人类一方面对自然资源进行掠夺式的开发，造成了森林面积急剧减少、土地侵蚀严重、动植物遗传资源锐减、水源与矿产等资源枯竭等一系列问题，另一方面，又毫无顾忌地向自然环境排放大量的废弃物，破坏了环境的自净能力，造成严重的环境污染，而环境污染与资源破坏导致了自然生态系统结构和功能的退化甚至恶化。

20世纪60年代，一些研究者开始思考人与环境的关系，起初，两种截然相反的观点影响着人类对环境资源保护的态度与措施。以保护人类生存环境为使命的罗马俱乐部的学者在其《增长的极限》中提出，如果经济无限增长的话，用不了100年，地球上的大部分天然资源将会枯竭，因此为了保护人类的生存环境，应对社会经济的发展实施全面的限制，甚至不惜以经济的零增长为代价。而以美国的赫尔曼·卡恩和朱利安·西蒙为代表的乐观派认为地球上有足够的土地和资源供经济不断发展之需要，对于环境污染与资源破坏问题只要治理即可。从理性角度分析，这两种主张均不利于人类的总体与长远发展。因此，1987年由布伦特兰夫人领导的世界环境与发展委员会在其代表作《我们的共同未来》中提出了"可持续发展"理论，其基本含义为：既满足当代人的需要，又不对后代人满足其需要的能力构成危害。具体来说，人类的发展既需要满足经济利益最大化（体现了对当代人生存与要求的满足），又需要环境成本最小化（体现了为后代人满足其需求的能力提供了保障）。"可持续发展"理论的精髓在于，它第一次冲击了人类在环境保护与经济发展关系上的"非此即彼"的思维方式，反映了人类开始理性而全面地寻求协调发展经济与环境保护的有效对策，即以人类福利的帕累托最优为目标，一个国家、一个地区乃至一个企业在某一时期内有稳定的、逐年增长的效益，而增长的效益应大于环境成本，并且环境的损失逐年减少。

从1972年联合国首次召开人类环境大会开始，近半个世纪的舆论宣传、技术措施和制度实施减缓了人与自然关系的恶化进程，但并未解除人类面临的生态危机。面对全球生态危机，中国政府提出生态文明建设，首次将生态保护上升到人类文明的高度。在之后的国家战略中，中国政府一直秉持经济与生态可持续发展理念。2017 年党的十九大报告提出了乡村振兴战略，乡村振兴战略 20 字方针吸取了"先污染后治理"的城市发展教训，阐明"生态宜居是关键"，将生态文明建设融入农村经济社会发展。2021 年，中共中央办公厅、国务院办公厅连续印发《关于建立健全生态产品价值实现机制的意见》《关于深化生态保护补偿制度改革的意见》《关于完整准确全面贯彻新发展理念 做好碳达峰碳中和工作的意见》等一系列落实人与自然和谐共生的政策文件。

二　明确人类活动的外部性是环境资源问题的本质

既然确立了环境资源与经济可持续发展的指导思想，那么，探究环境资源问题的本质是科学决策的前提和基础。人类面临的生态危机主要是环境与资源问题，之所以成为问题，是因为人类活动已超过了自然资源的承载力与自然环境的自净力，而造成环境资源问题的本质是人类活动的外部性。

现代经济学的基本假设之一是经济理性人的成本与收益的内化，而市场通常会忽略在双方交易活动中第三方所承担的成本或获得的收益，其中，第三方所承担的成本被称为负外部性，或叫成本外溢。形成环境污染和资源破坏的根源便在于个人或组织可以将废弃物排放到公共区域（水域、空气等），且无须承担该部分成本，因此造成的损失由其他主体承担，资源破坏也是如此。与之相反，正外部性行为的收益外溢使经济理性人不愿从事此类活动，如造林，由于森林资源具有调节气候、涵养水源、净化空气、防风固沙以及保持生物多样性等功能，造林者无法独享这些收益，加上采伐指标的限制，造林者的收益外溢严重。

综上分析，人类面临的环境污染和资源破坏两大环境资源问题的经济根源在于外部性。按照经济学逻辑，解决外部性的方案便是将外部性内化。具体来说，对于成本外溢的环境污染，可以通过市场或政府手段将外溢的成本内化为污染者成本，在一定的收益水平下，成本的增加无疑可以减少环境污染；对于收益外溢的资源保护，也可以通过市场或政府手段将外溢的收益内

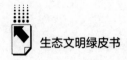

化为建设者或保护者的收益，且在成本不变的前提下，收益的增加显然会起到实质性的促进作用。

三　确定外部性内化是环境资源法的立法宗旨

对于外部性问题，西方国家学者提出了市场与政府两种解决方案，代表性理论分别为科斯定理和庇古理论。庇古理论的核心在于用税收手段将外溢的成本内化，通过提高污染者的成本遏制污染现象蔓延。同理，对于生态建设与保护行为则用补贴手段分别将外溢的收益内化，以鼓励人们保护生态环境。显然，庇古理论的实施基础是掌握污染损失和生态效益的准确货币量，但即便当今社会的科技水平也很难实现。而科斯定理则认为简单的征税或补贴的办法没有抓住环境资源问题的本质。企业之所以将废弃物排放到公共区域，是因为空气、水等资源没有排他性的产权，同样，经济理性人不愿在生态建设与保护方面投入资金，是因为生态效益产权不属于建设者与保护者。因此，在存在交易成本的现实社会中，在环境资源相关利益者之间进行环境资源产权的有效配置才是解决环境资源问题的有效路径。应该说，无论是科斯定理还是庇古理论均主张用制度解决环境资源问题，因为人类科技尚不能完全解决环境污染与资源破坏问题，在资源、技术与偏好一定的条件下，制度是影响经济理性人行为决策的关键因素。相比之下，庇古理论仍较大程度地依赖科技水平，而科斯定理则适用于任何科技水平阶段。因此，通过正式制度与非正式制度将环境权在国家、企业与公民之间进行符合可持续发展目标的有效配置，划定各自然资源产权主体的行为边界与规范外部性内化措施是解决环境资源问题的重要手段。法律是现代社会最主要且正式的制度，环境法与自然资源法的立法任务便是对环境权与自然资源产权进行有效配置。

（一）环境法：界定政府管理权、企业排污权和公民环境权的法律边界

如前分析，经济与环境资源可持续发展是解决环境资源问题的目标，具

体落实到某一阶段，必须确定经济增长与保护环境之间的边界，环境法功能就是界定国家环境管理权、企业排污权和公民环境权的范围。如果公民环境权的范围过宽、企业排污权过小、国家环境管理过严，将导致企业防治环境成本高于利润或利润空间过小，必然阻碍经济发展；相反，如果公民环境权的范围过窄、企业排污权过大、国家环境管理过松以至污染者宁可接受污染罚款而拒绝治理污染和使用环保设备，那么环境保护只能是一句宣言。法律经济学的贡献之一便在于运用资源配置的经济分析方法来确定权利分配的最适度边界。

美国经济学家罗伯特·考特（Robert Cooter）和托马斯·尤伦（Thomas Ulen）在《法和经济学》一书中通过以下案例分析了法律在解决环境资源问题中的功能。

一家工厂排放的烟尘弄脏了附近一家营业性洗衣店正在洗涤的衣服。假如洗衣店想到用法律程序制止这种危害，那么根据提交法院的证据，可以用两种方法了结此案。最可能出现的情况是，如果法院认定该工厂是在侵犯洗衣店免受烟尘危害的权利，那么法院可能采取措施制止工厂排污。然而，假如法院认定工厂并没有侵犯权利——也许因为工厂地处四邻之首，洗衣店是"走上门来的"——那么，法院可能驳回洗衣店的控告，不予补偿。

此案中，假如洗衣店蒙受损失为 5000 美元，而工厂安装消污设备的成本或因消除污染造成的减产为 10000 美元。分析的焦点在于要么将环境权赋予洗衣店，要么将排污权给予工厂。若给予工厂排污权，则洗衣店蒙受 5000 美元损失；反过来，若赋予洗衣店免受污染的环境权，则工厂就要承担 10000 美元的损失。显然，两种方案均没有考虑经济与环境的均衡：前者否定洗衣店的环境权，后者否定企业排污权。假如允许双方谈判，洗衣店与工厂就很有可能达成协议：工厂向洗衣店支付 5000~10000 元的损害赔偿。假如在 7500 元上达成协议，那么，甲方节约了 2500 元，乙方增加了 2500 元的收入。也就是说，为达到经济发展与环境保护的均衡，法律应将环境权赋予公民，也允许企业合理排污，两者的适度界限可以通过权利交易实现。这一思想是科斯在《社会成本问题》中提出的，在此基础上，科斯进一步

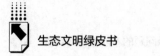
提出，只有洗衣店的老板和工厂的老板结成了夫妻（交易成本为零），才没必要在洗衣店和工厂之间进行产权配置。反之，在交易成本为正的现实中可以通过产权界定与交易达到最适度边界。

然而，环境污染的负外部性导致环境权交易或市场无法将成本完全内化，因此，环境法除了界定企业排污权与公民环境权的边界，还应该规定政府对环境问题的管理权，主要表现为：确定总的污染排放限额，在限额范围内，允许排污权交易，确定和调整排污权的市场价格。

（二）自然资源法：划定产权主体的行为边界与规范外部性内化措施

由于生态建设与保护的正外部性，与环境法功能不同，自然资源法应划定自然资源产权主体的行为边界与规范外部性内化措施。以森林资源为例，《中华人民共和国民法典》物权编与《中华人民共和国森林法》第二章"森林权属"已明确将农户的林地承包经营权界定为用益物权，在承包期内，只要不改变林地用途，农户有权采取各种方式进行流转。这一规定的目的在于通过物权的绝对排他性和可交易性激发农户造林与护林积极性，然而，林木采伐限额管理制度、生态公益林和天然林禁伐制度不仅无法将森林生态效益内化，且连有形的产品收益都无法保证。农户物权与生态公权之间存在严重的冲突，国家因此也实施了森林生态补偿制度，但因生态补偿不到位，实施效果一直不尽人意，而公共地役权制度则可以兼顾农户物权与生态公权，值得推广。公共地役权的地役权人一般为政府，政府基于公共利益与供役地人签订地役权合同，根据合同，政府可以享有物权性质的森林生态地役权，同时供役地人仍然享有不损害森林生态的各种产权。

首先，我国现行森林生态保护制度大多是禁伐，本质上限制了森林产权人的产权，但设立森林生态地役权后，供役地仍属于供役地人。《中华人民共和国民法典》第三百七十六条明确规定，"地役权人应当按照合同约定的利用目的和方法利用供役地，尽量减少对供役地权利人物权的限制"。具体来说，可以由地方政府委托林业主管部门与森林产权人签订森林生态地役权合同，一方面允许森林产权人与经营者进行有益于或不损害森林生态的抚育性间伐和择伐、林下经济、森林旅游等活动，实现森林生态产品价值，另一方面，地方政府及其林业主管部门根据合同获得限制森林产权人采伐行为的权利，减少由单方面的限制导致的实施困难与利益冲突。也就是说，森林生态公益与私益权利边界的合理划分与界定，有利于缓解行政管制带来的森林生态公益与私益之间的冲突，实现公益与私益双赢。

其次，公共地役权的物权效力有利于可持续实现森林生态公益目标。各国立法赋予地役权以物权效力，《中华人民共和国民法典》也明确地将地役权纳入用益物权范畴，其法律意义在于：在公共地役权存续期间，包括供役地权利人在内的任何人不得妨害地役权人行使权利。也就是说，森林生态公共地役权一经依法设立，具有对抗包括供役地权利人在内的第三人效力，能够发挥森林生态系统环境服务功能的持续性作用。

综上分析，为了实现人和自然和谐共生的生态文明目标，环境资源科学立法需要在环境资源问题的经济分析基础上，利用产权工具合理配置环境资源利用与保护的产权边界、交易与保护规则。

参考文献

[1] 世界环境与发展委员会：《我们共同的未来》，王之佳译，吉林人民出版社，1997。
[2] 罗杰·W. 利、丹尼尔·A. 伯：《环境法概要》，杨广俊译，中国社会科学出版社，1997。
[3] 罗伯特·考特，托马斯·尤伦：《法和经济学》，张军译，上海三联出版社，1995。
[4] 理查德·A. 斯纳：《法律的经济分析》（上、下），蒋兆康译，中国大百科全书出版社，1997。
[5] 张帆：《环境与自然资源经济学》，上海人民出版社，1998。
[6] 张红霄、杨萍：《公共地役权在森林生态公益与私益均衡中的应用与规范》，《农村经济》2012 年第 1 期。

G.7
垃圾分类智能化的政策动向、潜在风险及其治理策略

王泗通 *

摘　要： 随着人工智能技术的快速发展，以人工智能技术应用为核心的智能化逐渐成为破解垃圾分类困境的重要手段。就垃圾分类智能化政策动向而言，垃圾分类智能化正朝着辅助居民深度参与垃圾分类、助力政府精细垃圾分类管理以及实现社区精准指导垃圾分类三个方面发展。然而，人工智能技术在垃圾分类领域表现出较高价值的同时，也出现了居民重要信息泄露、基层自治空间不断压缩以及社会结构可能解组的潜在风险。由此本文提出政府应增强居民智能化风险感知能力、构建多元主体协作化解智能化风险机制、推进规避智能化风险政策实施等防范垃圾分类智能化潜在风险的治理策略。

关键词： 垃圾分类智能化　垃圾分类技术　垃圾分类

一　问题的提出

党的十八大以来，国家高度重视社会治理创新，并提出要"创新社会治理体制""改进社会治理方式"。随着"智慧社会"悄然来临，大数据、物联网、人工智能等新兴技术的飞速发展，给社会治理创新带来挑战也带来机遇。

---

* 王泗通，社会学博士，南京林业大学讲师，主要研究方向为社会治理与环境社会。

党的十九大报告指出要"不断提高社会治理社会化、法治化、智能化、专业化水平",其中,社会治理智能化,不仅有效契合人工智能技术快速发展的社会实际,还成为打造共建共治共享社会治理新格局的重要抓手。党的十九届五中全会更是指出要"创新社会治理方式,发挥智治支撑作用",随后"智治"更是成为社会治理现代化的重要方式,即社会治理愈发重视人工智能技术应用。一方面,推动人工智能与社会发展深度融合,提高资源配置效率,从根本上提升社会治理效率;另一方面,应用互联网、大数据等智能技术拓展社会治理时空范围,优化政府社会治理机制,实现社会治理精细化。党的二十大报告则明确提出,健全新型社会治理体制,强化科技力量,完善社会治理体系,增强社会治理效能。因此,社会治理智能化已成为我国社会治理领域改革政策实践的主导逻辑,正在深刻地影响着我国社会治理体制机制的创新完善。

垃圾分类是社会治理的重要组成部分,由于垃圾分类问题的技术性特征,很多地方政府在思想观念上和实践中都十分重视垃圾分类技术应用。特别是 2019 年上海全面推行强制垃圾分类,这意味着我国垃圾分类进入全新的阶段,该阶段的最大特征就是垃圾分类需要投入大量的人力进行监督和引导。人工智能技术快速发展,不仅使得技术替代垃圾分类劳动力成为可能,还在很大程度上降低了垃圾分类的人力成本。因而很多垃圾分类试点城市亦将人工智能技术作为破解垃圾分类困境的重要手段,智能软件、智能设备、大数据等新兴智能技术被广泛地应用于垃圾分类领域。然而,人工智能技术在破解垃圾分类困境的同时,很多新技术仍处于探索阶段,需要垃圾分类试点城市在应用人工智能技术时更加慎重。为此,本文试图在明确垃圾分类治理智能化政策动向基础上,着重分析垃圾分类智能化的潜在风险,进而探索垃圾分类智能化潜在风险的治理策略,以期为更好地推进垃圾分类和人工智能技术应用提供有益的经验借鉴。

二 垃圾分类智能化的政策动向

城市垃圾分类困难的重要原因在于社区难以有效获得政府的垃圾分类信

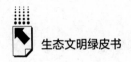

息以及居民难以真正参与社区垃圾分类。很多时候尽管政府为了推进垃圾分类已经制定了一系列的实施政策，但是由于政府与社区之间缺乏有效的政策沟通，社区居民并不完全清楚垃圾分类的政策要求，社区居民对垃圾分类政策的落实表现出事不关己的态度，垃圾分类政策难以在社区真正落地。同时，不少垃圾分类试点城市的政府官员仍保持"全能型政府"的旧思维，导致政府官员对垃圾分类大包大揽，从而在一定程度上影响了社区居民参与垃圾分类的积极性。因此，如何在当前城市垃圾分类困境基础上，重新吸引社区和居民参与垃圾分类，进而提升垃圾分类效果，成为破解城市垃圾分类困境的关键所在。人工智能技术为政府创新垃圾分类模式奠定了重要基础，一方面，人工智能技术的应用能够为城市政府垃圾分类决策提供更准确、更完整、更真实的"数据依据"，提高城市政府垃圾分类管理效率。另一方面，人工智能技术能够替代政府和社区工作人员，实现对社区垃圾分类智能化引导和监控，提升社区垃圾分类的精细化程度。故而，从既有垃圾分类智能化实践经验来看，垃圾分类试点城市政府的垃圾分类智能化的政策动向主要可概况为以下三个方面。

（一）辅助居民深度参与垃圾分类

既有研究表明，源头垃圾分类的关键在于引导社区居民主动参与垃圾分类，因此，大多数垃圾分类试点城市的垃圾分类政策都将推动社区居民有序参与垃圾分类作为工作重点。垃圾分类智能化的重要政策方向便是通过人工智能技术应用，推动社区居民养成良好的垃圾分类意识和行为。在垃圾分类智能化政策的驱动下，一方面，政府利用智能软件宣传社区垃圾分类，以期改变社区居民的垃圾分类意识。比如很多垃圾分类试点城市政府利用人工智能技术推出垃圾分类软件，即基于计算机视觉技术，对物体进行识别和比对，从而实现辅助社区居民垃圾分类的根本目的。另一方面，政府还推出大量的智能设备应用于社会垃圾分类收集，以期引导社区居民形成良好的垃圾分类行为。比如不少垃圾分类试点城市政府利用智能机器人、智能垃圾桶、智能垃圾房等智能设备对社区居民垃圾分类行为进行智能化引导与监督，甚至有的垃圾分类试点城市政府为了鼓励社区居民积极参与垃圾分类，还在智能垃圾房上设置积分二维码，即分类越好就可以获得越高的积分，而积分又可以通过垃圾分类智能设备兑换相应的奖励。总而言之，推动人工智能技术辅助社区居民垃圾分类的政策，不仅使得人工智能技术成为垃圾分类的重要手段，还使得人工智能软件和硬件成为辅助社区居民垃圾分类重要载体。

（二）助力政府精细垃圾分类管理

科学技术在征服和改造自然的过程中取得了卓越的成效，这激发了人们将科学技术应用到社会治理，以期提高社会的运行效率，进而形成以技术为核心的技术社会治理体系。以人工智能技术为支撑的大数据管理成为精细政府垃圾分类管理的重要方式，越来越多的垃圾分类试点城市政府以"互联网+大数据"打造垃圾分类智慧平台，以期实现垃圾分类的智能化管理。当前垃圾分类试点城市的垃圾分类智慧平台主要涉及三方面内容，一是垃圾分类各环节大数据的实时收集，即借助智能软件和智能设备实现对垃圾分类全过程的数据采集，进而为垃圾分类精准施策提供数据基础。二是政府各层级的透明化管理，即上级政府可以实时对下级政府垃圾分类推进工作进行监管，确保下级政府能够真正有效地推进垃圾分类相关工作。三是政府垃圾分类决策智能化，即垃圾分类智慧平台形成了"大数据收集—大数据分析—大数据决策"的智能化闭环，有利于推动政府更加精准地制定和实施相关垃圾分类政策。由此可见，助力政府精细垃圾分类管理的政策使得垃圾分类试点城市政府不仅形成了较强的垃圾分类能力和较高的垃圾分类效率，而且也有效地打破了政府垃圾分类的层级壁垒。

（三）实现社区精准指导垃圾分类

随着政府大力推进社会治理智慧平台建设，人工智能赋能成为社区治理创新以及社区治理现代化的必然选择。人工智能赋能社区治理，不仅能够提升社区治理精准性，还能增强社区居民的参与能力，因而人工智能赋能是社区力量增强的重要体现。垃圾分类智慧平台亦是如此，几乎所有应

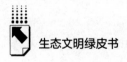
用垃圾分类智慧平台的城市政府都将智慧平台延伸至社区，让每个社区都可以第一时间了解社区垃圾分类的推进情况，尤其是及时了解社区每个家庭户的垃圾分类状况，并且社区还可以依据后台数据信息有针对性地对社区垃圾分类不好的居民进行精准指导。因此，人工智能赋能社区垃圾分类的政策动向，不仅改进了社区粗放式、经验化垃圾分类模式，还打破了垃圾分类管理者与被管理者的行政边界，进而实现社区有序垃圾分类的目标。

三 垃圾分类智能化的潜在风险

如前所述，人工智能为城市垃圾分类提供了全新的运作模式，不仅改变了社区居民参与垃圾分类的方式，还推动了政府垃圾分类管理和社区垃圾分类引导精准化，为最终破解城市垃圾分类困境奠定了重要基础。然而，人工智能的"技术黑箱""技术主观性"导致垃圾分类智能化衍生出一系列的潜在风险。具体来说，垃圾分类智能化的本质在于应用人工智能技术实现城市垃圾分类全环节的智能化管理，智能化管理的关键在于大数据的收集与处理。但是，垃圾分类智能化系统和智慧平台都存在"不确定性"风险，即这些系统和平台一旦遭遇使用者不合理的操作或外界黑客的攻击，就可能产生严重的居民信息泄露风险，居民信息泄露就会给居民带来一系列的安全影响。随着垃圾分类智慧平台的日趋完善，政府各层级工作过程逐渐透明化，上级政府能够实时监控下级政府垃圾分类的进程，如果上级政府不能适度运用智慧平台，就会在一定程度上挤压基层自治空间。同时，由于人工智能表现出远超人类智能的力量，垃圾分类"个体—组织—社会"的结构可能被重构。

（一）安全风险：可能导致居民信息泄露

垃圾分类智能化的信息安全风险主要是指智能系统和智慧平台可能存在一定的信息泄露风险。众所周知，无论是垃圾分类智能化系统还是垃圾分类智慧管理平台，其实质都是以大数据为基础，对大数据进行收集、存储以及分析，因而垃圾分类智能化系统和智慧平台在运作过程中都存在一定的信息泄露或违规使用风险。由于大数据具有较大的应用价值，互联网时代人的隐私受到越来越大的威胁，这种威胁在一定程度上又会严重影响大数据的可持续使用。当居民在使用垃圾分类智能系统和智慧平台时，其活动的轨迹、个人信息都会被系统或平台记录下来，甚至系统或平台借助大数据推算，能够对其偏好和需求进行精准分析。随着垃圾分类智能系统和智慧平台的日趋完善，社区居民完全成为"信息裸人"。因而在实践中，社区居民在使用政府所提供的垃圾分类智能化系统端口或 App 时，其对端口或 App 中的个人信息安全存在较大的担忧，甚至有部分民众为了能够回避信息安全风险，还尽可能降低对政府提供的垃圾分类智能化系统端口或 App 的使用，这些都在很大程度上影响了垃圾分类智能化的效果。

（二）组织风险：可能压缩基层自治空间

科层制应现代政治需求而生，成为现代政府管理的理性代表。马克斯·韦伯认为科层制建立在法理型权威基础之上，科层制的官员受到上级严格的控制，执行上级的命令不仅是他的义务，也是他的荣耀，这种职务感使得官员更多的按照各种既定的标准和要求行使自己的职权。然而，政府科层制金字塔式的组织结构和信息权的高度垄断，在一定程度上抑制了政府工作人员的创造性和灵活性。垃圾分类智慧平台的重要目标便是打破既有政府科层制的体制壁垒，吸引社区居民参与垃圾分类。但就垃圾分类智慧平台实践而言，政府在设计垃圾分类智慧平台时，却依然按照科层制设置智慧平台权限，进而达成政府不同层级之间的"上下控制"关系。从现阶段很多垃圾分类试点城市的智慧平台本质来看，其依然没有跳出科层制的权力不平等弊端，反而在智慧平台衍生出"虚拟科层"，使得上级政府不断强化对下级政府的"管控"，尤其是强化了上级政府对基层政府垃圾分类日常问责考核。

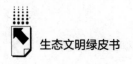

（三）秩序风险：可能导致社会结构解组

随着人工智能技术被应用于社会治理领域，社会治理发生质的变革，即变革的不再只是社会治理理念、模式以及机制，还有社会秩序。尤其是人工智能技术已经渗透到社会各个领域，并持续引发社会变迁和社会结构转型。而垃圾分类智能化最终也将不断推动原本由人承担的工作被人工智能技术所取代，从而使得人工智能逐渐转变为虚拟主体。因此，原有以组织作为人与社会联结的纽带将会被打破，即人工智能将作为重要的"社会主体"参与社会组织的运行，人工智能技术将作为人与组织、人与社会以及组织与社会联结的重要纽带。然而，当人类对新技术的风险不可预测时，往往就会对新技术产生畏惧。人工智能恰恰是很多普通居民难以真正预测社会风险的新技术，特别是人工智能在原社会结构中对人的替代和组织的改革，导致人与人、人与组织以及组织与组织之间的交互方式发生巨大变革，这些变革都改变了人对新技术的常规性认知，引发人类对人工智能技术解组社会结构的担心。

四 垃圾分类智能化潜在风险的治理策略

随着云计算、大数据、区块链等人工智能技术的发展，智能化成为改进城市垃圾分类的风向标。但也如前所述，由于人们对于人工智能技术认知的碎片化，人工智能技术在改进城市垃圾分类的同时，也深刻地改变了垃圾分类的运作方式和垃圾分类组织结构形态，进而衍生出一系列的潜在风险。面对垃圾分类智能化可能引发的潜在风险，面对智慧治理可能引发的潜在风险，到底是因风险而舍弃还是主动适应风险成为当前垃圾分类试点城市政府面临的重要难题。显然大多数垃圾分类试点城市大力推进垃圾分类智能化的实践已表明这些政府选择主动适应新技术带来的垃圾分类变革。因此，有效规避人工智能技术应用的潜在风险成为垃圾分类试点城市政府推进垃圾分类智能化的重要任务。应基于垃圾分类智能化可能存在的潜在风险，紧扣人工智能应用政府治理的新变化，提出垃圾分类智能化潜在风险的可能规避策略。垃圾分类智能化潜在风险规避策略的核心不在于完全否定人工智能对垃圾分类的重要支撑作用，而是要重视垃圾分类智能化过程中隐含的技术风险，提醒政府重视防范人工智能技术的风险。

（一）增强居民智能化风险感知能力

对于社区居民而言，垃圾分类智能化使得垃圾分类交由人工智能成为可能，而这种可能正好符合居民并不愿意承担过多垃圾分类职责的基本取向。因而对于很多本就很少参与垃圾分类的社区居民而言，其并不刻意关注垃圾分类智能化的潜在风险，反而更多关注人工智能技术应用垃圾分类的积极作用，甚至有很多社区居民简单地认为既然人工智能能够替代人类完成垃圾分类工作，政府就应该朝着垃圾分类全环节智能化的方向努力。同时，社区居民所接触的垃圾分类智能化多只是碎片化的认知，比如大多数社区居民不熟悉垃圾分类智慧平台涉及的数据监控，从而使得社区居民陷入"信息茧房"。因此，政府在推进人工智能技术应用垃圾分类过程中，应该充分保证人工智能技术的透明性，特别是将不同智能技术可能存在的信息安全风险，及时告知普通社区居民，进而确保普通社区居民能够在充分了解人工智能技术应用信息安全风险的基础上，从主观上、心理上主动接受垃圾分类智能化的有效推进。这样普通社区居民不仅能够共享垃圾分类智能化带来的便捷，还能够提升垃圾分类智能化的风险感知能力，做好提前防范垃圾分类智能化的潜在风险的准备。

（二）构建多元协作化解智能化风险机制

大量社会治理实践表明，必须要让社会各主体充分发挥各自的优势，才能真正实现社会善治。而社会治理智能化风险产生的重要原因之一，便是人工智能技术在实际应用过程中存在明显的权限控制。比如垃圾分类智慧平台，虽然各级政府、社区、民众都拥有平台的使用权，但是不同主体的使用权限却存在明显的不平等。政府相比于社区和居民而言，拥有更多的管理权，上级政府相比于下级政府而言，拥有更多的控制权。因此，政府在推进

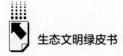

智慧治理创新过程中，需要社区、民众等社会主体监督其合理使用人工智能技术，进而形成政府、社区、民众等多元主体协作化解垃圾分类智能化风险机制。本质而言，多元主体协作风险化解机制在很大程度上调动了社会主体积极参与政府的权力监督，即人工智能技术推动政府权力不断透明化的同时，也使得社会主体能够更为便捷地参与政府的权力监督，这样基层政府在应用智能技术过程中，能够充分注意智能技术应用的边界和尺度，从而真正确保社会主体的根本利益诉求。

（三）推进规避智能化风险的政策实施

一般而言，政府为了确保公共事务的有效落实，都会为其制定相应的政策制度，以期相关主体能够有序地推进公共事务。其实，政府制定相应的政策制度主要是利用了政策制定的强制性特点，对相关主体的行为形成了较强的约束力。因此，垃圾分类智能化也需要推进规避智能化风险的政策实施。首先，政府要出台有关规范垃圾分类智能化标准的政策体系，包括人工智能技术的研发标准、管理标准以及应用标准，确保垃圾分类相关人工智能技术应用的安全性。其次，政府要出台规范垃圾分类智能化相关使用主体行为的政策体系，即加强对政府官员在垃圾分类智能化过程中不规范行为的实时监督，确保垃圾分类智能化相关使用主体的合法权益都能得到有效保护。最后，政府还要建立规范垃圾分类智能化数据应用的政策体系，尤其要慎重对待垃圾分类智能化大数据中涉及居民个人信息或个人隐私的数据，确保政府垃圾分类相关部门能够合理使用和规范管理相关数据，进而依托政策实施构建防范垃圾分类智能化潜在风险的长效机制。

五　结论与讨论

人工智能技术在垃圾分类领域应用的拓展，不仅改变了传统的垃圾分类模式，而且还为政府推动社区实现有序垃圾分类提供了可能。然而，人工智能技术在垃圾分类领域表现出较高价值的同时，由于人工智能技术尚处于探索阶段，试点城市政府在推进垃圾分类智能化过程中也出现了一系列的潜在风险。特别是以人工智能技术为基础的垃圾分类智慧平台的构建，使得社区居民完全成为"信息裸人"，如果不能有效监管智慧平台信息，就会出现居民重要信息泄露的风险。垃圾分类智慧平台也并未完全跳出科层制权力不平等的弊端，反而在一定程度上放大了上级政府的权力，导致基层自治空间面临不断被压缩的风险。同时，智能化还使得垃圾分类中本该由人承担的工作逐渐被人工智能所取代，人工智能所表现远超人的智能也引发了人类对人工智能可能解组社会结构的担忧。因此，垃圾分类试点城市政府在推进人工智能技术应用过程中，不仅需要重视人工智能潜在风险的生成条件和情境，增强居民风险感知能力，还要确立政府、社区、居民等在垃圾分类智能化的主体作用，构建多元协作化解风险机制，更要立足政策制定的强制性特点，有序推进规范垃圾分类智能化政策的实施。

似乎垃圾分类智能化已是一种不可阻挡的趋势，人工智能更是成为政府破解生态环境治理困境的重要手段。从政府生态环境治理实践来看，生态环境治理的技术特征日趋明显，地方政府主动将人工智能技术嵌入生态环境治理，从而借助人工智能实现对生态环境问题的智能化监管。因而对于地方政府而言，人工智能技术的兴起，使政府在生态环境治理中产生两个方面变化，一是政府权威性的变化，政府不再是生态环境治理决策的唯一权威，政府逐渐转变为其中重要的参与者和各种利益互动的协调者。二是政府生态环境治理决策方式的变化，人工智能的嵌入使得政府权力运作不再只是简单的自上而下的垂直结构，而是转变为上下互动、左右融通的同一层面的网状结构，各个主体共同参与生态环境的治理。因而，以人工智能技术作为政府生态环境治理的重要支撑，不仅能够帮助政府提升监管效率，而且能为政府生态环境治理提供更准确、更完整、更真实的数据依据，使政府生态环境治理的"智能决策"成为可能。但是需要警惕的是，人工智能作为新兴技术，其蕴含的潜在风险要求政府在应用人工智能技术治理生态环境问题时，重视人工智能技术应用风险的防范，这样才能有序推进人工智能技术的安全应用。

参考文献

[1] 王法硕、陈泠：《社会治理智能化创新政策为何执行难？——基于米特-霍恩模型的个案研究》，《电子政务》2020 年第 5 期。

[2] 何大安、任晓：《互联网时代资源配置机制演变及展望》，《经济学家》2018 年第 10 期。

[3] 张文博、周冯琦：《人工智能背景下的环境治理变革及应对策略分析》，《社会科学》2019 年第 7 期。

[4] 周冯琦、张文博：《垃圾分类领域人工智能应用的特征及其优化路径研究》，《新疆师范大学学报》（哲学社会科学版）2020 年第 4 期。

[5] 王泗通：《人工智能应用的社会风险及其治理——基于垃圾分类智能化实践的思考》，《江苏社会科学》2022 年第 5 期。

[6] 徐林、凌卯亮、卢昱杰：《城市居民垃圾分类的影响因素研究》，《公共管理学报》2017 年第 1 期。

[7] 贾亚娟、赵敏娟、夏显力等：《农村生活垃圾分类处理模式与建议》，《资源科学》2019 年第 2 期。

[8] 刘永谋、李佩：《科学技术与社会治理：技术治理运动的兴衰与反思》，《科学与社会》2017 年第 2 期。

[9] 董飞、扶漪红、吴笑天等：《城市生活垃圾分类治理：现实困境与实践进路》，《城市发展研究》2021 年第 2 期。

[10] 钟伟军：《地方政府的分散创新与中央主导下的创新整合——长三角政务服务"一网通办"的实践路径》，《江苏社会科学》2022 年第 1 期。

[11] 李云新、韩伊静：《国外智慧治理研究述评》，《电子政务》2017 年第 7 期。

[12] 陈跃华：《加快智慧社区建设 破解社区治理难题》，《人民论坛》2019 年第 2 期。

[13] 张成岗、李佩：《科技支撑社会治理体系构建中的公众参与：从松弛主义到行动主义》，《江苏行政学院学报》2020 年第 5 期。

[14] 孙伟平：《人工智能导致的伦理冲突与伦理规制》，《教学与研究》2018 年第 8 期。

[15] 维克托·迈尔-舍恩伯格、肯尼思·库克耶：《大数据时代》，盛杨燕、周涛译，浙江人民出版社，2013。

[16] 陈水生：《我国城市精细化治理的运行逻辑及其实现策略》，《电子政务》2019 年第 10 期。

［17］ 马克斯·韦伯：《经济与社会（上）》，林荣远译，商务印书馆，1997。

［18］ 马克斯·韦伯：《经济与社会（下）》，林荣远译，商务印书馆，1997。

［19］ 叶荣、易丽丽：《科层制下组织成员的参与自主性：困境与超越》，《中国行政管理》2006 年第 3 期。

［20］ 王锋：《智慧社会环境下的政府组织转型》，《中国行政管理》2019 年第 7 期。

［21］ 陈磊：《推进数字政府建设提升政府治理现代化水平》，《学习时报》2021 年 2 月 5 日第 3 版。

［22］ 任剑涛：《智能与社会控制》，《人文杂志》2020 年第 1 期。

［23］ 韩传峰：《基于区块链的社区治理机制创新研究》，《人民论坛》2020 年第 5 期。

［24］ 朱水成：《公共政策与制度的关系》，《理论探讨》2003 年第 3 期。

［25］ 李明德、邝岩：《大数据与人工智能背景下的网络舆情治理：作用、风险和路径》，《北京工业大学学报》（社会科学版）2021 年第 6 期。

碳达峰碳中和篇

Peak Carbon Dioxide Emissions and Carbon Neutrality Reports

G.8

"双碳"背景下的建筑行业政策
与木结构建筑发展

阙泽利 李馨然 王菲彬 王 硕*

摘 要： 全球气候变化成为人类发展面临的巨大威胁，中国作为世界最大的碳排放国对全球碳中和具有至关重要的作用。目前建筑行业的碳排放水平对实现碳中和目标构成不小的挑战，建筑行业的转型势在必行。当前政策表明将会从五个方面改变城乡建设的发展方式，其中"建设高品质绿色建筑"和"实现工程建设全过程绿色建造"两个方面同木结构建筑息息相关。目前建筑行业实现碳中和的政策主要有四个方向，分别是绿色建筑、装配式建筑、超低能耗建筑以及城市更新，本文将结合当前政策与木结构建筑现状分析木结构建筑在"双碳"背景下的机遇与挑战。

* 阙泽利，博士，南京林业大学教授，博士生导师，主要研究方向为木结构建筑、木质复合材料；李馨然，南京林业大学在读硕士研究生，主要研究方向为木结构建筑抗震机理与增强技术；王菲彬，南京林业大学讲师，主要研究方向为园林景观与木结构；王硕，南京林业大学在读博士研究生，主要研究方向为木结构标准与规范制定。

关键词: 碳中和 碳达峰 木结构建筑

一 前言

全球气候变化已经成为全人类共同面临的巨大威胁,中国作为世界最大的碳排放国对全球碳中和具有至关重要的作用。习近平主席 2020 年在第七十五届联合国大会一般性辩论上强调,中国将采取更加有力的政策和措施,力争于 2030 年前完成碳达峰,努力争取 2060 年前实现碳中和。目前建筑行业的排放水平对这一目标构成不小的挑战,《中国建筑能耗研究报告(2020)》[①] 的数据显示,2018 年我国建筑全过程的能耗总量(21.47 亿吨标准煤)占全国能源消费总量的 46.5%,建筑全过程碳排放总量(49.3 亿吨 CO_2)占全国碳排放总量的 51.3%,这些数据表明建筑行业的转型刻不容缓。

按照党中央、国务院的总体部署,住建部逐步推动装配式建筑的发展,各地纷纷出台相关政策措施,装配式建筑的技术体系日渐成熟。为给新型建筑工业化打下坚实的发展基础,有关部门认定了大批装配式建筑产业基地与示范城市,打造了一批成规模的试点项目,但与绿色发展的要求以及发达国家的建筑业相比仍有较大差距。为加快建筑及建筑产业实现碳中和目标,切实解决存在的问题,国家正逐步为低碳建筑业的发展提供有力的政策支持和法律保障。

二 "双碳"背景下建筑行业的发展方向

碳达峰碳中和"1+N"政策体系是由对"双碳"工作进行系统谋划和总体部署的《中共中央 国务院关于完整准确全面贯彻新发展理念做好碳达峰碳中和工作的意见》(以下简称《意见》)作为"1",《2030 年前碳达峰行动方

---

① 中国建筑节能协会(CABEE):《中国建筑能耗研究报告(2020)》。

案》（以下简称《方案》）及重点领域和行业政策措施和行动作为"N"构成的。《意见》提出："在建材以及建筑行业应制定领域碳达峰实施方案，以节能降碳为导向，修订产业结构调整指导目录；持续深化建筑、交通运输、工业以及公共机构等重点领域节能；提升城乡建设绿色低碳发展质量，如推进城乡建设和管理模式低碳转型、大力发展节能低碳建筑、加快优化建筑用能结构。"①

城乡建设领域的《关于推动城乡建设绿色发展的意见》表明从五个方面改变城乡建设的发展方式，木结构建筑可以结合其中高品质绿色建筑和全过程绿色建造两方面调整发展策略。

建设高品质绿色建筑需要规范绿色建筑从设计施工到运行管理的全过程，加强绿色建筑在农房、既有建筑改造以及各类公共建筑，如学校、机关等领域的利用，开展节约型机关、绿色建筑等创建行动。此外，为推动高品质的绿色建筑规模化发展，应加大财政、金融等一系列政策支持力度，实施绿色建筑统一标识制度。中国已有木结构企业对木结构建筑的节能技术展开研究，并拥有光热转换储能技术和智能通风保温屋盖等多项技术专利，这也证明木结构建筑在节能建筑领域拥有较大的发展前途，可以较好地贴合政策的要求。

工程建设全过程绿色建造要求开展绿色建造示范工程创建行动，推广成熟、成体系的建造方式，探索技术上的创新与融合，实现精细化设计施工。《意见》提出大力发展装配式建筑，但重点推动钢结构装配式住宅建设，木结构建筑作为天生的装配式建筑在当前政策下拥有一定的优势，但政策在装配式住宅领域仅提及钢结构建筑，这在一定程度上会影响木结构建筑在该领域的应用。此外政策还要求增强建筑材料的循环利用，以减少建筑垃圾，严格控制施工扬尘和施工噪声。可见木结构建筑回收利用率高、施工效率高、工地扬尘小等优点都符合政策对建筑材料及施工的要求。

目前建筑行业实现碳中和的政策主要有四个方向，分别是绿色建筑、装

---

① 《中共中央 国务院关于完整准确全面贯彻新发展理念做好碳达峰碳中和工作的意见》，http：//www.gov.cn/zhengce/2021-10/24/content_ 5644613. htm，2021 年 10 月 24 日。

配式建筑、超低能耗建筑、城市更新，下文将结合木结构建筑现状进行更为详细的分析说明。

三 绿色建筑相关政策与分析

绿色建筑是指在全寿命期内，节约资源、保护环境、减少污染，为人们提供健康、适用、高效的使用空间，最大限度地实现人与自然和谐共生的高质量建筑。

（一）政策与法规

近年来绿色建筑相关政策与法规总结如表 1 所示。

表 1 近年绿色建筑相关政策与法规

时间	名称	重要内容
2010.12	《全国绿色建筑创新奖评审标准》	适用于指导全国绿色建筑创新奖的申报和评审
2010.12	《全国绿色建筑创新奖实施细则》	适用于创新奖评审的组织管理
2013.08	《绿色工业建筑评价标准》（GB/T50878—2013）	用于工业建筑绿色建筑认定
2015.12	《既有建筑绿色改造评价标准》（GB/T51141—2015）	用于既有建筑改造绿色建筑认定
2016.12	《绿色建筑运行维护技术规范》（JGJ/T391—2016）	用于新建、扩建和改建的绿色建筑的运行维护
2019.03	《绿色建筑评价标准》（GB/T50378—2019）	该标准明确了绿色建筑的技术要求及标准
2021.06	《绿色建筑标识管理办法》	对绿色建筑标识的申报和审查程序、标识管理等做了相应规定
2020.7	《绿色建筑创建行动方案》	到 2022 年，中国当年城镇新建建筑中绿色建筑面积占比需达到 70%；同时，将绿色建筑基本要求纳入工程建设强制规范
2021.06	《"十四五"公共机构节约能源资源工作规划的通知》	积极开展绿色建筑创建行动，新建建筑全面执行绿色建筑标准，大力推动公共机构既有建筑通过节能改造达到绿色建筑标准，星级绿色建筑持续增加

续表

时间	名称	重要内容
2022.01	《"十四五"节能减排综合工作方案》	到2025年,城镇新建建筑全面执行绿色建筑标准
2022.03	《"十四五"建筑节能与绿色建筑发展规划》	引导地方制定支持政策,鼓励建设高星级绿色建筑,提高绿色建筑工程质量;开展绿色农房建设试点,因地制宜发展木结构建筑

随着绿色建筑的有序推进,2020年底全国城镇新建绿色建筑占当年新建建筑面积的77%,累计建成绿色建筑面积已超过66亿 m²。[①] 此外,提升绿色建筑发展质量也是《"十四五"建筑节能与绿色建筑发展规划》的重点任务之一。不难看出,随着绿色建筑覆盖率的提升,高品质、高星级已然成为绿色建筑的主要发展方向。然而在相关政策中,木结构建筑的推广力度较小,这与中国木结构建筑市场体量小有着密切关系,我国可以将目标放在城镇民用建筑的改建与扩建以及政府投资的公益性建筑与大型公共建筑上,充分利用木结构建筑在绿色建筑认证上的优势,让木结构建设在绿色建筑领域找到落脚点。

此外,为调动企业的积极性,国家及各地区也陆续出台了与绿色建筑相关的激励政策等,以保证我国绿色建筑的快速发展,其中主要包括财政补贴、信贷金融支持、优先评奖、减免城市配套费用等。中国预计2025年将实现绿色建筑100%覆盖,随着这一时间节点的临近,绿色建筑已经逐步成为底线,相关激励政策也指向了高星级绿色建筑。

(二)分析对策

木结构建筑要想在绿色建筑领域得到利用,首先应充分利用自身在绿色建筑申报中的优势,根据《绿色建筑评价标准》(GB/T 50378—2019),绿

---

① 《住房和城乡建设部关于印发"十四五"建筑节能与绿色建筑发展规划的通知》,http://www.gov.cn/zhengce/zhengceku/2022-03/12/content_ 5678698.htm,2022年3月1日。

色建筑评价依据有安全耐久、资源节约等五项。

为提高木结构建筑在绿色建筑申报中的优势，本文根据《绿色建筑评价标准》（GB/T 50378—2019）中各评分项分析木结构建筑的得分点以及部分得分点的说明如下。

1. 安全耐久

在全球多次地震中无论是轻型木结构还是重木结构都表现出极佳的抗震性能。

2. 资源节约

木材作为天然的保温材料，其热桥效应远低于混凝土结构和钢结构，采用热工性能良好的预制板式木结构墙板作为围护结构，外墙传热系数满足《公共建筑节能设计标准》（GB 50189—2015）中的规定值。

研究指出对于木结构、轻钢结构、混凝土结构三类结构建筑，无论是材料物化阶段、建筑施工阶段，还是建筑物使用阶段，木结构建筑的能源消耗均为最小，特别是在木结构建筑的材料物化阶段，其能源消耗明显低于其他两类建筑，仅为轻钢结构材料物化能耗的41%、混凝土结构材料物化能耗的35%。[①] 此外木结构建筑也在研发尝试更低能耗的建筑技术。

3. 创新与提高

中国古建筑常采用木结构，西南等地区的民居也以木结构为主，木结构建筑在建筑文化传承以及地方特色的融合上都具有一定的优势。此外，木材本身的碳排放量较小，再加上木结构建筑大体采用木材所以减少了钢筋混凝土等材料的使用，其二氧化碳排放量也随之减少。

四 装配式建筑相关政策与分析

装配式建筑是指结构系统、外维护系统、设备与管线系统、内装系统的

---

① 北京工业大学材料学院环境材料与技术研究所：《北京木结构、轻钢结构和混凝土结构多层多户式住宅建筑的生命周期分析》，2009。

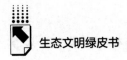

主要部分采用预制构件集成的建筑。装配式建筑具有良好的碳排放优势,其采用成规模的集成式生产可以减少耗材使用、减少建筑垃圾并且降低能耗。

(一)政策与法规

近年来装配式建筑相关政策与法规总结如表 2 所示。

表 2　近年装配式建筑相关政策与法规

时间	名称	重要内容
2016.02	《国务院关于深入推进新型城镇化建设的若干意见》	积极推广应用绿色新型建材、装配式建筑和钢结构建筑
2016.02	《中共中央 国务院关于进一步加强城市规划建设管理工作的若干意见》	加大政策支持力度,力争用 10 年左右时间,使装配式建筑占新建建筑的比例达到 30%;积极稳妥推广钢结构建筑;在具备条件的地方,倡导发展现代木结构建筑
2016.09	《国务院办公厅关于大力发展装配式建筑的指导意见》	以京津冀、长三角、珠三角三大城市群为重点推进地区,常住人口超过 300 万的其他城市为积极推进地区,其余城市为鼓励推进地区,因地制宜发展装配式混凝土结构、钢结构和现代木结构等装配式建筑
2017.01	《装配式混凝土建筑技术标准》(GB/T51231—2016)	规范中国装配式混凝土建筑设计
2017.01	《装配式钢结构建筑技术标准》(GB/T51232—2016)	规范中国装配式钢结构建筑的建设
2017.01	《装配式木结构建筑技术标准》(GB/T51233—2016)	规范装配式木结构建筑的设计、制作、施工及验收
2017.02	《多高层木结构建筑技术标准》(GB/T51226—2017)	规范多高层木结构建筑的设计、制作、安装、验收与维护,做到技术先进、安全适用、经济合理、确保质量、保护环境
2017.02	《国务院办公厅关于促进建筑业持续健康发展的意见》	坚持标准化设计、工厂化生产、装配化施工、一体化装修、信息化管理、智能化应用,推动建造方式创新,大力发展装配式混凝土和钢结构建筑,在具备条件的地方倡导发展现代木结构建筑,不断提高装配式建筑在新建建筑中的比例
2017.02	《国家发展改革委 住房和城乡建设部关于印发气候适应型城市建设试点工作的通知》	积极应对热岛效应和城市内涝,发展被动式超低能耗绿色建筑,实施城市更新和老旧小区综合改造,加快装配式建筑的产业化推广

时间	名称	重要内容
2017.03	《"十三五"装配式建筑行动方案》	到 2020 年,培育 50 个以上装配式建筑示范城市,200 个以上装配式建筑产业基地,500 个以上装配式建筑示范工程,建设 30 个以上装配式建筑科技创新基地
2017.03	《装配式建筑示范城市管理办法》	各地在制定实施相关优惠支持政策时,应向示范城市学习
2017.03	《装配式建筑产业基地管理办法》	产业基地优先享受住房和城乡建设部和所在地住房和城乡建设管理部门的相关支持政策
2017.12	《装配式建筑评价标准》(GB/ T51129—2017)	促进装配式建筑发展,规范装配式建筑评价,本标准适用于评价民用建筑的装配化程度
2020.05	《关于推进建筑垃圾减量化的指导意见》	大力发展装配式建筑,推行工厂化预制、装配化施工、信息化管理的建造模式
2020.07	《关于推动智能建造与建筑工业化协同发展的指导意见》	大力发展装配式建筑
2020.08	《关于加快新型建筑工业化发展的若干意见》	大力发展装配式建筑
2021.10	《关于推动城乡建设绿色发展的意见》	实现工程建设全过程绿色建造;大力发展装配式建筑,重点推动钢结构装配式住宅建设,不断提升构件标准化水平,推动形成完整产业链,推动智能建造和建筑工业化协同发展
2022.03	《"十四五"建筑节能与绿色建筑发展规划》	装配式建筑占当年城镇新建建筑的比例达到 30%;大力发展钢结构建筑,鼓励医院、学校等公共建筑优先采用钢结构建筑,积极推进钢结构住宅和农房建设,在商品住宅和保障性住房中积极推广装配式混凝土建筑,因地制宜发展木结构建筑

2020 年我国的装配式建筑发展稳步向前。总体来看,全国 31 个省、自治区、直辖市和新疆生产建设兵团新开工装配式建筑面积达 6.3 亿 m²,大约占我国新建建筑面积的 20.5%,与 2019 年相比增幅达到了 50%,完成了《"十三五"装配式建筑行动方案》中明确的 2020 年达到 15% 以上的工作目

标。从地区发展来看，装配式建筑重点推进地区的新开工面积占全国的54.6%，积极推进地区和鼓励推进地区的新开工装配式建筑面积占全国的45.4%。从结构类型来看，新开工装配式混凝土建筑占新开工装配式建筑的68.3%（4.3亿m²）；新开工装配式钢结构建筑占新开工装配式建筑的30.2%（1.9亿m²）。①就文件而言，《"十三五"装配式建筑行动方案》对装配式木结构建筑的关注度较低，这与木结构建筑的开工竣工面积较小有关，推广装配式建筑的重点主要还是钢结构的住宅、农房、公建以及装配式混凝土建筑的商品住宅和保障性住房，木结构建筑虽然也有所受益但利用范围较为局限。

良好的经济基础是建筑业发展的必要条件，京津冀、长三角、珠三角作为装配式建筑的三大重点推进区域，发展装配式建筑的力度较大。

表3 京津冀、长三角、珠三角的装配式建筑发展目标

区域	省市	目标
京津冀	北京	2022年装配式建筑占新建建筑面积的比例要达到40%以上，2025年实现装配式建筑占新建建筑比例达到55%
	天津	全市国有建设用地新建民用建筑实施装配式建筑面积达到100%
	河北	城镇新建装配式建筑占当年新建建筑面积比例达到30%以上
长三角	上海	2020年上海新开工装配式建筑地上建筑面积约占新开工建筑地上建筑面积的91.7%，"十四五"期间，在保持现有装配式建筑实施范围和指标要求的基础上，提升建筑总体质量和性能
	浙江	到2025年全省装配式建筑占新建建筑比例达35%以上，钢结构建筑占新装配式建筑比例达40%以上
	江苏	2025年新开工装配式建筑占同期新开工建筑面积比达50%
	安徽	到2025年装配式建筑占到新建建筑面积的30%，其中，宿州、阜阳、芜湖、马鞍山等城市力争达到40%，合肥、蚌埠、滁州、六安等城市力争达到50%
珠三角	广东	珠三角城市群2025年底前，装配式建筑占新建建筑面积比例达到35%以上，其中政府投资工程装配式建筑面积占比达到70%以上

① 《住房和城乡建设部标准定额司关于2020年度全国装配式建筑发展情况的通报》，https://www.mohurd.gov.cn/gongkai/fdzdgknr/tzgg/202103/20210312_249438.html，2021年3月12日。

在约束性政策的支持下，装配式建筑已经成为新建建筑的重要选项，另外为响应国家政策，各地区为调动企业的积极性，出台了有关推进装配式建筑发展的激励政策，降低企业压力。各地区装配式建筑支持政策中的支持措施有诸多相似之处，如用地保障、产业支持、财政政策、金融政策、税费优惠等，但不同地区的推进力度不同，相关措施的细则也有所差异。当前，装配式建筑的主要运用场所还是政府投资或主导的卫生、文教、体育等公益性建筑、市政工程、保障性住房、出让或划拨土地上的新建住宅、工业厂房等，但装配式建筑的强制实施范围正在逐渐扩大。

（二）分析对策

得益于现代木结构建筑自身的特性，其在装配率方面具有一定的优势，故本节内容着重介绍目前中国装配式建筑发展存在的问题及部分应对措施。

中国装配式建筑发展存在的问题首先是建设成本高。生产成本、运输成本和安装成本组成了装配式建筑的主要建设成本，其中，生产成本和运输成本是造成成本较高的主要因素。由于中国装配式木结构生产加工行业整体规模较小、技术生产水平差距较大，出现了部分预制构件通用化低的问题，这使得装配式建筑的优点无法完全展现；同时部分工厂地理位置选择不当，运输预制构件的成本增加。其次是木结构企业产业链发展不完善，国内缺乏拥有完整产业链的企业，缺少能全权负责从设计、生产施工、装修、运营的木结构企业。

为解决上述两大问题，建议企业建立一套设计、生产、施工、装修、运营全产业链的完整技术体系，综合考虑预制构件运输和服务半径，建立自己的预制基地，降低由通用化低而产生的成本；在设计阶段考虑预制构件的装车方式与进场时间，减少运输成本与产品堆积。

此外，中国装配式建筑的研究发展开始较晚，在技术和人才方面都存在不足，相应的技术尚未熟练掌握，设计、生产施工、建造与运行维护等各个环节不成体系，难以保障工程质量且责任追究标准也不完备；不论是设计、施工，还是生产、安装，各个环节都存在人才不足的问题，严重制约着装配

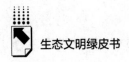

式建筑的发展，装配式木结构建筑也存在着同样的问题。

针对这一问题，可以在技术上参考国外相关的、完善的技术体系，同时完善配套设施。在人才方面，可以引进专业人才，对企业人员尤其是管理人员和技术人员开展培训工作，培养各类技术工人。加强与高校的合作，依托高校的技术与人才优势设置相关专业课程，培养适合企业的人才。

目前相关政策尚不完善，虽然各地区均对装配式建筑出台了支持政策，但由于经验不足，各地区在具体发展规划和落实政策上做得还不够，相关的组织工作、教育培训工作也不到位；国家虽然制定了奖励政策，但是还没有出台实施细则，奖励问题无法落实；企业方面，由于宣传教育的缺乏，企业的重视度不够，相关政策不了解，激励政策很难落实到位。由于地方未重视装配式建筑的重要性，出台的政策支持较少，有的地区虽然出台了装配式木结构建筑的鼓励政策，但在实际工程中落实效果不佳。大部分地区的装配式建筑产业化推广仅停留在试点示范项目，部分企业和建设单位在采用装配式建筑方式的同时仍按照传统管理方式实施。

同时，公众对木结构住宅的印象还停留在传统的木房子阶段，接触和了解现代木结构的人很少，大多数人对木结构持有易腐朽、易燃等误解，市场对木结构建筑的认可度较低。对于企业来说，装配式木结构建筑的资金投入较高，但市场普及率低，收益不稳定，企业参与装配式木结构建筑的积极性也随之降低。

五　超低能耗建筑相关政策与分析

超低能耗建筑是指适应气候特征和自然条件，采用具有良好保温隔热性能和气密性的围护结构、新风热回收技术和可再生能源，保持室内环境舒适的建筑。

（一）政策与法规

近年来超低能耗建筑相关政策与法规总结如表4所示。

表4　近年超低能耗建筑相关政策与法规

2015.11	《被动式超低能耗绿色建筑技术导则(试行)》(居住建筑)	该导则借鉴了国外被动房和近零能耗建筑的经验,结合我国已有工程实践,明确了我国被动式超低能耗绿色建筑的定义、不同气候区技术指标及设计、施工、运行和评价技术要点,为全国被动式超低能耗绿色建筑的建设提供指导
2017.03	《建筑节能与绿色建筑发展"十三五"规划》	积极开展超低能耗建筑、近零能耗建筑建设示范,提炼规划、设计、施工、运行维护等环节共性关键技术,引领节能标准提升进程,在具备条件的园区、街区推动超低能耗建筑集中连片建设,鼓励开展零能耗建筑建设试点;到2020年,建设超低能耗、近零能耗建筑示范项目1000万 m² 以上
2017.12	《被动式低能耗建筑——严寒和寒冷地区居住建筑》(16J908—8)	适用于严寒和寒冷地区被动式低能耗居住建筑的设计和施工,亦可作为被动式低能耗建筑科研和教学的参考资料
2018.12.18	《严寒和寒冷地区居住建筑节能设计标准》(JGJ26—2018)	适用于严寒和寒冷地区新建、扩建和改建居住建筑的节能设计
2019.01.24	《近零能耗建筑技术标准》(GB/T51350—2019)	适用于近零能耗建筑的设计、施工、运行和评价,为我国中长期建筑能效提升目标设定和路线选择奠定了理论基础
2020.08	《超低能耗农宅技术规程》(T/CECS739—2020)	适用于三层及以下超低能耗农宅的设计、施工和验收
2020.08	《近零能耗建筑检测评价标准》(T/CECS740—2020)	适用于超低能耗建筑、近零能耗建筑、零能耗建筑的检测与评价;适用于超低能耗建筑、近零能耗建筑、零能耗建筑的标识与认证
2021.06	《"十四五"公共机构节约能源资源工作规划》	加快推广超低能耗和近零能耗建筑,逐步提高新建超低能耗建筑、近零能耗建筑比例
2021.09	《建筑节能与可再生能源利用通用规范》(GB 55015—2021)	该规范为中国针对建筑节能的强制性标准,该规范要求新建、扩建和改建建筑以及既有建筑节能改造工程的建筑节能与可再生能源建筑应用系统的设计、施工、验收及运行管理必须执行本规范
2021.10	《关于推动城乡建设绿色发展的意见》	加强财政、金融、规划、建设等政策支持,推动高质量绿色建筑规模化发展,大力推广超低能耗、近零能耗建筑,发展零碳建筑

续表

2021.10	《2030年前碳达峰行动方案》	加强适用于不同气候区、不同建筑类型的节能低碳技术研发和推广,推动超低能耗建筑、低碳建筑规模化发展
2021.10	《中国应对气候变化的政策与行动》	推广绿色建筑,逐步完善绿色建筑评价标准体系;开展超低能耗、近零能耗建筑示范
2021.10	《"十四五"全国清洁生产推行方案》	持续提高新建建筑节能标准,加快推进超低能耗、近零能耗、低碳建筑规模化发展,推进城镇既有建筑和市政基础设施节能改造
2021.11	《深入开展公共机构绿色低碳引领行动 促进碳达峰实施方案》	加快推广超低能耗建筑和低碳建筑

通过对日本、德国、瑞士、美国等国家的超低能耗建筑评价体系的总结,本文发现这些国家的评价指标与方法具有一定的相似性,逐步提高建筑能效的"三步走"发展路径是必然趋势。超低能耗建筑从发展到完善需要较长的时间,学习发达国家的建造技术并将其本土化有利于抢先在木结构超低能耗建筑市场站稳脚跟。

超低能耗建筑在中国起步较晚,但行业内接受速度快。"十三五"期间,随着地方鼓励政策的出台和超低能耗建筑试点示范的开展,超低能耗建筑覆盖地区增加、建造成本下降,这为其创新和规模化发展创造了条件。全国各地区对超低能耗建筑提出了资金奖励、用地保障、科技支持、流程优化、容积率奖励等多项激励措施。2021年我国有超过1000万 m^2 的超低能耗建筑已建成或在建中,其中包括学校、住宅、办公等多种类型建筑。

由于不同地区的气候条件及产业结构差异较大,全国各地区超低能耗建筑的发展差异较大。由于超低能耗建筑被普遍认为更适合寒冷地区,这部分地区对超低能耗建筑的推广更加积极,超低能耗建筑的运用主要集中在京津冀等北方地区。目前我国缺少针对夏热冬冷和夏热冬暖地区的超低能耗建筑研究,部分南方地区省份也在积极研究与当地气候适配的被动式超低能耗建筑。

此外,随着既有老旧建筑近零能耗改造的起步,近零能耗建筑技术与装配式建筑技术结合逐步成为行业热点。因此,把握木结构建筑的装配式特点，结合被动式超低能耗建筑的优势，可建造拥有良好的气密性、舒适的室内环境以及优秀的保温隔热效果的木结构超低能耗建筑。

（二）分析对策

自我国 2020 年 9 月"双碳"目标提出之后，超低能耗建筑迅速成为支持政策补贴、激励的重点。中国的建筑激励政策一般都会经历试点奖励、全面奖励与高质量奖励这三个阶段，预计超低能耗建筑近几年内都将以试点奖励政策为主，建议企业积极发展试点项目，一方面熟悉中国不同地区气候条件、经济发展水平、技术发展水平的差异，确定优先发展的区域和发展目标，总结示范经验和成果，为后期发展积累经验，另一方面提高企业知名度，增加市场效益。在现代木结构建筑的基础上使用无热桥设计、高效外围护系统、新风系统、节能门窗系统等超低能耗建筑核心技术，实现装配式建筑和超低能耗建筑的结合。

建筑外围护结构主要由外墙和屋面组成，实现超低能耗木结构建筑的关键是采用高性能的外墙和屋盖保温系统。在木结构项目中采用填充石墨聚苯板的外围护结构，其传热系数均符合《近零能耗建筑技术标准》（GB/T 51350—2019）中的要求。考虑不同的气候类型，合理设计不同地区适宜的外围护结构，在保证保温性能的同时控制成本。

建筑物与室外最容易通过外窗进行热传导和热交换，故外窗也是建筑外围护结构中需要重点注意保温隔热的部位。在不影响建筑美观和室内视野的情况下，通过调整窗户的高度与宽度、开窗面积，可达到太阳得热和节能的完美平衡。此外，门窗的开启方式、窗框材质、玻璃材质、表面涂层、安装方式等对于外窗的节能性能均有影响。

建筑气密性是影响建筑节能的一个重要因素。若要保证木结构建筑的气密性就必须保证气密层连续且完全包裹外围护结构。对于木材接缝、外墙中的管线洞口、门窗洞口等易导致气密性下降的部位，应利用气密材料进行处理，以达到相关标准的要求。然而，气密性过高会导致新风量不足、室内空气品质下降，影响舒适度的同时还会对人体健康造成威胁。室内新风量要符

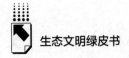

合国家现行标准规定，设计时注意建筑结构和送风排风管道相协调，降低管道安装难度和成本，充分考虑风机组降噪措施。

无热桥设计对降低建筑能耗也有着重要的作用。木材是天然的保温材料，木结构建筑的热桥效应远低于钢结构，但仍存在一定的热桥现象。缺少外保温包裹的木构件是出现木结构建筑热桥现象的重要因素，当木结构建筑仅在墙体龙骨之间安装保温材料时，木龙骨的热阻值低于保温材料的热阻值，因此形成了热桥。若要减少木结构建筑的热桥效应可以采取增加外保温和在保证结构安全的前提下减少木龙骨的配比，并在易产生热桥的部位做防热桥处理。

此外部分木结构超低能耗项目还使用了屋顶一体化光伏系统、智能天窗系统等技术，但木结构超低能耗建筑在中国的发展仍有一些限制。

首先是设计施工水平不高，木结构超低能耗建筑在中国发展较晚，且其对于施工工艺和施工人员的操作水平要求很高，国内大部分设计单位不具备该项专业知识和设计能力。因此，加大设计施工等专业人员的培养力度是进一步发展木结构超低能耗建筑的重要前提。

其次是缺乏关键技术产品。因国内研发落后，部分木结构超低能耗建筑的连接构件、防水密封材料、外墙保温系统中专用系统配件等至今尚无成熟的产品。且这些产品的市场需求小，导致供应量小，出现了价高难得的局面，部分产品需要依赖进口或委托外资企业在国内的供应商进行定制，不但提高了超低能耗木结构建筑的造价，与国外同等产品相比性能也有所下降。因此，企业需要打通关键技术产品的购买渠道以降低成本，并且开发自己的核心技术提高竞争力。

此外，相比于普通节能建筑，超低能耗建筑的保温材料、高效热回收装置和高标准施工要求等使得建筑造价提高，降低了开发商的热情。政府补贴政策可以覆盖部分成本，但总体成本仍偏高。

六　既有建筑节能改造相关政策与分析

既有建筑节能改造是指对不符合建筑节能标准要求的既有居住建筑和公

共建筑的围护结构、供热采暖或空调制冷（热）系统进行改造，使其热工性能和供能系统的效率符合相应的建筑节能设计标准的要求。故前文所提到的绿色建筑与超低能耗建筑的部分政策与法规同样适用于建筑节能改造。

（一）政策与法规

近年来既有建筑节能改造相关政策与法规总结如表5所示。

表5　近年既有建筑节能改造相关政策与法规

2015.12	中共中央、国务院 中央城市工作会议	有序推进老旧住宅小区综合整治；推进城市绿色发展，提高建筑标准和工程质量
2015.12	《既有建筑绿色改造评价标准》（GB/T51141—2015）	该评价标准适用于改造后为民用建筑的绿色性能评价；同时，既有建筑改造绿色评价以进行改造的既有建筑单体或建筑群作为评价对象，评价对象中的扩建面积不应大于改造后建筑总面积的50%，否则本标准不适用
2016.06	《既有住宅建筑功能改造技术规范》（JGJ/T 390—2016）	为保障既有住宅建筑改造后的基本居住功能与使用安全，规范既有住宅建筑功能改造，确保工程质量，特制定该规范。该规范适用于既有住宅建筑功能改造的设计、施工与验收，包括户内空间改造、适老化改造、加装电梯、设施改造、加层或平面扩建等
2017.03	住房和城乡建设部关于印发《建筑节能与绿色建筑发展"十三五"规划的通知》	持续推进既有居住建筑节能改造；积极探索以老旧小区建筑节能改造为重点，多层建筑加装电梯等适老设施改造、环境综合整治等同步实施的综合改造模式；鼓励有条件地区开展学校、医院节能及绿色化改造试点
2017.09	《关于加强和完善建档立卡贫困户等重点对象农村危房改造若干问题的通知》	要求北方地区结合农村危房改造积极推动建筑节能改造和清洁供暖
2020.07	《关于全面推进城镇老旧小区改造工作的指导意见》	各地要结合实际，合理界定本地区改造对象范围，重点改造2000年底前建成的老旧小区；城镇老旧小区改造内容可分为基础类、完善类、提升类3类
2020.07	《绿色建筑创建行动方案》	提升建筑能效水效水平；结合北方地区清洁取暖、城镇老旧小区改造、海绵城市建设等工作，推动既有居住建筑节能节水改造；开展公共建筑能效提升重点城市建设，建立完善运行管理制度，推广合同能源管理与合同节水管理，推进公共建筑能耗统计、能源审计及能效公示

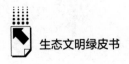
续表

2020.12	《既有建筑节能改造智能化技术要求》（GB/T 39583—2020）	该标准编制的目的是规范和指导既有建筑节能改造中的智能化技术应用与系统建设，提高既有建筑节能改造工程的节能水平，满足建筑节能的智能化需求
2021.08	《关于在实施城市更新行动中防止大拆大建问题的通知》	除违法建筑和经专业机构鉴定为危房且无修缮保留价值的建筑外，不大规模、成片集中拆除现状建筑，原则上城市更新单元（片区）或项目内拆除建筑面积不应大于现状总建筑面积的20%；提倡分类审慎处置既有建筑，推行小规模、渐进式有机更新和微改造；倡导利用存量资源，鼓励对既有建筑保留修缮加固，改善设施设备，提高安全性、适用性和节能水平
2021.09	《既有建筑维护与改造通用规范》（GB 55022—2021）	该规范为强制性工程建设规范，全部条文必须严格执行；现行工程建设标准相关强制性条文同时废止；现行工程建设标准中有关规定与该规范不一致的，以该规范的规定为准
2022.03	《"十四五"建筑节能与绿色建筑发展规划》	提高既有居住建筑节能水平；推动既有公共建筑节能绿色化改造

当前，中国既有建筑数量庞大、覆盖面广、问题突出，主要体现在存量大、能耗高、寿命短3个方面。

中国既有建筑面积已经达到600亿 m^2，并且每年新增约20亿 m^2。"十三五"期间，既有居住建筑节能改造面积达5.14亿 m^2、公共建筑节能改造面积达1.85亿 m^2，可见存量依旧巨大，仍有较大的发展空间。

2018年，我国建筑全过程总能耗达21.47亿吨标准煤，为全国能源总消费的46.5%，而在我国城镇中，仍有约60%的既有建筑为不节能建筑，能源利用率低，既有建筑节能改造势在必行。

由于建设标准低、规划不合理，我国建筑平均寿命仅在30年左右，相对于美国、英国等国家的建筑的平均寿命来讲，我国的建筑寿命相当短，因此，如何处理现有建筑成为一件值得探讨的问题。对尚可利用的建筑拆除重建，既浪费了能源资源也会对环境造成破坏，因此，对既有建筑进行改造也更加符合城市更新的思想。

《"十四五"建筑节能与绿色建筑发展规划》提出，2025年既有建筑节能改造面积指标要达到 3.5 亿 m^2。这对于各企业来说无疑是一个巨大的市场，该指标主要分为两部分：既有居住建筑节能改造与公共建筑能效提升城市建设。其中农房节能改造、老旧小区改造可以作为木结构建筑的重点发展市场。为推动既有建筑节能改造，中央采取了财政补贴和财政贴息的相关鼓励政策，各级政府也推出了相应的经济激励政策。财政部于 2007 年和 2012年颁布了两项文件，对既有居住建筑的节能改造补助范围和标准作出详细划分，2020 年国务院办公厅印发《关于全面推进城镇老旧小区改造工作的指导意见》，明确了城镇老旧小区改造税费减免政策，多地也根据具体情况制定了相关政策。目前民用建筑节能改造多鼓励使用合同能源管理（Energy Performance Contracting，EPC）模式，并出台了一系列推广政策，助推节能改造政府主导向市场化运作过渡。

（二）分析对策

木结构建筑在既有建筑节能改造中最大的应用形式应属为待改造建筑提供高性能的围护结构，最大的应用领域应为农房节能改造。我国农村住房大多为自建房，农房的基础标准不完善，设计、施工水平较低，基本没有外墙保温措施，且建筑年代久远，部分地区仅有 13% 的住户做了外墙保温，可见外围护结构的改造是既有建筑节能改造的重点。

中国西南等地区传统木构农房较为集中，随着新农村建设的快速发展，一些木结构农房也被砖混建筑取代，不仅失去了当地乡村的传统风貌，相较于木结构改造也增加了建筑全周期的碳排放。随着现代木结构的发展，在农房改造中引用木结构技术不失为一种解决方法。如本文作者团队牵头主持的江苏省宜兴市张渚镇茶亭村示范工程与贵州省传统木结构建筑改良示范项目均使用了 SIPs 墙体，该材料具有高效节能、环保耐久等多项优点。据计算，SIPs 墙体的传热系数为 0.14W/（$m^2 \cdot K$），此外茶亭村示范工程中采用的木框架墙体传热系数可达到 0.17W/（$m^2 \cdot K$），完全可以满足《超低能耗农宅技术规程》（T/CECS 739—2020）的要求。SIPs 墙体不仅达到保温隔热要求，与钢结构、混凝土结构等类型的建筑相比，SIPs 模块化模式在价格

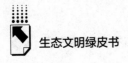
上具有竞争力，如果实现大规模生产还会在价格上具有优势。

《超低能耗农宅技术规程》（T/CECS 739—2020）中提出超低能耗农宅外墙宜采用外墙外保温或夹心保温构造形式，研究表明在木结构民居改造中，使用预制木挂板进行节能改造可以有效降低墙体材料成本。

在农宅节能改造中除了要提高墙体和屋面的保温隔热性能，还要注意门窗的气密性、通风采光等多方面的问题，因地制宜利用可再生能源，在保护乡土文化的同时对建筑功能进行整体提升。

目前农宅节能改造尚难以市场为主导，一方面是由于大部分农村居民缺乏节能环保理念，另一方面是部分节能改造投资收益水平不高，业主难以自发投资节能改造。为扭转这一局面不仅需要依靠政府的宣传与政策支持，还需要企业在控制成本的前提下研究开发高性能的节能改造体系，实现业主与企业的共赢。

参考文献

[1] 张建国：《"十三五"建筑节能低碳发展成效与"十四五"发展路径研究》，《中国能源》2021年第6期。

[2] 付维舟：《木结构近零能耗示范项目设计要点》，《建设科技》2019年第17期。

[3] 阙泽利：《模块化SIPs在贵州传统木构民居改良中的应用》，《林产工业》2017年第11期。

G.9

"双碳"目标下林业碳汇
潜力及发展路径研究

姜姜　管鑫　崔莉娜　杜珊凤　孟苗婧*

摘　要： 截至 2021 年底，全球已有 136 个国家提出了"碳中和"承诺，表示将加强共同努力，致力于实现碳中和目标或承诺减排。众多碳中和计划都强调了一种间接的基于自然的温室气体减排措施，即现有生态系统的"增汇"功能。因此，林业碳汇显得极为重要。本文基于林业碳汇的重要地位及其研究发展现状，对林业碳汇的计量监测方法进行总结介绍，并以南京市的林业发展为例，对基于城市尺度的林业碳中和路径进行演算与情景分析，量化林业管理措施对林业碳汇的促进作用。本文也基于不同的增汇路径与强度，提供了三种路径组合情景，展示了未来 40 年的林业碳汇增汇模式，为"双碳"目标下的林业增汇政策制定与路径发展提供数据支撑及管理与政策建议。

关键词： 碳中和　林业碳汇　碳汇潜力

---

* 姜姜，生物学博士，南京林业大学教授、博士生导师，南京林业大学林学院副院长（主持工作），主要研究方向为森林水文、生态系统生态、全球变化和生态水文模型；管鑫，南京林业大学在读博士研究生，主要研究方向为林业经济政策、决策理论与方法；崔莉娜，南京林业大学在读博士研究生，主要研究方向为森林水文与水土保持；杜珊凤，南京林业大学在读硕士研究生，主要研究方向为生态系统；孟苗婧，博士，南京林业大学林学院助理研究员，主要研究方向为林业生态工程。

一 前言

全球气候变化研究是生态环境变迁的重要课题之一，近三十年来，伴随着《联合国气候变化框架公约》、《京都议定书》以及《巴黎协定》、《哥本哈根气候协议》、《坎昆协议》等条约的制定与签署，国际上对全球气候问题的关注度越来越大。针对控制温室气体排放的研究也衍生出许多概念，而在林业领域，区别于碳补偿、碳平衡等概念，碳中和更多的强调了一种间接的温室气体减排措施——现有生态系统的增汇功能。

林业碳中和指利用林业自身的碳汇生态功能，基于碳补偿的原理，达到碳抵消的目的，最终实现碳平衡的机制。在 2020 年 9 月的联合国大会上，习近平总书记提出我国"2030 年前实现碳达峰，2060 年前实现碳中和"的目标，实现这一任务的主要途径是减排与增汇。然而作为目前全球最大的碳排放国，受技术发展水平、经营特点等限制，一些行业的碳减排方案成本过高或无法实现，因此在整个碳中和过程中，林业生态系统的碳汇显得极为重要。

城市是碳中和的主要阵地，城市的绿色低碳发展转型，意味着城市建设运营模式的改变，林业碳汇是推进城市绿色发展、实现零碳城市愿景的重要方式。2020 年 12 月 22 日，江苏省表示，在全国率先实现碳达峰，指出要提升生态系统碳汇能力。南京市作为江苏省省会城市，准确分析南京市的林业发展现状，估算其覆盖面积与碳储量，制定切实可行的林业发展计划，对助力江苏省率先实现碳达峰及未来碳中和目标都有重要意义。

（一）林业碳汇的重要性

陆地生态系统在全球碳循环中起到了非常重要的作用，减缓气候变化的主要策略就是增加陆地生态系统碳汇。陆地生态系统每年的固碳量约为 3PgC，而作为陆地碳汇的主体，森林生态系统的总碳储量相当于大气中碳含量的两倍。IPCC《气候变化 2021：自然科学基础》报告指出，林业碳汇潜力巨大，并且林业碳汇相对于工业减排更加具有成本优势。

国际社会已经高度重视林业碳汇的作用，并将其纳入了应对气候变化策略。《京都议定书》提出"通过土地利用、土地利用变化和林业活动（LULUCF）以增加陆地生态系统碳汇的策略"，《哥本哈根协议》进一步提出"减少由于滥伐森林和森林退化引起的碳排放是至关重要的"。森林生态系统在提供碳汇服务的同时，还在保持生态平衡、调节局域气候、维持生物多样性、涵养水源等多方面发挥生态服务的作用。因此，发展林业碳汇是一项必要的、具有综合效益和成本优势的应对气候变化策略。

党的十八大以来，中国将"生态文明建设"提高到了新的战略高度，肯定和强调了保护和发展森林资源在生态文明建设中的基础性作用，提出了以生态建设为主的林业发展战略。2007 年《应对气候变化国家方案》提出增加森林碳汇是中国应对气候变化的重点策略之一，同年 APEC 会议上，中国正式对外宣布"通过扩大森林面积，增加二氧化碳吸收源"的消减温室气体排放方案。2009 年的自主减排承诺明确提出"到 2020 年，森林面积比 2005 年增加 4000 万公顷，森林蓄积量比 2005 年增加 13 亿立方米"。2015 年的自主减排承诺进一步提出"到 2030 年，森林蓄积量比 2005 年增加 45 亿立方米"。

（二）林业碳汇的发展潜力

我们将林业生态系统的碳汇潜力定义为森林具备却没有达到的碳汇量，这是对林业生态系统碳汇供给能力的一种评估。林业碳汇潜力是林业生态系统碳汇增长量的潜力，用以评估基于一定假设下有可能实现的温室气体吸收潜能。对林业碳汇潜力的预测，可以为全球、国家以及区域尺度上的森林管理及经济社会发展提供相关信息。

相对于自然学科的森林碳库存量估算，林业碳汇潜力研究更加具有交叉学科的特点，对林业碳汇潜力的估算不仅要考虑森林生态系统自身

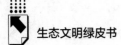

的属性,更要关注这些属性与人为活动的联系。全球林业碳汇潜力评估始于 20 世纪 80 年代末,早期的林业碳汇研究主要集中在减少毁林、造林和再造林活动造成的碳汇增益方面。IPCC 第二次评估报告也认可了有关热带地区减少毁林、森林再生、未造林地区通过再造林产生的森林碳汇。但是早期的研究较少考虑经济、社会、环境等因素对林业活动及其碳汇潜力的影响,以及这些变量之间的关联和反馈。后续的研究中,经济学和社会科学问题也逐渐纳入了研究范围,体现了生态系统和社会系统之间的多元互动。林业碳汇方法学也对林业碳汇潜力评估构成影响,对于森林资源数据资料的掌握程度、计量和监管范围的划分、森林碳汇项目的额外性和持久性等问题在监测计量中都有统一的标准。目前我国林业碳汇相关方法学主要有《碳汇造林项目方法学》、《竹子造林碳汇项目方法学》、《森林经营碳汇项目方法学》以及《造林技术规程》、《碳汇造林技术规程》等。

从宏观角度看,我国的林业碳汇潜力评估仍主要依靠于自然科学领域,如 Lu Jin 等（2020）根据中国林业发展规划进行了情景设定与预测,对中国 1990~2050 年森林碳库的变化进行了研究,结果显示在"基准情景"、"趋势情景"和"计划情景"下,中国森林净碳汇将分别增加 21.4%、51.5%和90.4%。其中,"计划情景"下中国森林累积固碳量将达到 9GtC。徐冰等（2010）根据森林资源清查数据和林业发展规划,指出中国森林碳汇具有较大潜力。该研究对自然条件下 2000~2050 年中国森林生物量碳库进行了基于生物量密度与林龄关系的预测,结果显示中国现有森林与这一时期内新造林的碳汇量合计将达到 7.23PgC,平均年碳汇量为 0.14PgC/a。尹晶萍等（2021）根据全国森林资源清查数据中的森林碳储量数据,在考虑树种构成、平均林龄、蓄积量、自然气候条件、经营状况等因素的基础上,预测到 2060 年森林植被碳储量为 15.71PgC,年均吸收 CO_2 2.78PgC;并结合森林碳库占陆地植被碳库的比例,确定了我国实现碳中和目标年 CO_2 排放最大总量。在此基础上结合《中华人民共和国国民经济和社会发展第十四个五年规划和 2035 年远景目标纲要》中的 GDP 数据,根据 CO_2-GDP

关系预测到 2060 年中国的碳强度。这些研究既说明森林固碳潜力的预测意义重大，也说明林业碳汇潜力的准确预测在碳中和目标实现过程中的重要意义。

（三）国际典型城市林业生态系统碳汇政策

截至 2020 年 10 月，全球已有 127 个国家相继提出到 21 世纪中叶实现"碳中和"目标的承诺。哥本哈根是世界上率先宣布碳中和目标的城市，其在 2009 年提出了到 2025 年实现碳中和的目标。阿姆斯特丹、赫尔辛基等城市也相继提出相应的碳中和目标。在澳洲，悉尼提出在 2030 年之前，其碳排放在 2006 年的水平上减少 70%，阿德莱德于 2015 年提出建设全球首个实现碳中和城市。北美的温哥华、多伦多、芝加哥、纽约等城市也先后提出了自己在碳减排领域的相关计划及路线图。众多的碳中和实现计划都体现了林业碳汇在碳中和过程的重要性。以下是几个城市碳中和相关计划过程中有关林业碳汇的部分。

1. 诺丁汉市

为应对气候和环境变化，诺丁汉市已经发布报告，设定了 2028 年前完成碳中和的目标。报告中指出生物多样性和气候变化与季节密切相关；野生动物的分布受到温度和降雨变化的影响；栖息地的丧失也可以增加环境中的碳量。由此可见，运作良好的生态系统可以防止气候变化的负面影响，并有助于帮助生物适应气候的进一步变化。根据 2016 年的报告，诺丁汉市大约有 25% 的面积属于绿地。自然环境中的土壤可以储存植被，吸收大气层的碳，提供食品和水供应，并提供自然排水解决方案，以减少洪水和气候变化的影响；森林可以降温、拦截降雨、减少洪水和土壤侵蚀，为我们应对气候变化提供帮助。基于以上考量，诺丁汉市在碳中和计划中也提到了一些林业碳汇相关举措。

（1）通过生态研究和创新工程实践重建和保护生物栖息地；

（2）确保所有规划和发展决策都考虑到环境和可持续性；

（3）与环境局合作，保护 1000 多座房屋免受洪水事件增加带来的

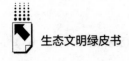

风险；

（4）实施开放空间网络（OSN）计划，结合生态环境保护与居民游憩活动需求，从区域到地方进行多目标、多层次的系统性景观环境保护；

（5）种植至少1万棵树，并与当地社区合作，帮助扩大和保护诺丁汉的绿旗公园；

（6）建造蜜蜂友好型城市，在种植树木时优先选择蜜蜂友好型植物；

（7）确保诺丁汉市的投资，将城市发展成为可持续、可再生部门的卓越中心；

（8）在适当的地方增加林地覆盖，并可持续管理林地。

为了实现碳中和的关键目标，诺丁汉市政府提供了包括可持续地使用和管理土地、恢复自然并增强景观、与环境联系起来改善健康等方面的政策支持。

2. 温哥华市

温哥华市明确提出到2020年，温室气体排放相比2007年减少33%；到2050年，温室气体排放相比2007年减少80%，100%实现可再生能源。与其他城市相比，温哥华市没有直接提出碳中和，这是因为碳中和没有纳入碳抵消的内容，它仅是强调碳减排的指标。

温哥华市的计划明确了林业碳汇的相关举措：第一，战略性的增加造林，从2014年的3.7万棵新造树，通过私有产权、公园、行道树等造林，到2020年增加至15.0万棵树；第二，更新城市内树木的清单目录；第三，升级树木管理；第四，增加林业碳汇。

3. 阿德莱德

阿德莱德市在2015年提出，要成为全球第一个碳中和城市。并在2016~2021年碳中和行动计划中指出增加碳汇对南澳大利亚的土地部门来说是一个重大的机遇，例如重新造林可以减少土地侵蚀和改善水质，解决盐度问题；提高土壤碳含量可以改善土壤质量，促进植物生长。

2019 年发布的阿德莱德碳中和进程显示，已经在阿德莱德高中为社区建立了一个碳补偿示范基地。这是碳补偿的实际例子，也是一个观察生物多样性成本和收益的试点项目。此外，袋鼠岛的碳补偿项目也已在 2018 年启动。

二　林业碳汇计量监测方法

科学计量森林碳汇，掌握土地利用、土地利用变化、林业活动等引起的碳汇量变化，形成系统的林业碳汇监测计量体系，是应对气候变化工作、参与国际涉林议题、参与碳交易的重要基础。林业碳汇的计量主要基于样地调查的生物量数据和基于涡度相关技术的碳通量数据。由于碳通量数据的获得依赖于碳汇计量监测系统的建立，不适合普查，大面积的碳汇计量工作仍依赖于生物量的转化计算。森林资源连续清查（一类清查）和森林资源调查（二类调查）是以掌握国家森林资源现状与动态为目的，利用固定样地为主进行森林乔灌草生长状态及地形与立地条件连续监测的森林资源调查方法。基于森林资源连续清查与森林资源调查积累的大量数据，相关部门陆续制定了《省级温室气体清单编制指南》《森林碳储量计量指南》《全国林业碳汇计量监测技术指南》等碳汇计量监测方法，为顺利开展系统全面的林业碳汇计量工作提供技术支持和方法指导。

（一）土地利用分类

按照国家标准《土地利用现状分类》（GB/T 21010—2017），结合刘纪远（1996）建立的 LUCC 分类系统，将土地利用类型划分为 6 个一级类型和 25 个二级类型（见表 1）。林业碳汇的计量对象为林地，主要包括有林地和灌木林地。对一定区域进行林业碳汇计量时，首先应确定区域内的各类林地面积，对有林地和灌木林地分别计算。

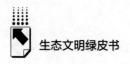
表 1 土地利用类型

一级类型		二级类型		含义
编号	名称	编号	名称	
1	耕地	11	水田	指种植农作物的土地,包括熟耕地、新开荒地、休闲地、轮歇地、草田轮作地;以种植农作物为主的农果、农桑、农林用地;耕种三年以上的滩地和滩涂
		12	旱地	
2	林地	21	有林地	指生长乔木、灌木、竹类以及沿海红树林地等林业用地
		22	灌木林	
		23	疏林地	
		24	其他林地	
3	草地	31	高覆盖度草地	指以生长草本植物为主,覆盖度在5%以上的各类草地,包括以牧为主的灌丛草地和郁闭度在10%以下的疏林草地
		32	中覆盖度草地	
		33	低覆盖度草地	
4	水域	41	河渠	指天然陆地水域和水利设施用地
		42	湖泊	
		43	水库坑塘	
		44	永久性冰川雪地	
		45	滩涂	
		46	滩地	
5	城乡、工矿、居民用地	51	城镇用地	指城乡居民点及县镇以外的工矿、交通等用地
		52	农村居民点	
		53	其他建设用地	
6	未利用土地	61	沙地	目前还未利用的土地、包括难利用的土地
		62	戈壁	
		63	盐碱地	
		64	沼泽地	
		65	裸土地	
		66	裸岩石砾地	
		67	其他	

（二）林业碳汇计量内容

森林生态系统的固碳作用主要分为直接固碳和间接固碳两种方式，森林的直接固碳作用包括森林中的乔木、林下植物、土壤固碳三种情况；间接固碳是指林产品固碳作用的延伸以及森林产品替代其他材料带来的能源节约。林业碳汇只计算直接固碳部分，间接固碳带来的减排效应通常在工业、能源、建筑等领域进行计量。根据森林生态系统的固碳过程，IPCC 将森林碳库分为地上生物量碳库、地下生物量碳库、枯落物碳库、枯死木碳库和土壤碳库五个类型（见图1）。一定时间内碳库中碳吸收量和排放量的差值即为碳汇（或源量）。

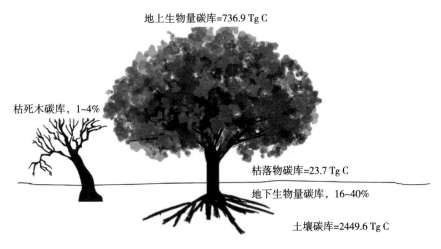

地上生物量碳库=736.9 Tg C

枯死木碳库，1~4%

枯落物碳库=23.7 Tg C

地下生物量碳库，16~40%

土壤碳库=2449.6 Tg C

图 1　森林生态系统碳库

地上生物量碳库主要为乔木和林下植物、草本等通过光合作用固定和积累的碳。地上生物量碳库的碳储量与植物光合作用、呼吸作用速率及植物的光合产物分配密切相关。在气候条件有利于植物生长的地区，植物光合速率高，固碳速率快，碳密度也高。立地条件、树种配置、林龄等也会影响植物光合作用和碳储存。光合作用产物分配比例同样会改变地上生物量碳库大小，光照强度增加、土壤养分减少、水分胁迫也会降低植物对地上生物量的分配比例。林下植物的生长速率快，生命周期短，虽然对地上生物量的贡献远低于乔木，但其生命活动旺盛，周转速率快，能够快速地吸收大气中的二氧化碳，并以凋落物、残体等形式将碳固定在生态系统中。

地下生物量碳库主要包括植物根系和土壤动物、微生物等有机体储存的

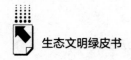

碳，由于土壤动物、微生物的碳周转速度相对较快，且仅占地下生物量的16%~40%，部分的微生物碳在实验测算中难以与土壤有机碳区分开。除直接进行实验采样测定以外，乔木的根系生物量通常使用根冠比，即地下生物量与地上生物量的比值，由地上生物量换算得来。

枯落物碳库为植物死亡凋落的叶片、枝条等，指矿质或有机土层以上、直径小于10cm、开始分解或尚未分解的死生物量，包括凋落物和腐殖质等。

枯死木碳库是植物除枯落物以外的所有死生物，包括森林中的枯立木、枯倒木以及直径5cm以上的枯枝、死根和树桩等。枯死木生物量通常占地上总生物量的1%~4%。

土壤碳库是陆地生态系统碳储量最高的碳库，超过植被和大气的总和。土壤呼吸的微小波动会造成生态系统碳通量的大幅变化。毁林开荒等土地利用方式的转变、火灾、极端气候变化等造成的森林生态系统破坏都会使土壤碳汇转变为碳源，增加森林生态系统碳排放。

（三）基于生物量变化的森林碳汇计量

森林生物量包括生态系统中现存的所有有机质总量，通常以乔木生物量数据为基础进行碳估算。为充分利用森林资源清查资料，通常利用林分蓄积量与生物量扩展因子换算得到生物量，再根据生物量与碳的转换系数得到森林碳储量。森林资源调查具有调查范围广、测定指标丰富准确、调查时间连续等优点，利用森林资源调查资料对国家和区域尺度的碳汇计量与评估工作成为林业碳汇计量与监测的重要方式。

森林生物量的计算方法主要有平均生物量法、生物量转换因子法和生物量转换因子连续函数法，均以森林清查数据为基础。平均生物量法将森林生物量计为调查所得的单位面积林分平均生物量与林分面积相乘。生物量转换因子法建立在生物量转换因子已知的条件上，利用生物量转换因子与森林总蓄积量的乘积计算森林生物量。生物量转换因子为林木的生物量与材积之比，为可查表获得的常数，与森林类型有关。对于具体的森林类型，生物量转换因子通常由于林龄、树种配置、立地条件等因子的变化略有不同，因此，生物量转换因子连续函数法通过收集全国各地森林生物量与蓄积量数据，建立统计模型，将原定的常数改进为随林木龄级变化的动态生物量转换因子。

森林生态系统碳汇计量是对由树木生长、森林管理、采伐等活动导致的生物量碳储量变化的计量。计量对象为包括乔木林、竹林在内的有林地、疏林地、灌木林地和散生木、四旁树等绿化林地。除林木的生长产生的碳吸收以外，呼吸消耗、林木枯死、采伐活动等造成的碳排放也计算在内（公式1）。

$$\Delta C_{生物量} = \Delta C_{乔} + \Delta C_{散四疏} + \Delta C_{竹/经/灌} - \Delta C_{消耗} \qquad 公式(1)$$

（四）基于碳通量观测的森林碳汇计量

涡度相关技术是一种能够直接测定植被与大气间二氧化碳交换通量的方法，可以测得生态系统长期或短期的环境变量。涡度相关法主要是利用相关设备在林冠上方直接测定 CO_2 的涡流传递速率，计算森林生态系统吸收固定的 CO_2 量，可以直接获取当地的碳汇量。近年来，基于涡度相关理论的通量观测技术不断发展，逐渐实现对生态系统碳通量的连续观测。全球建立了以 FLUXNET 和 Chinaflux 为代表的通量观测网络，这些通量观测网络积累了长年连续观测的 CO_2 通量和气象数据，有助于理解不同时间尺度和环境条件下森林生态系统碳通量变化特征和机理过程。

由于中国的森林多分布在崎岖不平的山地，其地形复杂，且野外天气条件恶劣，不易对通量系统与数据进行监测和维护，涡度相关法测定碳通量存在能量不闭合及被低估现象，应用涡度相关技术进行森林生态系统碳汇计量与监测在目前仍难以广泛开展和应用，仍需相关技术发展与设备支持。

三　碳中和路径分析——以南京市为例

以增汇为目的的林业碳中和主要包括优化土地利用方式，增加林地面积，加强森林资源管理，提高森林质量，发挥城市绿地与散生树、四旁树的增汇潜力，并提高土地管理增强土壤固碳能力等措施。本文以南京市为例，设置不同的路径组合情景，分析林业固碳潜力及碳中和的重要性。

情景一：保持当前森林面积不变，森林质量缓慢增加逐渐趋于饱和，农业维持传统耕作方式，四旁树每年种植一万株，至2060年共完成40万株种植计划。在较低的管理措施下，碳汇量增长缓慢，最终达到171.43万吨/年（见图2）。

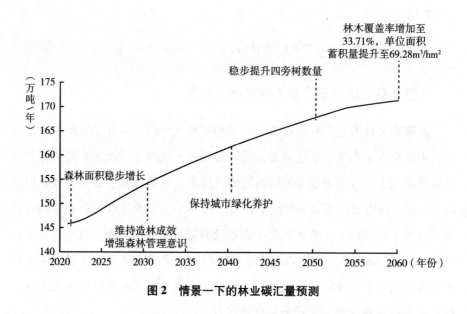

图2 情景一下的林业碳汇量预测

情景二：维持有林地面积占比不变，到2040年，林木覆盖率增长至34.08%，造林任务基本完成，同时森林质量稳步提升，40万株四旁树种植任务也基本完成；到2050年全面推进秸秆还田提升土壤固碳能力。此情景下，2060年的总碳汇量可达到242.69万吨/年，相较2020年碳汇提高近一倍（见图3）。

情景三：林木覆盖率增长至34.08%，同时有林地面积占林木覆盖总面积的比例增加至87.54%，造林任务在2030年完成，此后开始精准提升森林质量，以每年1.55m³/hm²的速度提高森林单位面积蓄积量。农业采取"免

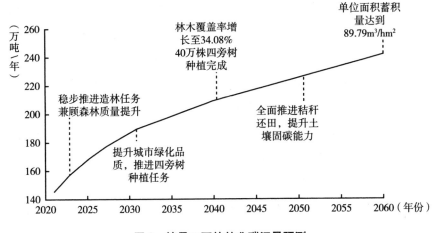

图3 情景二下的林业碳汇量预测

耕+秸秆还田"的措施增强土壤固碳能力。在较高的管理强度和高效的管理措施下,植被碳汇量持续保持高速增加,至2060年可达到440.09万吨/年(见图4)。

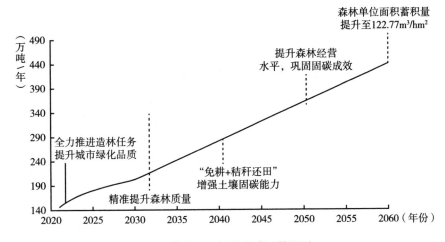

图4 情景三下的林业碳汇量预测

综上所述森林面积增加与森林质量提升是增加碳汇量的两大有效途径,但即使将造林面积增加至18.82万公顷,或仅采取高强度森林管理措施,提高单位面积蓄积量至125.72立方米/公顷所达到的年碳汇量仍然有限。因

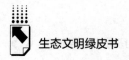
此，考虑到现实可行性及实现成本，为达到理想的碳汇目标，需要将森林面积增加和森林质量提升两大途径有效结合，并以农田增汇、土壤增汇等手段加以辅助。

情景一中森林质量逐渐趋于饱和与当前现实情况及 2017、2018 年温室气体排放清单相吻合，有限的造林面积提高对森林碳汇提升的贡献减小，但南京市的森林质量与全国水平仍有较大差距，单位面积蓄积量的提升潜力极高。因此，南京市应强化森林管理，加强森林抚育更新与病虫害防治，积极采取措施进行低效林改造，通过对森林质量的有效提升来增加碳汇能力。

完善碳汇测算与评估的技术标准同样是未来碳中和工作的重要内容。当前《省级温室气体清单编制指南（试行）》中将森林采伐消耗计算为碳排放，忽略了木材产品长期固持碳的能力。未来工作中可以考虑提高资源利用率，对采伐的木材提高利用效率，延长木材生命周期。

土壤的碳储量同样不容忽视，土壤碳储量为植被碳储量的 3~4 倍。土壤碳汇增长缓慢，短时间内成效不明显，但仍需土壤碳增汇固碳技术的手段的提高，在土地利用变化过程中需提高土壤碳的稳定性，防止土壤碳汇向碳源的转变。

四 林业碳中和措施与建议

林业建设是事关经济社会可持续发展的根本性措施，发展林业是生态文明建设的重要举措，是实现"碳达峰，碳中和"目标的必要条件。近年来，随着南京市社会经济的快速发展、森林资源开发利用，林业生态建设步伐的加快以及"绿色南京"建设的持续推进，南京市的森林资源发生了巨大的变化，整体呈现森林资源总量大幅度增加、区域特色日益明显、森林质量显著提高的良好现象。为进一步促进南京市林业产业可持续发展，助力江苏省提前实现"双碳"目标，本文对南京市林业发展提出以下建议。

（1）调整森林结构，完善森林生态体系。优化造林模式，提高乡土树种和混交林比例，合理配置造林树种和造林密度；有林地、灌木林地、四旁林地与疏林地全面管理，培育健康森林，建立完善生态体系。

（2）优化林业经济结构，促进林业的可持续发展。林业经济结构的调整和优化，以及林业产业的蓬勃发展，能够为林业的可持续发展提供有力的支持。种植和生产短周期工业原料林和速生丰产林的同时要注意对生态环境的保护与自然资源的可持续利用。积极开展与相关高校和科研机构的合作，加强新品种的开发与利用，保证林业高效可持续发展，促进木材原料的转型与过渡。

（3）加强抚育管理，提升森林质量。开展中幼林抚育和低效林改造工作，提高林地单位面积蓄积量，促进林分综合效益的提升。随着城市化发展，森林覆盖率趋向稳定，加强抚育管理、提升森林质量是增加碳汇必不可少的手段，同时对于提高城市风貌具有不可忽视的贡献。

（4）建立完善的碳交易市场。发挥林业生态效益、社会效益的同时，建立完善的碳交易市场，便于调动社会各界力量，同时注重环保，在碳交易市场的平台上，林业可通过应对气候变化作出的贡献实现其经济价值。

（5）推进国土绿化行动，统筹城乡绿化美化。积极深化城市森林建设，努力提升村庄绿化水平。建立生态服务评价制度，定期开展生态服务功能评价，并将评价结果纳入经济社会发展实绩考核。

参考文献

［1］陈伟：《基于碳中和的中国林业碳汇交易市场研究》，博士学位论文，北京林业大学，2014。

［2］Heimann, M., Reichstein, M., "Terrestrial Ecosystem Carbon Dynamics and Climate Feedbacks", *Nature* 451, 2008.

［3］IPCC, *Climate Change* 2021: *the Physical Science Basis*, 2021.

［4］袁梅、谢晨、黄东：《减少毁林及森林退化造成的碳排放（REDD）机制研究的国际进展》，《林业经济》2009年第10期。

［5］《中国应对气候变化国家方案》，2007。

［6］姜霞：《中国林业碳汇潜力和发展路径研究》，博士学位论文，浙江大学，2016。

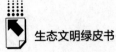

［7］ *IPCC*，*Second Assessment Report*，1995.

［8］ 车琛：《我国林业碳汇市场森林管理项目的潜力研究》，硕士学位论文，北京林业大学，2015。

［9］ Lu Jin, Yuanyuan Yi and Jintao Xu, "Forest Carbon Sequestration and China's Potential：the Rise of a Nature-based Solution for Climate Change Mitigation", *China Economic Journal*，13（2），2020.

［10］ 徐冰、郭兆迪、朴世龙等：《2000～2050年中国森林生物量碳库：基于生物量密度与林龄关系的预测》，《中国科学：生命科学》2010年第40期。

［11］ 尹晶萍、张煜星、付尧等：《中国碳排放与森林植被碳吸收潜力研究》，《林业资源管理》2021年第3期。

［12］ 刘纪远：《应用空间遥感技术开展国家资源环境遥感宏观调查与动态研究》，载《遥感在中国》徐冠华等主编，测绘出版社，1996。

G.10
碳中和背景下生态产品
价值实现路径分析

葛之葳　魏裕宇*

摘　要： 在全球气候变暖的背景下，中国积极承诺并开展温室气体减排，提出"双碳"目标。林业固碳作为固碳减排的重要环节，在未来绿色低碳转型发展中将发挥重要作用。然而就目前来看我国还存在碳交易市场林业碳汇准入机制不完善、碳汇计量方法学成本高等一系列问题。如何通过推进区域林业碳汇市场交易和横向生态补偿，真正实现林业碳汇生态价值转化，是现阶段林业行业迫切需要从理论探索和试点示范方面开展的重要工作。本文分析了近年来我国各地对林业碳汇价值实现路径进行的一些积极探索，讨论了林业生态补偿制度的不尽完善之处，提出了生态碳汇产品价值实现的要点。

关键词： 生态产品　价值实现机制　碳中和　碳汇

一　前言

我国力争2030年前实现碳达峰、2060年前实现碳中和，是以习近平同志为核心的党中央经过深思熟虑作出的重大战略决策，事关中华民族永续发展。为扎实推进碳达峰行动，国务院出台了《2030年前碳达峰行动方案》，

---

* 葛之葳，南京林业大学副教授、硕士生导师，南京林业大学碳中和研究中心主任，主要研究方向为生态化学、计量；魏裕宇，南京林业大学在读硕士研究生，主要研究方向为森林碳汇。

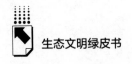

明确提出要把碳达峰、碳中和纳入经济社会发展全局，这必然会带来一场广泛而深刻的经济社会变革，必将有力推动经济社会向资源高效利用和绿色低碳发展全面转型。

直接减排工作是我们兑现"双碳"承诺必须要做的工作，也是符合人类共同利益的必要工作。但是"双碳"工作的开展绝不能以经济发展停滞为代价，充分发挥森林生态系统碳汇功能将会大大"双碳"工作开展中的直接损失。2020年中央经济工作会议将"开展大规模国土绿化行动，提升生态系统碳汇能力"作为实现"碳达峰、碳中和"的内容纳入了"十四五"开局之年我国经济工作重点任务。为实现"双碳"目标，在当前各行各业推行节能减排做碳排放"减法"、增加可再生能源利用的同时，资规系统也围绕林草湿地在做碳汇的"加法"，即增加碳汇。森林作为生态产品的主要载体，生态产品价值的实现往往取决于林业碳汇价值产品的实现。但是，现阶段由于碳交易市场林业碳汇准入机制不完善、碳汇计量方法学成本高等问题，林业碳汇能力的维持与提升工作主要依靠政府纵向经费支持，部分地区开发出的区域碳汇交易模式也是点对点单笔交易或违背碳汇计量方法学原则的储量交易。这种地方行为短期内能达到单笔横向生态补偿与社会宣传的效果，但是长期来看不具备可持续的市场机制。同时，"双碳"工作开展的最终目的之一应该是通过经济手段引导全国范围内生态产品的保值、增值，而目前的交易过程并不能体现"双碳"工作推进过程中林业碳中和端生态产品价值提升的目的。如何推进区域林业碳汇市场交易和横向生态补偿、以市场机制推动森林碳增汇助力区域社会经济发展，已成为制约区域林业生态文明建设的瓶颈。因此，充分发挥经济优势，试点探索区域森林碳汇交易模式，实现森林碳增汇、经济良性增长、造营林单位（或个人）收入增多目标共赢，是现阶段林业助力实现"双碳"目标的关键举措，也是"两山"理论实践的重要方向。

二 生态产品价值实现路径探索实践

我国各地对林业碳汇价值实现路径进行了一系列的探索以及作出了很多

实践。以福建省为例，2016 年，福建省林业碳汇交易市场启动；2020 年 6 月，以 378 万吨的成交量和 5605 万元的交易额位居全国首位。福建省通过创立林业碳汇银行、林业碳票等，提高绿色收入，增强绿色发展动力，取得了一些成就。但是随着探索的进一步发展，福建省林业碳汇交易市场也出现了一些问题比如，林业碳汇的界定范围模糊，森林植物所固定的二氧化碳需要通过特定的方法学以及相关部门的备案才能形成碳汇产品，才有资格进行交易。目前经国家发改委备案的方法学主要有 4 个，分别是《碳汇造林项目方法学》《森林经营碳汇项目方法学》《竹子造林碳汇项目方法学》《竹子经营碳汇项目方法学》。这些方法学均提出只有在 2005 年 2 月 16 日之后，通过人为增加的碳汇量才可以作为碳汇产品进行交易。也就是说，森林通过自然生长所固定的碳量不能作为碳汇产品进行交易，只有通过人为努力所增加的固碳量才能作为碳汇产品进行交易。然而人为增加的固碳量占全国森林固碳量很少的一部分，这大大限制了林业碳汇产品的开发范围。基于此，越来越多的人提出将森林自然生长所固定的碳量列入可开发碳汇产品的范围，并对此进行了实践，如三明市推出的三明林业碳票，产生了不小的影响。这也引起了相关政府部门的关注和重视，开始考虑调整相关政策及方法学，逐渐扩大可交易碳汇产品的范围。

碳汇的开发成本较高。从福建省林业碳汇交易试点的情况来看，每个林业碳汇项目的开发需要 30 万~50 万元，而林业碳汇交易价格每吨仅 10~22 元，较高的成本价格以及较低的交易价格大大压缩了林业生产者的收益空间。一方面，根据现有方法学，林业碳汇成为碳汇产品进行交易，过程复杂程序烦琐，同时，还需要第三方进行核证，而目前国内有第三方核证资质的机构只有 6 家，这是林业碳汇开发成本较高的原因之一。另一方面，林业碳汇交易价格较低，提高交易价格也可以提高林业生产者收益，但是在降低开发成本提高交易价格的同时要有一个度，不能一味地追求降低开发成本而违背了客观事物的发展规律。

与此同时，林业碳汇的合理价格也取决于市场的供需关系。福建的碳汇产品的价格平均在每吨 15 元左右，处于全国碳汇价格的洼地，出现这一现

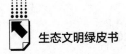

象的原因并不是林业碳汇产品的供应量很大，而是需求量太小。福建省完成备案申请的林业碳汇共 6.67 万 hm^2，碳汇量超 300 万 t，仅占潜在可开发碳汇量的 3% 左右，对于一些在减排责任清单上的控排企业来说，其碳配额充足，而对于一些不在减排责任清单上的排控企业来说，其对碳汇购买没有积极性，这就使得碳汇交易市场受众面较窄，没有稳定的碳汇购买者，碳汇价格较低。这种状态是不利于林业碳汇可持续发展的。因此，通过顶层设计，提出符合福建省"双碳"目标的实现路径，适当减少排控企业的配额，调动非排控企业主动节能减排购买碳汇的积极性，利用经济杠杆原理，宏观调控林业碳汇市场的供求关系，提升林业碳汇市场活力，促进林业碳汇交易，提高林业碳汇交易价格。根据国家发改委发布的《温室气体自愿减排交易管理暂行办法》，开发林业碳汇项目的主体是企业法人，但是福建大部分是集体林，经过林权制度改革，其林权主要是归个体农林所有。此外，参加碳汇交易的主体主要是国家林场和当地林业局，很少有个体农林参与，个体农林占主导地位却不参与碳汇交易显然是不合理的。福建省根据省情，逐步有序将个体农林纳入碳汇交易市场，扩大林业碳汇项目的主体，为更好实现"双碳"目标作贡献。

再以安徽省宣城市宣州区为例，作为全国生态文明建设示范区、全国绿化模范县，宣州区有着丰富的森林资源条件。宣州区以森林资源为依托积极探索生态产品价值实现的途径，取得了一定的成就。2021 年，宣州区根据碳汇造林项目方法学的要求在宛陵林场选取 108.6hm^2 造林地作为碳汇造林示范区，并完成 30 个外业样地的监测工作和《宣城市宣州区碳汇试点—宛陵林场林业碳汇造林项目》文件的编制工作。截至 2021 年 11 月 1 日，项目区内的人为碳汇量为 16671t，完成的两笔碳汇交易分别是与宣城市信息工程学校和茶山石灰石矿，涉及金额共 20.59 万元。同时，林场的森林碳汇价值保险的成功签约，使林场 10606.67hm^2 森林获得了 4207.2 万元风险保障。这种创新险种为"双碳"目标的实现起到了巨大的推动作用。为了更好地探索生态产品价值的实现，宣州区还做了抵押贷款，林权抵押贷款余额达 3.95 亿元，同时还建立了政策性生态补偿机制，提高补助标准。针对野生动物的增多，宣州区对农业造成的损失进行赔偿，保障百姓利益，并且加强林业产业化品牌的建设，出台了一系列政策，通过资金奖励以及荣誉称号奖励加强与生态建设有关的林业产业品牌的建设。同样，宣州区在探索的途中也受到了很多的约束，比如林业碳汇项目的开发总量不大，一些碳汇市场政策还不确定，碳汇市场的活跃度较低等。

宣州区主要通过线下自愿的方式进行碳汇交易，市场主体主要通过政府的引导参与其中，其本身的积极性不高，而且生态产品价值缺少变现平台，虽然宣州区发布了森林生态价值评估，生态产品服务价值为99.89亿元/年，但是评估仅仅停留在技术性数据，缺乏实施性支撑。再者生态产品的融资渠道较窄，生态产品投资的投资时间长、生态收益高、经济收益慢，很多商业银行对这种长期贷款利息低的项目缺乏兴趣，由此出现了资金困难的现象。目前这种融资形式对于生态产品的融资来说十分不利，一些稍有规模的企业不得不去进行短期贷款，这无疑增加了企业的经济负担。此外，生态产品贷款缺乏风险防控措施，林业经营本身就需要很长时间，在这期间可能会发生自然灾害或者人为破坏等，对于这些不确定的因素没有一套完整的风险防范措施。面对诸多问题，宣州区政府出台了一系列对策。第一，建立林业碳汇培育机制，做好林业碳汇检测样地的数据收集和提报工作，打牢相关数据基础。第二，努力提高宣州区森林生态系统的固碳能力。第三，探索建立长三角林业产权交易中心，规范碳汇交易，实行"资源统一整合、资产统一营运、资本统一融通"的原则，打造金融服务中心，把碎片化的森林生态资源整合起来，加大对外资企业的引入力度，实现资本变现。拓宽林业生态产品融资渠道，推出办理手续简单、贷款时间长、利息低的林业金融新产品。宣州区对林业生态产品的风险防控也进行了一些探索，林权收储中心一直把林权收储的服务费保持在0.6%，从而减少中小微经营企业的融资成本。同时为确保收储业务的长期稳定的发展，宣州区将售出服务费的50%作为风险补偿备用金，通过争取贷款利息补贴，成立风险防控基金等措施，建立贷款风险防控和补偿机制，完成从"绿水青山"向"金山银山"转化，形成一条绿色、健康、可持续的生态产品价值实现道路。

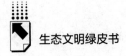

国家林业和草原局将在"十四五"期间通过六大举措，围绕提升碳库能力、完善监测体系、探索价值实现机制等方面，全方位、全链条推进碳达峰、碳中和工作。一些经济基础相对较好的地区，虽然其在优化能源消费结构方面领跑全国，但"十四五"时期其拟投产的重点项目在夯实制造强省建设的同时也为其减排工作带来了一定的压力和挑战。充分利用经济优势，实现林业碳汇价值转化，促进碳汇能力提升，缓解"双碳"工作压力，是林业行业发展的重要抓手。但是，经济的高速增长如何为生态资源价值实现带来好处，避免出现发展与保护之间的矛盾对立，究其根本原因仍然是林业生态补偿制度是否完善，林业在区域经济发展与生态文明建设中发挥的作用是否得到全面的认可。

三　生态产品价值实现路径中存在的问题

（1）市场管理理念与机制的缺乏

从一般意义上来说，各类生态系统服务功能有很多不以直接资源的形式体现，如以各类碳库累积为组成的碳汇功能，以遗传、物种和生态系统多样性组成的生物多样性保育功能等。它们都对人类有益却又都不能直接作为资源去开发利用。而且在碳汇存积与管理过程中，如果出现了人为疏忽或者利益驱使的碳泄露，这些碳汇资源是无法赔偿给银行或者购买方企业的，可持续的价值便无从实现。

碳汇市场起步晚，且没有配套的相关制度，仅仅通过市场的自主调节是远远不够的，需要通过政府来引导。因此政府出台相关法规作为对碳汇市场的支持，同时也对碳汇市场进行宏观调控，通过政府职能逐渐完善碳汇市场交易，保证买方卖方的共同利益。同时加大宣传力度，改变营林主体种树砍树思想，使其认识到森林在生长过程中产生的林业碳汇价值远远高于传统出售木材价值，提高其对林业碳汇的重视程度。森林的生长是一个漫长的过程，在这个过程中或多或少会有一些自然灾害和人为破坏，对于这些不确定因素，政府应当引导银行构建信息交流平台，迅速、精准地将政府通过职能获得的信息传递给银行，以便银行进行风险防范和风险对冲，保证买卖双方利益。

针对当前市场管理理念的缺失以及在金融问题上的不足，全国人大代表提出要积极完善林业碳汇市场体制和机制的建设，通过改善并灵活运用林业碳汇项目方法学，出台一些与当地林业碳汇相适应的地方林业碳汇项目方法学，降低项目开发成本，缩短项目审核周期；对于一些自然保护区、国家公园等地方提供一些更加优惠的林业碳汇交易政策。打通全国碳汇交易市场，减少碳汇交易的局限性，建立明确的碳汇交易市场框架，完善奖惩制度，长期传递稳定碳价的信号。促进更多企业、团体、个人参与林业碳汇交易市场，增添碳汇交易市场活力，同时加快碳汇交易信息交流平台的建设，使信息透明公开公平交流，吸引更多主体加入林业碳汇市场交易。林业碳汇作为一个投资时间长、收益慢的项目，贷款处处碰壁，银行应创新推出办理手续简单、贷款时间长、利息低的生态金融产品，并整合各类生态建设资金，集中投入林业碳汇建设，精准引导林业碳汇的建设。

由此可见，尽快完善区域森林碳汇交易的规则与管理办法，是对生态碳汇、购买方企业权利、造林营林单位的长期利益三方面的重要保障，如若不然，这些所谓的价值化实现行为都只是昙花一现。

（2）一次性经济补贴可行性不高

生态系统生产总值（GEP）核算被寄予很高的期望，在接下来的生态产品价值实现机制中发挥重要的标杆作用。GEP 作为生态产品价值实现的数据支撑，可以加快生态产品价值实现机制的建立，通过 GEP 可以让保护和修复生态环境行为获得合理的回报，让那些破坏生态环境的行为付出相应的代价。同时 GEP 也能够作为生态建设绩效考核的指标，通过 GEP 的核算结果，判断生态产品与潜在价值之间的变化关系，从而为确保自然资本不减少、生态系统功能不降低提供参考数据。例如深圳市推行了 GEP 核算"1+3"制度体系，即一个统领、一项标准、一套报表、一个平台，分别对应着GEP 核算实施方案、GEP 核算地方标准、GEP 核算统计报表制度及 GEP 自动核算平台。深圳市盐田区将 GEP 纳入了生态文明建设考核体系，实行GDP 和 GEP 双考核机制，让两者一起核算一起运行一起提升。GEP 核算

"1+3"制度的主要功能是构建以 GDP 增长为目标，GEP 增长为底线的生态文明考核体系。同时 GEP 提供的数据也可以为生态资源定价提供参考。在使用 GEP 时，要分清楚 GEP 与生态产品价值实现的关系，GEP 的本身是为了加强自然资本的保护，而不是为了把自然资本货币化，GEP 不能直接转化为 GDP，GEP 只有通过生态补偿机制等制度，才能把自然资本的价值体现出来。但是，目前对于 GEP 的各种评价的最终出口都是直接货币化的形式，并且很多地方都形成了行业标准进行推广。这种方式短期内确实能够为各地自然资源管理与经营部门带来一定的工作亮点，或实现一些点对点的价值转化，但是长此以往必然不可持续，最后只会停留在一些一次性投入的决策行为上，无法为人民带来长效的经济利益，实现真正的生态补偿。

因此，在碳汇能力评估和交易过程中引入市场竞争、竞价机制，是保证林业碳汇价值可持续实现的关键环节。

（3）政府无形资产长期被忽视

无形资产是指企业或单位拥有或控制的没有实物形态的可辨认非货币性资产。长期以来，我们一直将无形资产视为企业专利权、商标权等资产，但其实政府或行政事业单位的权威性，也是一种无形资产这种无形资产正是生态产品价值实现路径的重要潜在助力。然而，直接宣传某一产品的行为对政府而言有一定的管理风险，政府应针对其中每一个产品进行质量审批、售后管理，并建立专门的平台，综合管理生态产品的买方、卖方。

充分发挥政府的导向作用，一是推进建立全国性生态产品价值实现专门平台，负责核算、转移支付、政府采购等工作，加大中央及地方政府部门资金的支持力度。二是通过政府新闻宣传绿色低碳生活，达成绿色低碳可持续发展的共识，鼓励企业、团体、个人购买林业碳汇产品，对正向积极的行为作出奖励，对反向消极的行为作出惩罚，并建立绩效评估和社会监督体系来促进生态产品价值的实现。三是建立生态产品价值实现的多元化筹资联盟，政府从中把握正确的生态投资方向，并带动相关产业链上各类实体企业也参与其中，大大增加生态产品价值实现的稳定性。四是把 GEP 核算的成果应用进来，并借助政府把相关数据整合起来，进一步提高决策效能。拓展政策机制，充分发挥政府的主导作用。

建设瞄向国家乡村振兴、共同富裕及生态文明建设战略等多项国家战略的区域碳汇价值转化平台，实现政府无形资产赋能，提高生态碳产品的价值，完善生态补偿机制，是实现"绿水青山"转化成"金山银山"的关键环节。

因此，在"双碳"背景下，以林业碳汇为切入点，充分发挥地区经济优势，试点探索创新区域森林碳汇交易模式，实现林业生态资源与造林、营林单位经济收入双增长的目标，对于发挥森林"碳库"重要作用，助力"双碳"目标如期实现具有重要示范意义。

四　生态碳汇产品特点与价值优势

减少排放和增加碳汇是实现"碳达峰"目标和"碳中和"愿景的两个重要抓手。直接减排工作是我们必须要承受的发展代价，也是符合人类共同利益的必要手段，充分发挥森林生态系统碳汇功能将会大大缓解这一过程的直接损失。碳汇是指吸收和固定二氧化碳的过程，通过绿色植物进行光合作用吸收大气中的二氧化碳同时释放氧气，降低大气中温室气体的浓度，是应对气候变化的主要途径之一。碳汇产品的特点主要分为稀缺性、整体性、地域性、成本性。稀缺性是因为并不是所有的碳汇都可以作为碳汇产品，只有经过合理的方法学进行核算、检测、管理后的碳汇才可能开发为碳汇产品。整体性是因为碳汇产品的产生需要一个良好的生态系统的固碳能力，而一个良好的生态系统的发展往往离不开其他因素的相互联系与相互制约。地域性则是指不同地域的植被有着很大的差异，其生态系统也是多种多样的，不同地域生态系统的数量和质量也截然不同，所以碳汇产品因为地域的变化而发生变化，具有一定的地域性。成本性是指把碳汇变成碳汇产品需要经过一套严格的核算、检测、管理方法学，在开发过程中需要付出成本才能把碳汇变成碳汇产品。生态碳汇又包括森林碳汇、草原碳汇、湿地碳汇等，其中，以森林碳汇最为重要，森林碳汇规模庞大，固碳时间长，对气候问题有着明显

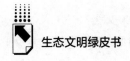

的改善作用，可实现经济增长与生态环境优化的双赢。然而，由于林业部门统计方法上的片面，社会各方对于森林碳汇功能的理解主要局限在树干直径推算出来的乔木层碳储量和功能上。实际上，森林生态系统碳库储量占全球地上碳储量的80%，森林土壤碳库部分占陆地生态系统碳储量的56%，可见森林生态系统在我国实现碳达峰和碳中和目标过程中扮演越来越重要的角色。同时，传统造林方法中全面翻耕和过度抚育等措施造成的土壤碳泄露使得森林碳汇功能大大下降，部分林地甚至成为碳源。因此，如何在现有碳交易市场体系之外，通过科学计量的森林碳汇的准入，实现林业生态产品的价值化，充分发挥林业碳汇作用，运用森林生态系统碳汇功能助力"碳达峰、碳中和"，将是"十四五"时期完成生态文明建设历史性任务的关键举措；通过生态碳产品的科学评估，让造林、营林方作为生态碳产品价值实现过程的"卖方"，推动以碳汇为目的的造林、营林工作开展，是"碳达峰、碳中和"工作生态补偿目的实现、达到减排、固碳双管齐下的关键举措。森林生态系统碳汇能力的科学评估也是区域生态产品价值实现的前置条件，排放端与碳汇端的协作权衡，是区域生态—经济双赢的必经之路。

五 生态碳汇产品价值实现要点

（一）基本原则

依据《中共中央 国务院关于完整准确全面贯彻新发展理念做好碳达峰碳中和工作的意见》《国务院关于印发2030年前碳达峰行动方案的通知》等提出的基本原则，真正实现林业碳汇生态价值转化，促进碳汇能力提升，实现造林、营林单位经济效益和自然资源生态效益双赢，体现森林"碳库"的重要作用，助力"双碳"目标如期实现。

激励森林增汇，提升生态质量，加强宣传森林增汇，提倡植树造林，对乱砍滥伐进行禁止并惩处，将"绿水青山"就是"金山银山"的理念植入百姓心中探索碳汇补偿，建立政策性生态补偿机制，提高补助标准。此外，针对野生动物的增多对农业造成的损失进行赔偿，保障百姓利益。树立和践行"绿水青山就是金山银山"的理念，落实碳汇补偿的多元化、市场化机制。引入市场机制，维持可持续性，减少碳汇交易的局限，建立明确的碳汇交易市场框架，传递碳价长期稳定的信号。推广增汇技术，提升全民意识，做好森林增汇技术的储备，保证生态效益实现，并在此基础上加大宣传力度，提高全民生态文明素养，推广低碳文化，调动政府有关人员及企业团体参与的积极性。

（二）建设要点

形成一套可复制、可推广的森林碳汇交易平台搭建政策和管理制度体系，为地方形成案例示范，探索区域森林碳汇市场交易及横向生态补偿有效路径，助力"双碳"目标实现。

（1）打造区域森林碳汇价值转化平台

通过建立区域优势人工林类型碳汇能力快速评估方法学体系，实现森林碳汇的快速、精准评估；完成企业参与生态产品价值化平台的主动意愿与经济需求调研；打造政府（或委托部门、机构）、企业、林业生产部门或集体（造林、营林单位）三方参与的森林碳汇交易平台，形成全社会参与的森林碳汇价值转化体系。第一，政府部门通过政策倾斜与无形资产赋能，增加企业收益，形成利润增量；第二，企业根据自身碳排放现状与减排技术应用结果，释放部分利润增量至地方森林碳汇交易平台；第三，平台将企业释放的利润与碳汇能力挂钩，引导造林营林单位进一步加强森林碳汇能力提升技术的研发与应用，最终实现森林碳汇能力的不断增长，形成区域生态—经济良性循环。

①政府（或委托部门、机构）：搭建平台、监督实施。通过建立企业联盟、设定地方相关企业碳排放管理限额、制定碳排放与固定奖惩措施以及第三方评价机制等措施，搭建区域森林碳汇价值转化平台，为达标企业提供优惠政策与联盟宣传途径，并负责碳交易过程及售后期核查监督。

②造林营林单位：固碳增汇、长期维护。通过平台交易完成固碳增汇，

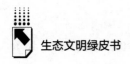

进一步主动对接森林固碳增汇技术的探索与应用工作，完成森林碳汇能力的维持与提升目标，最终辐射全社会，形成全民参与的碳普惠机制。

③企业（排放单位）：节能减排、购买额度。积极开展各项节能减排技术革新，瞄准企业碳中和目标购买区域森林碳汇交易平台碳汇额度，提升自身碳中和水平与能力，达到相应指标后，享受平台联盟企业的相关权利。

（2）探索区域林业碳汇补偿机制

通过平台实施与运转，实现碳汇额度的市场化交易，引导造林营林单位（或个人）加大林业生态系统保护力度，建立基于林业碳汇贡献的精准补偿，完善政府主导与市场引领相结合的多元化区域林业碳汇补偿机制。

第一，利用纵横结合的多元化补偿机制，分析基于林业碳汇的补偿利益主体关系、补偿主客体构成、补偿范围、交易成本等状况，设计公共财政补偿与市场化补偿相结合的林业碳汇效益补偿模式，建立林业碳汇补偿的工作组织架构及补偿提供者名册制度，确定补偿申报、认定、支付等程序机制。

第二，基于碳汇交易的市场化补偿机制，建立基于区域林业碳汇交易的市场化补偿机制，探索通过林业碳汇项目获取的碳减排补偿、单株林木碳汇交易扶持林农等市场化模式，以及"政府强制交易+市场自愿交易+社区合作交易"的低成本交易途径和各关联主体的利益分配机制。

第三，利用林业碳汇补偿标准的动态增长机制，分析不同林种、林分结构、林分质量，以及生态区位、经济水平等时空异质性要素对区域林业碳汇的影响。构建基于受益方的森林生态服务价值评估模型和基于经营方的成本核算模型，结合利益相关方的支付意愿和受偿意愿调查，精准核算林业碳汇补偿标准的合理区间，制定分级分类、按效补偿、稳步增长的动态补偿机制。

参考文献

［1］刘丽辉、韦丹：《国家储备林碳汇价值潜力研究》，《林业建设》2022 年第

4 期。

［2］吴蒙：《宣州区林业生态产品价值实现路径探讨》，《安徽林业科技》2022 年第 3 期。

［3］邓敏欣、李雪莲、王皓玥等：《我国碳汇市场现状及问题与成因分析》，《商讯》2019 年第 4 期。

［4］季然、宋烨：《我国碳汇市场发展的问题及建议》，《中国林业经济》2020 年第 5 期。

［5］曹平苹、朱立轩、贺依婷等：《全国人大代表梁庆凯：积极完善林业碳汇市场体制机制建设》，《金融时报》2022 年 3 月 10 日第 6 版。

［6］石敏俊、陈岭楠：《GEP 核算：理论内涵与现实挑战》，《中国环境管理》2022 年第 2 期。

［7］樊轶侠、王正早：《"双碳"目标下生态产品价值实现机理及路径优化》，《甘肃社会科学》2022 年第 4 期。

［8］许丁、张卫民：《基于碳中和目标的森林碳汇产品机制优化研究》，《中国国土资源经济》2021 年第 12 期。

［9］周佳、董战峰：《碳汇产品价值实现机制与路径》，《科技导报》2022 年第 11 期。

［10］许骞骞、孙婷、曹先磊：《实现碳中和目标的林业碳汇作用路径分析》，《经济研究参考》2021 年第 20 期。

实践篇

Local Practice Reports

G.11

家居产业绿色低碳发展技术集成与示范

徐 伟　吴智慧　熊先青　李荣荣　刘 祎*

摘 要： 针对国家"双碳"战略及制造业转型升级的需求，家居产业开展了家居材料绿色改性与集成复合、定制家居三维数字化设计与虚拟展示、定制家居柔性制造与智能分拣以及家居产品绿色装饰等技术集成与示范。突破了速生、小径级木材绿色功能性改性与集成复合关键技术瓶颈，进一步提高了国内速生木材生长碳汇以及家居木制品固碳的总量；实现了定制家居数字化设计、柔性制造与智能分拣全流程信息化，提升了定制家居产业智能化水平与生产效率。UV 树脂数码喷印技术的集成与创新，改善了家居产

---

* 徐伟，博士，南京林业大学家居与工业设计学院院长，南京林业大学教授、博士生导师，主要研究方向为家具与木制品工程；吴智慧，博士，南京林业大学教授、博士生导师，主要研究方向为木材加工、家具与木制品设计和制造、家具与室内环境；熊先青，博士，南京林业大学教授、博士生导师，主要研究方向为家居智能制造，家具与木制品工艺；李荣荣，博士，硕士生导师，南京林业大学副教授，主要研究方向为家具智能制造技术与装备、木质材料先进加工技术；刘祎，博士，南京林业大学讲师、硕士生导师，主要研究方向为家具设计与工程。

品涂装的环保性,增强了装饰效果并提高了家居的个性化程度。

关键词: "双碳"目标 绿色制造 智能制造 家居产业

一 产业背景

近年来,国内以家具、家装、家饰等为主的"大家居"产业得到了快速发展,形成了 4 万亿元以上的产业规模,其中,家具产业作为"常青"产业和民生产业,其总规模超过 1.6 万亿元。新兴技术正推动家具制造产业在全球范围内进行新一轮产业布局,智能化的柔性协同生产、按需定制的制造模式以及可持续的绿色供应链体系正成为家具行业的新形态。2022 年 8 月,工业和信息化部等 4 部门联合发布的《推进家居产业高质量发展行动方案》明确提出,到 2025 年,家居产业创新能力明显增强,高质量产品供给明显增加,初步形成供给创造需求、需求牵引供给的更高水平良性循环。"融合创新""数字化和绿色化转型""智能家居"是行动方案重要的关键词,其反映了国家层面对百姓消费升级诉求的高度重视,引导家居企业继续优化供给。家具产业正面临行业转型升级、实现高质量发展的重大机遇和挑战。

二 家居产业的低碳发展内涵

2021 年,我国提出了"双碳"目标。这一战略目标的提出,引领了我国各个产业领域向绿色发展模式转型,并以低碳创新推动了国家的可持续发展,实现了社会文明形态由工业文明向生态文明的转变。家居产业作为国民经济的重要组成部分,也肩负着推动"双碳"目标成功实现的重任。家居产业的低碳发展,应以降低终端产品的全生命周期对环境的负荷为方向,从原料、生产、销售等环节出发,系统落实低碳发展策略。在原料方面,利用林木资源生长过程的固碳优势扩大生物质可再生材料的应用领域,实现碳基

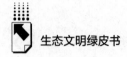

材料的高效合理利用；在生产方面，围绕绿色工厂、绿色供应链建设，结合智能制造技术，提升产品制造效率，实现家居产品的低能耗生产；在销售方面，依托新一代信息技术，实现产品碳计算与碳足迹跟踪，为未来家居产品的碳循环回收利用奠定基础。

三　技术目标

（一）家居材料绿色改性与集成复合技术

面对密度低、材质软、握钉力小、尺寸稳定性差等因素制约速生、小径级木材直接加工利用的技术难题，应努力突破速生、小径级木材功能性改性、集成复合、曲直型层积复合、局部增强、性能测试方法及标准体系等关键技术瓶颈，实现速生、小径级木材性能改良及实木产品制造关键技术的集成创新与示范应用，实现劣材优用、小材大用，缓解我国木材供需矛盾。即从家居产品材料角度，提高国内速生木材生长汇碳以及家居木制品固碳的总量。

（二）定制家居产品三维数字化设计与虚拟展示关键技术

在定制家居产品智能制造过程中，应将产品设计端的数据，用于生产和展示需求的设计数据的形成、设计数据的集成和设计数据信息交互等，并通过三维建模技术、图像处理技术和渲染技术等，进行定制家居三维参数化产品设计与建模；利用虚拟现实技术和计算机技术，搭建一个可将三维参数化模型在给定的环境中进行交互摆放、虚拟展示与选购的系统平台；通过插件技术，开发三维参数化产品与虚拟展示平台的系统接口，实现产品三维参数化设计信息在系统平台中的交互，也为设计数据将来在生产过程中的共享提供基础。即从家居产品销售角度，为实现碳计算和碳足迹跟踪奠定基础。

（三）定制家居产品柔性制造与智能分拣技术

针对板式定制家居智能制造过程中，揉单生产模式下的分拣技术瓶颈，应进行分拣效率影响因素分析、自动分拣线装备配置与优化技术等研究，并结合定制家居揉单生产智能分拣系统对订单排序的技术要求，制定定制家居揉单生产自动分拣系统工作流程与策略，优化揉单生产自动分拣排序，集成智能化自动分拣多软件信息，搭建可视化自动分拣动态管控平台，构建基于揉单生产的定制家居智能分拣生产线，实现分拣效率与准确率双提升。

（四）家居产品表面绿色装饰技术——数字化木纹 UV 树脂数码喷印装饰

针对家居产品环保涂装以及表面木纹个性化装饰的需求，应利用微胶囊、纳米改性以及水性涂料制备等技术，达到原料环保、固化速度快、节省能源、漆膜性能优良等效果；通过对数字化木纹信息采集与图像处理技术、数码喷墨打印技术（Ink-jet+DPT）、UV 树脂油墨 LED 灯紫外固化技术等的集成创新，实现家居产品表面木纹立体仿真打印，形成具有天然木纹或图案肌理装饰效果的基材表面，促进木材的高附加值应用和满足个性化定制和柔性化生产的需求。

四　主要技术特征和技术指标

（一）家居材料绿色改性与集成复合技术

通过热处理、密实化以及浸渍改性等方法，提升速生木材物理力学性能，并结合实木家具整体结构优化设计技术和实木家具高强度榫接合技术，优化实木家具结构及工艺流程。其中，改性杨木家具产品的理化性能和力学性能均超《木家具通用技术条件》（GB/T 3324—2008）3 级指标的要求。

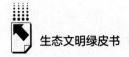

同时，基于结构优化、异型集成加工、曲直型层积复合、局部增强等技术，以小径木材为原料，制备高稳定性、高强度的家具集成复合构件。速生小径柚木家具大幅面构件浸渍剥离满足《集成材 非结构用》（LY/T 1787—2008）要求，剪切强度满足《结构用集成材》（GB/T 26899—2011）要求，层积复合构件静曲强度、弹性模量、水平剪切强度满足《单板层积材》（GB/T 20241—2006）要求。以小径柚木单板为原料置入玻璃纤维增强材料，基于层积材生产工艺制备曲直型家具构件用层积材，能显著加大小径柚木层积材曲直型构件力学强度。冷压工艺制造层积材，平直型家具构件静曲强度与弹性模量分别提高了 11.5% 和 11.4%，弯曲型家具构件破坏载荷提高了 20.8%；热压工艺制造层积材，平直型家具构件静曲强度与弹性模量分别提高了 25.3% 和 15.2%，弯曲型家具构件破坏载荷提高了 19.9%。

小径木材的合理利用，实现了劣材优用、小材大用，缓解了我国木材供需矛盾，降低了木材资源的对外依存度，显著提高了国内速生、小径木材生长碳汇以及家居木制品的固碳总量，对于进一步促进家居产业"双碳"目标的实现具有积极贡献。

（二）定制家居产品三维数字化设计与虚拟展示关键技术

基于装配的家居产品三维建模方法，创新了三维参数化产品零部件标准模块库的构建技术。通过简化设计和成组技术，构建了定制家居产品族模型，开发了定制产品的三维参数化零部件标准数据库，设计效率提升了 3.29 倍。

三维参数化设计与虚拟展示系统集成模块，利用了虚拟现实（VR）技术，建立了定制家居产品族模型所需的功能配置、相容决策支持、BOM 表和实物特性表等模块，开发了基于定制家居产品虚拟展示的环境系统。依据上述系统集成模块，将二维软件（如 2020、Topsolid）、三维软件（如酷家乐等）、三维参数化标准模块在虚拟平台中进行对接与集成，并进行网上三维参数化设计和虚拟展示，从而为店面客户与设计人员提供在线交互的平台，客户订单量提升明显，2018 年和 2019 年增长率分别为 47.2%

和 22.0%。

通过插件技术和 BI 大数据分析，开发了定制家居产品虚拟展示平台的信息共享系统接口，将三维参数化模块库数据与客户需求共享，利用集成后的三维展示软件系统，在店面销售端满足客户选择与虚拟展示的三维效果需要。将产品三维参数化数据与生产过程进行共享，通过对接工厂内的数字化设计与制造管控软件系统平台，达到定制家居产品一键下单、设计与制造一体化的要求，从而实现虚拟展示平台中的三维参数化产品数据在客户定制和企业生产等软件间的共享与交互，最终实现定制家居产品智能制造过程的信息全集成与在线管控，有效地降低错单率，让订单出错率稳定在 0.81% 左右。

（三）定制家居产品柔性制造与智能分拣技术

基于"智能分拣"的定制家居揉单生产订单排序优化技术，结合了板件特征和生产设备负荷，突破了一种可压缩式的订单排序方法、工作流程与策略，实现了大规模定制多订单最优排产、揉单数据批次数量显著增加（由 10 单一揉提升到 25~30 单一揉，单个揉单批次订单数量增加了近 3 倍）和自动分拣过程中的总拣选时间最短（分拣批次 2 小时左右）。

基于"输送线+机器手+立体库"的定制家居智能分拣线，其零件分流模块在控制单元的指导下，利用分拣机器人和堆垛机快速而准确的分拣大小零件，并存放在相应的货架中，从而进行智能出入库分拣。这种定制家居智能分拣线突破了定制家居零部件分拣工序的输送过程、信息采集过程、物件抓取过程、堆放过程等全部智能和自动化的技术瓶颈，实现了定制家居揉单生产的板件从开料、封边、钻孔、分拣、包装的智能一体化加工，解决了人工分拣效率低、出错率高的问题。分拣效率提高了 60% 以上，分拣准确率提高了 18%，原材料利用率提高了 3%，零部件车间加工周期缩短 0.5~1 天。原材料的节约与生产效率的提高，进一步降低了家居产品生产过程的碳排放，对于绿色制造意义显著。

基于"ERP+MES+WCS+WMS"信息共享的定制家居智能分拣可视化动

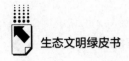

态管控平台，突破了多软件与数控设备的一体化集成、信息采集、可视化、在线实时管控等技术难题，实现了定制家居产品生产全过程实时数据的数字化管理、柔性化制造及分拣过程的在线实时管控。

（四）家居产品表面绿色装饰技术——数字化木纹 UV 树脂数码喷印装饰

通过对木材样板的图像扫描采集和材色测定、木纹图像的计算机数字化处理、色差及清晰度的调整与量化分析、高品质数字化木纹图库构建、数字化木纹拼花图案仿真设计等的系统性研究与实践，创新地形成了数字化木纹信息采集与图像处理技术及方法，为实现数字化木纹的喷墨打印装饰提供了技术支撑和基础素材。通过对数字化木纹图像的 CMYK 色彩模式与喷墨打印输出格式、UV 树脂油墨多色套印及其 UV 紫外光固化机理的研究与实践，创造性地应用喷墨打印技术（Ink-jet）、数码印刷技术（Digital Printing Technology）、LED 灯紫外光固化技术（UV-LED），实现了数字化木纹 UV 数码喷墨打印技术（UV-LED+Ink-jet+DPT）的有效集成及设备研制与生产性示范应用；通过全新的"非接触式"喷墨打印方式，数字化木纹图像能够直接喷印到基材表面，并能够"即喷即干"快速固化，形成具有立体木纹的装饰效果，实现家居木制品表面装饰由传统贴面装饰工艺向工业数字化装饰的转变，促进产业技术水平和生产效率的提升。

通过在木材及人造板等基材表面采用紫外光固化（UV）树脂油墨进行数码喷墨打印立体木纹或图案装饰的研究，以及在杨木、桉木等普通多层胶合板基材上采用柚木、胡桃木、樱桃木、橡木等数字化立体木纹和 UV 树脂油墨的数码喷墨打印装饰，分别生产制造了具有柚木色、胡桃木色、樱桃木色、橡木色的 UV 数码喷印装饰多层实木复合地板，这些复合地板具有天然木纹或图案肌理和色泽的装饰效果，能减少能源消耗、提高生产效率、降低生产成本，确保生产过程节能减排、绿色环保和智能高效。

研制生产的数码喷印装饰实木复合地板产品其质量性能符合林业行业标准《木制品表面数码喷印装饰通用技术要求》（报批稿）、《数码喷印装饰实木复合地板》（Q/SSC 01—2019）以及《实木复合地板》（GB/T 18103—2013）的相关指标要求。

五　技术推广与社会经济效益

（一）家居材料绿色改性与集成复合技术

开发我国人工林低质木材资源，代替优质珍贵木材资源用于家具制造是十分必要和急需的，其技术在我国具有广泛的市场应用前景。改性木材制造实木家具技术平台，能使人工林低质木材的附加值提高 20% 以上，有效缓解我国优质阔叶材供应不足的矛盾，降低我国对进口木材的依赖，延长我国速生小径木材生命周期，延长其固碳时间和效应，实现不同等级木材分级利用，对我国开发速生材高效利用、促进"双碳"目标实现和社会经济可持续发展具有十分重要的作用。利用小径材集成复合技术制造家具，材料利用率由 14.5% 提高至 30.0% 左右（以餐桌椅为例）。集成复合技术不仅提高了材料利用率、拓宽了应用范围，其本身还具有显著的经济与生态效益，在国内具有工业化推广价值与前景。

（二）板式定制家居产品三维参数化设计与虚拟展示技术

板式定制家居产品三维参数化设计与虚拟展示技术突破了定制家居在线设计和虚拟展示瓶颈，实现了定制家居设计、制造和管理过程的一体化，为客户参与式设计提供便捷。其推动了家居产品数字化设计和家居产业的智能制造快速发展，引领了传统家居产业的转型升级，社会和经济效益显著提升。云峰莫干山家居、德华兔宝宝家居等公司引进该技术后，设计效率提升 3 倍以上，订单增长率也显著提升。

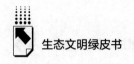

（三）板式定制家居产品柔性制造与智能分拣技术

板式定制家居产品柔性制造与智能分拣技术突破了定制家居揉单生产的关键技术瓶颈，为实现定制家居产品的数字化转型和一体化管控的智能制造迈出了坚实的一步。其推动了家居产业向"个性化定制、柔性化生产"以及信息化与工业化深度融合发展，引领了传统家居产业的模式变革，推进了我国家居产业高质量发展，为行业建立了数字化制造和信息化管理的示范效应，社会和经济效益显著提升。

（四）家居产品表面绿色装饰技术——数字化木纹 UV 树脂数码喷印装饰

UV 数码喷印技术是在传统木材加工制造技术基础上的一种创新，是一种数字化生产模式，其生产过程绿色环保、节能高效，有利于资源的可持续发展，符合国家和产业的相关政策要求。数字化木纹 UV 数码喷印不仅可以采用数字化木纹图像进行表面立体仿真装饰，还可以在普通实木材料表面进行纹理及色泽的增强与修复等，具有产业化推广应用的实际意义。同时，该技术可量化装饰过程中 UV 光固化树脂用量，精细化控制材料用量，进而实现环境影响可控、节约能源和资源的目的，具有突出的环境和生态效应。以研制生产的数码喷印装饰实木复合地板为例，按年产量 40 万 m²、市场销售价为 150 元/m²计算，其年销售额可达到 6000 万元，年利税总计为 2480 万元，利税率 41.33%，经济效益相当显著。

参考文献

［1］李荣荣、姚倩：《中国家具产业现状及存在的问题》，《林业和草原机械》2021年第4期。

［2］熊先青、吴智慧：《家居产业智能制造的现状与发展趋势》，《林业工程学报》2018年第6期。

［3］ Xiong Xianqing, Yue Xinyi and Dong Weihang, et al., "Current Status and System Construction of Used-furniture Recycling in China", *Environmental Science and Pollution Research International*, 2022.

［4］ 熊先青、岳心怡：《中国家居智能制造技术研究与应用进展》，《林业工程学报》2022 年第 2 期。

［5］ 祁忆青、徐然、俞大飞：《家具产业数字化转型与智能制造》，《家具与室内装饰》2021 年第 8 期。

［6］ Ren Y., Yang Y., and Zhang J. J., et al., "Innovative Conversion of Pretreated Buxus Sinica into High-Performance Biocomposites for Potential Use as Furniture Material", *ACS Applied Materials & Interfaces*, 2022.

［7］ Nam Jihee, Choi Ji Yong and Yuk Hyeonseong, et al., "Thermal Behavior Analysis of Wood-based Furniture Applied with Phase Change Materials and Finishing Treatment for Stable Thermal Energy Storage", *Building and Environment*, 2022, 224.

［8］ 熊先青、任杰：《面向智能制造的家居产品数字化设计技术》，《木材科学与技术》2021 年第 1 期。

［9］ 钟世禄、张辉亮：《面向智能制造的参数化三维设计在定制家居产品中的应用》，《木材科学与技术》2021 年第 6 期。

［10］ 朱兆龙、熊先青、吴智慧等：《面向智能制造的定制家居数字化设计虚拟现实展示技术》，《木材科学与技术》2021 年第 5 期。

［11］ 熊先青、马清如、袁莹莹等：《面向智能制造的家具企业数字化设计与制造》，《林业工程学报》2020 年第 4 期。

［12］ 惠小雨、吴智慧、刘振新：《定制家居行业参数化三维设计软件应用评估》，《家具》2020 年第 1 期。

［13］ Fu W. L., Guan H. Y., "Numerical and Theoretical Analysis of the Contact Force of Oval Mortise and Tenon Joints Concerning Outdoor Wooden Furniture Structure", *Wood Science and Technology* 56（4），2022.

［14］ 熊先青、岳心怡：《面向智能制造的家居企业 ERP/MES 集成管理技术》，《木材科学与技术》2022 年第 4 期。

［15］ 张冬春、刘志辉、庞菲等：《定制家居订单智慧标签一码贯通技术研究与应用》，《中国人造板》2022 年第 1 期。

［16］ 熊先青、袁莹莹、潘雨婷等：《基于揉单生产的定制家居自动识别与智能分拣技术》，《林业工程学报》2020 年第 6 期。

G.12
南京老山国家森林公园情景规划研究

汪　辉　孙江珊　贾冉旭*

摘　要： 森林公园是集自然资源、休闲观光、生态旅游与科学教育为一体
　　　　的综合性公园，也是我国自然保护地体系中重要的组成部分。在
　　　　森林公园规划过程中，我国需要以全面、整体性的眼光，综合考
　　　　虑公园保护与利用过程中可能出现的问题，以促进森林公园的可
　　　　持续性发展。本研究以 FLUS 模型为技术支撑，对南京老山国家
　　　　森林公园 2030 年土地利用变化进行模拟分析，构建了自然发展
　　　　情景、生态保护情景、旅游开发情景、协调发展情景 4 种未来情
　　　　景，并对模拟结果进行了综合对比评估。本研究认为，在协调发
　　　　展情景下，用地类型空间分布结构更加科学合理，符合南京老山
　　　　国家森林公园发展趋势和建设要求。

关键词： 森林公园　土地利用　FLUS 模型

　　森林作为陆地生态系统的主要组成部分，在维持生态安全、维护人类生
存发展基本条件中发挥着不可替代的作用。森林公园的自然资源和生物多样
性十分丰富，在我国自然保护地体系中占据重要地位，同时其生态敏感性较
高，生态系统的承载力和抗逆性都具有一定限度，需要对其生态环境进行保

---

* 汪辉，风景园林博士，南京林业大学教授、博士生导师，南京林业大学国家公园与保护地研
究中心主任，主要研究方向为风景园林设计与理论；孙江珊，南京林业大学在读硕士研究
生，主要研究方向为环境科学与资源利用；贾冉旭，南京林业大学在读硕士研究生，主要研
究方向为湿地公园规划、生态园林规划。

护。除此之外，森林公园也为周边人群提供着生态观光、运动健身、康养度假、科普教育场所和亲近自然的机会，并在改善区域旅游环境、发展旅游经济等方面发挥着重要作用。因此，面对森林公园开发建设过程中可能出现的生态环境破坏的风险及资源闲置等问题，需要协调好森林公园开发与保护之间的关系，避免因开发不当导致的生态破坏和资源浪费，并站在长远、整体性角度对公园未来情景进行预测。

目前常见的森林公园规划一般是在现有资料与调研分析基础上，针对特定切入点进行的总结深化，整个过程更多依赖专家和工作经验，按照固有逻辑分析并解决突出问题。而在现实规划中，规划结果往往受到多种因素共同作用，因此其未来发展是更加复杂且不确定的。情景规划作为一种较为成熟的、动态弹性的规划工具，在分析预测未来发展环境及变化中具备较强的系统性和科学性，随着计算机技术的发展，情景规划还可以借助地理信息系统、空间直观模型等技术手段在计算机上进行模拟运算，大大降低了规划难度和工作量，并将规划变成了可测试和可验证的过程，为森林公园规划提供了一种新型的辅助决策方法。

在当前加快建设南京市江北新区的背景下，本研究以江苏省最大的国家级森林公园——南京老山国家森林公园为研究对象，尝试将情景规划方法引入森林公园规划研究，综合考虑多方因素对森林公园的发展引导，灵活应对森林公园发展在经济、生态和社会等方面的未来展现出的多种可能性，落实情景规划方法在南京老山国家森林公园规划中的应用，使规划过程更加科学合理有效。

一　研究区域概况

（一）地理区位概况

南京老山国家森林公园位于江苏省南京市浦口区，东起浦口高新技术开发区，西达安徽和县，南临长江，北枕滁河，整体呈西南—东北走向。南京

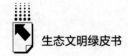

老山国家森林公园的地理坐标为东经 118°30′~118°37′，北纬 32°03′~32°07′，是江苏省面积最大的国家级森林公园，也是江苏省评定的环境教育基地和科普教育基地，在全省森林公园建设发展中发挥着引领作用。该公园距离南京市中心区不到 20km，规划总面积约 53km²，分为七佛寺、狮子岭和平坦三大景区，目前开发并接待游客的为七佛寺风景区。南京老山国家森林公园主要为周边人群提供观光休闲功能，在浦口区自然山水景观格局中发挥着重要作用。因此，江苏省应充分有效地利用其良好的区位优势，提升浦口区生态旅游整体形象，促进南京老山国家森林公园自身建设的同时带动江苏省内森林公园及森林旅游更好更快发展。

（二）自然资源概况

老山地区的地形属于低山丘陵，平均海拔约为 250m，最高峰大刺山海拔为 442m。老山地区年平均气温为 15.3℃，最高 21.1℃，最低 11.3℃，无霜期 228 天，年平均降水量达 1000~1050mm，降水主要集中在 4~8 月，四季皆湿润。老山的水体受地形影响较大，主要位于山体的较低处并且线性水体较少。老山的自然景观素以"林、泉、石、洞"四绝著称，丰富的森林资源营造了舒适宜人的自然景观。

南京老山国家森林公园动植物资源种类也十分丰富，植被包括常绿阔叶林、落叶阔叶林和常绿落叶混交林三种类型，还有少量的人工针叶林、经济林，共有植物 148 科 1054 种，森林覆盖率达 80%。与此同时，优越的自然环境也为动物提供了适宜的生活环境，南京老山国家森林公园主要有脊椎动物 68 科 215 种（其中鸟类 38 科 157 种，哺乳动物 10 科 20 种，爬行动物 6 科 12 种，两栖动物 2 科 4 种，鱼类 12 科 22 种）、软体动物 4 科 6 种、环节动物 2 科 2 种、节肢动物 23 科 35 种。

（三）人文资源概况

老山以山川秀丽、景观众多而著称，其人文精英荟萃，文化源远流长。老山一带曾是古时北进南退的古战场，保留有楚汉之争时韩信点兵布阵的点将台。同时，老山内还有七佛寺、金陵第一鼓、张孝祥墓等人文景观，共同彰显着老山独特的文化魅力。

（四）公园发展建设概况

1991年，南京老山国家森林公园在原老山林场基础上进行建设和规划改造，正式成立了南京老山森林公园管理处，统筹森林公园森林旅游资源的保护、开发和规划，于1999年4月对外正式开放。2002年举办了"南京老山·江苏首届森林节"，随后又相继推出了特色生态旅游项目；2008~2009年成功举办了两届"南京老山杯"全国山地自行车冠军赛，而后更是被青奥会指定为山地车、公路车的赛场；2010年开展了"中国老山生态旅游节"，促进老山森林旅游事业全面发展；2013年被评为"国家AAA级景区"；经过多年的发展建设，2020年8月，老山国家森林公园被评定为"南京市科普教育基地"，又在12月被评为"江苏省科普教育基地""江苏省环境教育基地"，最终形成集休闲度假、生态观光、运动健身、科普教育为一体的国家级森林公园。在"跨江发展"和"绿色南京"的政策指导下，老山以更加年轻活力的形象展现在大众面前。

二　研究方法

（一）FLUS模型模拟方法

FLUS（Future Land-use Simlation）模型是用于模拟人类活动与自然影响交互作用下的土地利用变化及未来状态的模型。现有研究证明该模型能够根据自然、社会、经济等因素进行精确的土地利用变化模拟。FLUS模型在传统元胞自动机模型的基础上进行了简化和拓展改进，内部的轮盘赌选择机制使其能够更好地考虑不同用地类型之间的竞争和相互影响作用，处理土地利用变化在未来发展过程中的复杂性和不确定性问题，并对森林公园土地利用类型未来空间发展变化和分布情况进行模拟预测。

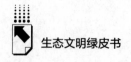

本研究通过 FLUS 模型主要进行以下操作：第一，根据模型自带的 Markov模型模拟研究区域在未来的土地利用需求量；第二，利用神经网络算法训练（ANN）和轮盘赌选择机制研究不同用地类型之间的相互影响与竞争关系，计算不同土地利用类型在空间上的发展适宜性概率；第三，设置模型运算规则，构建未来发展情景，模拟预测研究区域未来土地利用变化和空间分布情况。

（二）情景构建方法

在森林公园规划过程中，预测与呈现是一个很重要的内容，我们无法推演森林公园空间格局发展变化的具体过程，而情景的构建与模拟在一定程度上可以获得这种效果，森林公园内用地的变化和自然资源的分布情况可以通过土地利用类型的动态变化体现出来，这也是人地关系相互作用的直接表现。因此，本研究以研究区域内土地利用类型变化情况为基础，以政府部门发布的相关政策及相关规划、规范作为目标导向和参照标准进行情景构建。

合理的情景结构是进行情景模拟的前提条件。在多情景构建过程中理想的情景数量是 3 个，分别是 1 个自然演变而来的基准情景和 2 个充满不确定性的未来情景。自然演变而来的情景假设当前发展趋势不发生改变且不受干扰地延续到未来状态，考虑到现在和未来在因果关系上具有的连贯性，一定范围内可对未来可能发生的情景进行预测。而另外两个未来情景通常用来描述偏离自然演变情景的相对极端的未来情景。为均衡发展要求，充分考虑场地的自然条件，平衡用地需求，优化用地结构和布局，本研究设定了相对稳定的第 4 种情景。

三　数据来源与预处理

（一）数据来源

本研究所选择的数据及其来源：①2015 年、2020 年研究区两期 Landsat的影像，轨道号 120，行编号 038，多光谱图像分辨率 30m，全色波段分辨率 15m，购于美国地质调查局（United States Geological Survey，简称

USGS）；②2015 年、2020 年研究区域高清谷歌历史卫星地图（Google earth），分辨率2m；③研究区域矢量边界数据；④研究区域数字高程数据（DEM），分辨率 12.5m；⑤2015 年、2020 年研究区域路网、水系、居民点和自然景点矢量数据；⑥2015 年、2020 年两期研究区域归一化植被指数（NDVI）数据，通过 Landsat 影像波段提取；⑦《南京老山国家级森林公园总体规划（2018~2027 年）》《江苏省生态红线区域保护规划》《江苏省生态保护与建设规划（2014~2020 年）》《浦口区全域旅游发展规划纲要（2018~2025）》等规划文本参考，为情景构建过程提供参照依据。

（二）数据预处理

遥感影像数据经过波段提取、辐射处理、图像融合、几何处理、研究区域裁剪与监督分类等操作（见图 1），结合人工目视解译及野外实地调查，并参照中国多时期土地利用/土地覆盖遥感监测数据分类系统（CNLUCC）和《土地利用现状分类》（GB/T21010—2007），最终将研究区域 2015 和 2020 年的土地利用类型分为 8 种类型，即耕地、有林地、灌木林地、疏林地、草地、水域、建设用地和其他地类。在完成研究区域土地利用分类后，为确保分类结果精确程度，本研究还对其进行了模拟精度验证。在 ENVI 软件中使用混淆矩阵（Confusion Matrix）进行 ROIs 运算，结果反映，2015 年遥感图像分类总体精度为 92.56%，Kappa 系数 0.90；2020 年遥感图像分类总体精度为 89.67%，Kappa 系数 0.88，两组数据均说明分类精度较高，一致性较好，满足土地利用研究精确度要求。

四 土地利用情景模拟

（一）模拟精度验证

为确保情景模拟过程具有可行性和准确度，在对 2030 年南京老山国家森林公园进行情景模拟前，需要用 2015 年和 2020 年已知的土地利用数据进

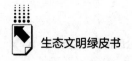

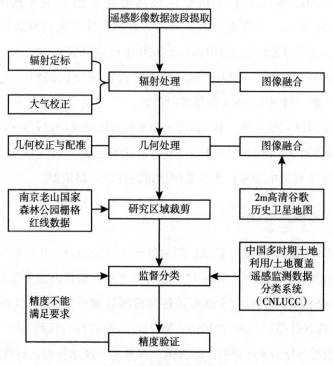

图 1 遥感影像预处理流程

行模拟演练，以验证模型精度。本研究选择了可以反映场地地形变化对公园用地类型布局产生影响的海拔、坡度、坡向因子，可以反映人为活动干扰对公园发展产生影响的空间可达性因子（距道路距离、距水系点距离、距居民点距离、距自然地点的距离），以及可以反映植被覆盖度、生长态势和分布状况的归一化植被指数（NDVI）作为驱动因子，研究在驱动因子影响下研究区域土地利用类型变化情况，计算在驱动因子影响下的不同土地利用类型发展适宜性概率，并将 2015 年作为基础数据输入 FLUS 模型，获得了2020 年土地利用类型模拟结果栅格图。将模拟结果与 2020 年土地利用实际现状进行对比及 kappa 系数精度验证得出，Kappa 系数为 0.903，总体分类精度为 0.983，两者均大于 0.75，可判断模型模拟精度高，两者存在较高的一致性，因此，可以使用该模型进行多情景构建与预测。

（二）情景构建

本研究基于 FLUS 模型共设置自然发展情景、生态保护情景、旅游开发情景和协调发展情景 4 个情景进行情景构建与预测，构建原因如下。

1. 自然发展情景的构建原因

该情景的设置主要是为了设置参照，即在不加人为因素干扰、不考虑外界环境变化及政策规划的影响，仅根据 2015～2020 年用地类型空间发展演变规律，通过 Markov 模型进行计算机模拟所得。该情景反映了 2020～2030 年自然发展下的用地空间布局的变化情况，可为其他构建情景的呈现提供对照，也可为政府制定相关约束政策提供依据。

2. 生态保护情景的构建原因

南京老山国家森林公园森林覆盖率极高，气候、土壤、水文条件优越，形成了丰富的森林植被景观，并与公园内丰富的野生动植物资源一起，构成了南京老山国家森林公园的靓丽风景。同时，南京老山国家森林公园处于江北新区规划中的重要生态节点区域，是江苏省生态服务功能极重要区和生态环境敏感区，也是南京市"蓝带绿廊"生态保护策略的重要示范点。因此，本研究以生态保护为优先原则，设置生态保护情景。此情景将对公园内各用地类型采取严格的生态保护措施，并把公园生态保护与建设放在突出位置，形成生态保护与建设新格局。

3. 旅游开发情景的构建原因

南京老山国家森林公园是江苏省内面积最大的国家级森林公园，在空间上衔接主城区与近郊区，森林旅游在此存在广阔市场，《浦口区全域旅游发展规划纲要（2018～2025）》也强调了打造老山旅游发展黄金轴的建设需求，促进南京老山国家森林公园乃至整个浦口区旅游发展事业全面展开。因此本研究针对这一情况，构建了旅游开发情景。该情景根据南京老山国家森林公园自然资源开发利用现状，突出其康养、运动、游憩、教育和区域示范等功能，在保护现有资源的基础上适当进行旅游开发，以充分利用场地优势，使森林公园自身建设与经济开发相辅相成。

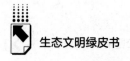

4. 协调发展情景的构建原因

南京老山国家森林公园自身发展优势较为明显，但随着开发旅游等建设项目对土地的需求日益增加，森林资源的保护与利用矛盾日趋突出，公园管理形势越来越严峻。因此，为均衡南京老山国家森林公园生态保护与旅游开发的发展要求，协调开展森林生态旅游建设，避免公园过度保护和开发，本研究设置了协调发展情景，为公园未来发展留出较大弹性空间，充分考虑场地的自然条件，综合平衡用地需求，优化用地结构和布局。

（三）情景模拟参数设置

多目标导向下的情景构建过程需要结合 FLUS 模型，并参照不同标准来进行不同情景下的目标参数设置。模拟过程需要综合考虑政府政策和各类规范、规划对土地利用空间布局上的影响，因此，在各情景目标构建时需要对运行参数进行调整，以达到控制模型预测南京老山国家森林公园未来用地发展变化趋势和发展方向的目的。FLUS 多情景构建模拟参数设置情况如表 1 所示，情景构建过程如图 2 所示，土地利用类型成本转移矩阵如表 2 所示。

表 1　FLUS 多情景构建模拟参数设置情况

参数名称		自然发展情景	生态保护情景	旅游开发情景	协调发展情景
邻域因子	有林地	0.004	0.1	0.002	0.003
	灌木林地	0.004	0.02	0.003	0.005
	疏林地	0.02	0.02	0.1	0.1
	草地	0.36	0.33	0.56	0.56
	水域	0.02	0.05	0.12	0.12
	耕地	0.04	0.00	0.01	0.01
	建设用地	0.2	0.15	0.35	0.2
	其他地类	0.3	0.13	0.15	0.15

参数名称		自然发展情景	生态保护情景	旅游开发情景	协调发展情景
模拟目标 面积占比 （%）	有林地	89.61	91.84	82.91	84.95
	灌木林地	2.67	2.86	2.64	2.86
	疏林地	1.28	1.28	4.13	4.13
	草地	0.90	0.81	1.65	1.65
	水域	0.13	0.16	1.56	1.56
	耕地	0.54	0.34	0.37	0.37
	建设用地	4.58	2.58	6.58	4.32
	其他地类	0.29	0.13	0.16	0.16

表 2　土地利用类型成本转移矩阵

项目	自然发展情景								生态保护情景								旅游开发情景								协调发展情景							
	a	b	c	d	e	f	g	h	a	b	c	d	e	f	g	h	a	b	c	d	e	f	g	h	a	b	c	d	e	f	g	h
a	1	0	0	0	0	0	1	0	1	1	1	1	1	1	1	0	1	1	1	1	1	1	1	0	1	1	1	1	1	1	1	0
b	1	1	0	0	1	1	1	1	0	1	1	0	0	0	1	0	0	1	1	1	1	1	1	0	0	1	1	1	1	1	1	0
c	0	1	1	0	0	1	1	1	0	1	1	0	0	0	1	0	0	1	1	1	1	1	1	0	1	1	1	1	0	1	0	1
d	1	1	0	1	0	0	1	1	0	1	1	0	1	0	1	0	0	1	1	1	1	1	1	1	1	0	1	0	1	0	1	0
e	0	1	1	1	1	0	1	0	0	0	1	1	1	1	1	0	0	0	1	1	1	1	1	0	0	0	1	1	1	1	1	0
f	0	0	0	0	1	1	1	1	0	0	0	1	1	1	1	0	0	0	0	1	1	1	1	0	1	0	0	1	1	1	0	0
g	0	0	0	0	1	1	1	0	0	1	1	1	1	1	1	0	1	1	1	1	1	1	1	0	1	1	0	1	1	1	1	0
h	0	1	1	1	1	1	1	0	0	1	1	1	1	1	1	1	0	1	1	1	1	1	1	0	1	1	1	0	1	1	1	1

注：a、b、c、d、e、f、g、h 分别代表耕地、有林地、灌木林地、疏林地、草地、水域、建设用地和其他地类，表中 0 表示不能转化，1 表示允许转化。

五　模拟结果分析

通过 4 种情景模拟下的空间格局对比可知，2030 年，南京老山国家森林公园在 4 种情景下的用地类型空间分布大致相似，但在各用地类型结构占比上存在较大差异（见表 3）。

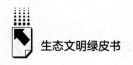

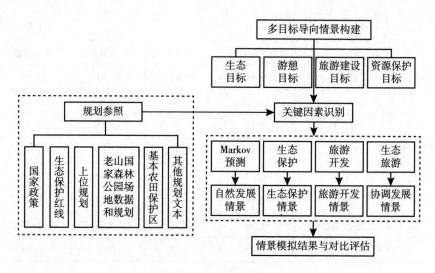

图2　南京老山国家森林公园情景构建过程

表3　南京老山国家森林公园各情景下2030年用地类型面积统计

单位：km²

土地利用类型	2015年现状数据	2020年现状数据	自然发展情景	生态保护情景	旅游开发情景	协调发展情景
有林地	48.0850	48.0031	47.4273	48.7688	45.2889	46.6853
灌木林地	1.9195	1.8371	1.7154	1.5235	1.4760	1.6207
疏林地	1.1360	1.0589	0.7886	0.6818	1.8578	1.5197
草地	0.2954	0.3787	0.4511	0.4070	0.5114	0.4739
水域	0.3501	0.2725	0.1584	0.2507	0.2880	0.2727
耕地	0.4361	0.4412	0.4545	0.1811	0.2354	0.2635
建设用地	0.8926	1.1113	2.1074	1.3745	3.5053	2.3013
其他地类	0.1564	0.1683	0.1683	0.0837	0.1082	0.1341

在自然发展情景下，各地类按照2015~2020年发展变化情况，2030年，水域变化最为显著，相较2020年减少了41.87%，不利于公园水源涵养和生境保护。除此之外，各类林地都出现不同程度的减少，而耕地和草地、建设用地等生态价值较低的地类出现不同程度的扩张，多由周边林地和水域转化而来。因缺少限制性区域的保护和相关政策规划的约束，各地类呈现无目的

性的扩张或收缩。由此可以看出，若按自然发展情景继续发展蔓延，耕地、建设用地和草地会按照 2015~2020 年的变化趋势一直延续扩张状态，林地和水域面积会不断减少，这将会对区域未来生态环境带来诸多负面影响，影响公园发展的可持续性。

在生态保护情景下，生态保护区域内的林地类型得到了有效保护，南京老山国家森林公园生态系统稳定性得到了有效保障。在此情景下，2030 年耕地面积大量减少，相较 2020 年减少了 58.95%，耕地、灌木林地、疏林地和其他地类更多向有林地发生转化，以林地为主的生态用地得到了保护并得以优先发展。建设用地发展趋势得到控制，并获得了一定发展，扩张范围主要集中在公园东北部和中部区域。与自然发展情景相比，生态保护情景下区域内森林资源得到了较好的发展和保护，发展趋势相对稳定，并对建设用地扩张进行了控制，有利于公园内自然生态系统的保护和持续性发展。然而，出于对公园生态效益的重视，其他土地利用类型发展转化呈现明显劣势，耕地出现明显收缩，且该情景下由于未形成明显的建设用地、草地等休闲集散空间，公园开发受到一定阻碍，公园内经济效益也受到一定影响，不利于公园的长远发展。

在旅游开发情景下，本次模拟在不破坏公园基本生态环境的条件下进行了较大规模的旅游开发。在此情景下，2030 年有林地面积缩减较为显著，建设用地面积得到了明显上升，相较 2020 年扩张了 2.15 倍，并呈现向公园内部蔓延的趋势。该情景下，大部分耕地实行退耕还林处理，草地和水域面积在此基础上得到适度扩张。与自然发展情景和生态保护情景相比，一方面，旅游开发情景充分利用了南京老山国家森林公园的自身禀赋和优越资源，对公园进行了充分开发，为公园提供了充足的休闲游憩和集散空间，有利于进一步打造公园特色，加强竞争力。另一方面，该情景更多关注森林公园的旅游开发建设，公园整体用地空间结构变化较为剧烈，林地面积大幅度减少，若继续发展，不利于公园内原始生态环境的保护。

在协调发展情景下，各类约束条件进行了叠加和平衡，各地类间的转化得到了较合理调控。该情景下，各地类间发展转化相对均衡，对限制区域内

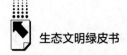

用地类型进行保护与恢复的同时，耕地、有林地得到了一定程度地开发，多向疏林地和建设用地转化。该情景下，发生转化的区域多集中在公园外围和中部、北部村落及现有开放区域，在生态保护优先的前提下，建设用地扩张进程得到有效调控，疏林地、草地、水域都进行了适度扩张。相较其他三个情景，协调发展情景综合了各情景的主要需求，并在可操作范围内尽量缓解开发与保护间的矛盾，最终公园的开发建设区域多集中在公园外围区域，内部因生态敏感性较强、生态价值较高，尽量减少人为干扰较大、对生态平衡产生影响的大规模开发建设活动。

综上，不同情景的构建对各用地类型都产生了一定影响，并根据不同目标需求导向对各地类间的转化产生不同程度调控作用。单一情景的设置无法最大限度地构建最为合理的情景，例如在自然发展情景下，没有政策等限制条件，发展过程缺乏目标约束，耕地和建设用地等会持续扩张，林地和水域会不断减少，对公园未来生态平衡带来诸多负面影响；而生态保护情景和旅游开发情景，虽然采用了不同的限制约束条件，并基于不同的出发点对各用地类型进行了调控，但因限制因素较为单一，在发展过程缺乏灵活性和弹性，忽略了开发与利用之间的动态发展平衡。因此，在明确场地需求的基础上，需综合考虑生态、经济、开发建设、耕地等诸多因素，从而更加全面地优化用地类型结构。在协调发展情景下，用地类型空间分布结构更加科学合理，同时有效缓解了生态保护与旅游开发之间的矛盾，符合南京老山国家森林公园发展趋势和建设要求。

六　结论与展望

（一）结论

森林公园是集自然资源、休闲观光、生态旅游与科学教育为一体的综合性公园，也是我国自然保护地体系中重要的组成部分。在森林公园规划过程中需要以全面、整体性等眼光，综合考虑公园开发与利用过程中可能出现的问题，推进森林公园未来的持续性发展。本研究通过对南京老山国家森林公园情景规划的研究得出以下结论。

第一，情景规划在森林公园规划中的应用是通过对未来多种不确定性的预测，从影响公园用地结构发展变化的各驱动因子间相互作用出发，对森林公园的未来发展趋势进行分析运算，这有助于促进规划思维逻辑方式的转变，在规划中拓宽思路，探索更多发展路径，从而提高森林规划方案的合理性和专业性。

第二，本研究基于 FLUS 模型对森林公园土地利用变化情况进行模拟验证，将 2015 年作为基期数据输入模型，得到 2020 年土地利用模拟情况并与 2020 年真实的土地利用数据进行对比和精度验证，最终得出 Kappa 系数为 0.903，总体分类精度为 0.983，两者均大于 0.75，可判断出模型模拟精度高，模型模拟具有可操作性。这奠定了建立在此基础上 2030 年土地利用类型变化情况情景模拟结果的可行性和准确度，说明可使用该模型进行相关参数设置以实现南京老山国家森林公园多情景构建与预测。

第三，本研究基于 FLUS 模型，通过对南京老山国家森林公园土地利用变化模拟构建 2030 年南京老山国家森林公园自然发展情景、生态保护情景、旅游开发情景和协调发展情景 4 种发展情景下的用地类型空间分布情况，最终选择协调发展情景作为主导情景为公园未来规划布局提供参考。

第四，本研究选择定性与定量研究相结合的研究方法，一方面使得方案的形成更加严谨准确，另一方面融入了规划人员的专业经验，使得规划具有强烈的目标导向，两者互相支撑，使得最终研究结果更加真实可靠。

综上所述，在森林公园规划过程中需要权衡公园自身、公众与管理者等各方需求，从全面、整体的角度，促进森林公园可持续发展。本研究立足于国家对生态文明建设的重大需求，强化森林公园发展定位与情景规划方法在森林公园规划中的应用，提出新的规划探索思路，并以此丰富与完善森林公园规划建设理论体系和实际操作方法，最终探索出一条引导森林公园走向可持续发展的规划之路。

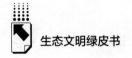
（二）展望

从目前的研究结果来看，森林公园情景规划在目前的理论研究和应用过程中仍然处于理论体系探讨过渡阶段，情景规划具有开阔的发展前景，因此需要更多的探索以帮助其开展更深层次的研究和应用。另外，森林公园规划建设是一项长期的、动态的规划过程，在对公园进行情景规划后，还需要进行后期的追踪调查，随时关注国家规范和发展政策调整，如有较大变动，应随时进入情景模型进行数据调整和修正。

参考文献

［1］薛达元、包浩生：《森林公园在我国自然保护区系统中的地位》，《生物多样性》1995 年第 3 期。

［2］时宇、李明阳、杨玉锋等：《基于 CLUE-S 模型的城市森林公园土地利用情景规划方法研究》，《西北林学院学报》2014 年第 5 期。

［3］韩慧平、陈益民：《基于 SWOT 分析的南京老山国家森林公园生态旅游开发探讨》，《中国林业经济》2020 年第 2 期。

［4］孙帅：《波士顿大都会区的情景规划：探索城市未来发展的环境和社会影响》，《风景园林》2013 年第 6 期。

［5］Liang X., Liu X., Li X., et al., "Delineating Multi-scenario Urban Growth Boundaries with a CA-based FLUS Model and Morphological Method", *Landscape and Urban Planning*, 04（016）, 2018.

［6］吴欣昕、刘小平、梁迅等：《FLUS-UGB 多情景模拟的珠江三角洲城市增长边界划定》，《地球信息科学学报》2018 年第 4 期。

［7］Xiaoping L., Liang X., Li X., et al., "A Future Land Use Simulation Model（FLUS）for Simulating Multiple Land Use Scenarios by Coupling Human and Natural Effects", *Landscape and Urban Planning*, 168, 2017.

［8］刘雅楠、李明阳、荣媛等：《基于情景分析与多准则评价的集体林经营规划方法研究》，《西南林业大学学报》2018 年第 4 期。

［9］许怀东：《情景分析：一种灵活而富于创造性的软系统方法》，《科学学研究》1987 年第 4 期。

G.13
龙游县林业碳汇"点碳成金"实践案例

周小平 应建平*

摘 要： 2020年中央经济工作会议将"开展大规模国土绿化行动，提升生态系统碳汇能力"作为实现"碳达峰、碳中和"的内容纳入了"十四五"开局之年我国经济工作重点任务。围绕"双碳"目标，龙游县立足生态资源禀赋，通过管理模式及理论创新，着力提升森林固碳增汇能力，开展森林碳汇计量监测，探索碳汇产品价值实现机制，"点碳成金"促进共同富裕，实现生态资源储量、林农收入和企业利润多方共赢。

关键词： 林业碳汇 碳汇产品价值实现 "点碳成金"

一 龙游县林业概况

龙游县地处浙江省西部，钱塘江源头，位于浙江生态屏障区的最前沿，是浙江东、中部地区连接江西、安徽和福建三省的区域节点城市，素有"四省通衢汇龙游"之称。龙游县总面积达1143平方公里，辖6镇7乡2街道，常住人口36万人。

---

* 周小平，浙江省衢州市龙游县林业水利局党组副书记、副局长，主要研究方向为环境科学与资源利用；应建平，浙江省衢州市龙游县林业水利局森林资源监测站站长，主要研究方向为资源科学、水利水电工程。

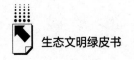

（一）林业资源

1. 森林资源

根据龙游县最新森林资源动态监测报告，龙游县林地面积达 96.32 万亩，其中森林面积达 94.11 亩；林木蓄积量达 169.71 万立方米，其中森林蓄积量为 159.42 万立方米，乔木林单位面积蓄积量为 3.76 立方米/亩；竹林面积达 40.77 万亩，毛竹立竹量达 8800.00 万株。森林植被碳储量达 149.49 万吨碳，森林覆盖率达 54.86%。

2. 湿地资源

龙游县是浙江省重要的水源涵养区，湿地面积达 7.8 万亩。湿地植被划分为 5 个植被型组、7 个植被型、34 个群系。维管束植物共计 163 科 554 种，其中蕨类植物 17 科 25 种、裸子植物 8 科 17 种、被子植物 138 科 512 种。动物群的主体为鸟类、爬行类、两栖类和鱼类，共计 38 科 97 种。龙游县绿葱湖省级湿地公园，为罕见的沼泽化草甸型天然湿地，区域内保存着最原始的洼地、草滩等自然群落。

3. 自然保护地资源

龙游县现有国家级自然保护地和省级自然保护地各 1 个，分别为浙江大竹海国家森林公园和绿葱湖省级湿地公园，总面积达 3330.09 公顷，占县域总面积的 2.91%。

4. 野生动物资源

龙游县野生动物资源丰富，经监测和调查发现国家一级保护野生动物如黄腹角雉、黑麂、白颈长尾雉、中华秋沙鸭等 10 余种，国家二级保护野生动物如水雉、林雕、红隼、白鹇、豹猫、红嘴相思鸟、勺鸡等 25 余种。

5. 野生植物资源

龙游县境内野生植物共计 7 类 207 科 1120 多种，其中木本植物 83 科 439 种，草本植物 70 科 300 种；有 10 多种树种属国家重点保护树种，其中属于国家一级保护的有南方红豆杉、银杏等，属于国家二级保护的有鹅掌楸、金钱松、凹叶厚朴、樟树、连香树、香果树等。

6. 古树名木资源

《关于公布全县古树名木目录的通知》文件显示，龙游县现有古树名木1265 株（包括 18 个古树群），均为古树。按保护级别分，一级古树有 171株，二级古树有 225 株，三级古树有 869 株。龙游县的主要树种为樟树、枫香、南方红豆杉、苦槠等，多分布于小南海镇、庙下乡、沐尘畲族乡、大街乡等地。全县千年以上古树有 7 株，其中青塘村树龄 1200 年的铁树被评为衢州市"百佳古树名木"，有"华东第一树"之美名。

7. 森林古道资源

森林古道普查结果显示，龙游有 8 个乡镇（街道）尚存较为完整的森林古道，共计 21 条，总长约 112.3 公里，古道所经之处最高的森林覆盖率达 86.3%，共有自然景观资源 50 处，人文古迹 29 个，记载民间传说 28 个。

（二）政策环境

1. 省市县多维政策推动

《浙江省林业发展"十四五"规划》明确了龙游县林业发展建设重点任务，即加快竹产业转型发展，建设初级加工小微园区和毛竹粗加工分解点。《林业推进共同富裕示范区建设行动方案（2021—2025 年）》提出争取在龙游县设立以竹产业为主的国家级林业产业示范园区。《浙江省林业局关于公布林业推进共同富裕十大典型案例的通知》将龙游县加快竹产业创新发展、推进"竹山"变"金山"作为典型案例，进行宣传推广。《衢州市林业发展十四五规划》提出建设以龙游为主辐射带动发展笋竹加工产业群，以山地休闲为主辐射带动发展全域森林康养群。《龙游县国民经济和社会发展第十四个五年规划和二〇三五年远景目标纲要》提出，多渠道、多元化促进农民增收，形成共同富裕新机制。《龙游县林业发展"十四五"规划》明确了龙游县的林业发展目标：将龙游县建设成为"绿水青山就是金山银山"的理论实践示范标杆。

2. 县委县政府高度重视

龙游县委县政府出台配套文件支持工作开展。陆续印发《关于加快

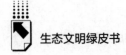

"森林龙游"建设的实施意见》《"森林龙游"新增两万亩国土绿化五年行动方案（2021～2025 年）》《龙游县共同富裕示范试点三年行动计划（2021～2023 年）》《龙游县碳账户金融增信机制管理办法（试行）》《龙游县"双碳"智治三年行动计划（2022～2024 年）》《龙游县"个人碳账户"集中宣传推广应用活动方案》《2022 年度龙游县碳账户体系建设工作任务安排及绩效考评办法》等。

3. 相关单位推动政策落地落实

龙游县林业水利局、县金融服务中心、县农保办等单位出台了一系列促进农民增收、林业增效的政策，如《"森林龙游"新增两万亩国土绿化补助办法》《龙游县林区道路建设项目"以奖代补"管理办法》《龙游县"两山银行""生态链贷款"管理办法》《关于开展龙游县毛竹价格指数保险工作的通知》等。

（三）工作机制

1. 建立产学研协同创新机制

龙游县农商行、林企、高校科研院所、林业碳汇计量监测机构等积极开展合作，发挥各自优势汇聚各方资源，聚焦龙游林业特色资源，重点加强新型专用竹林开发、高端竹材加工装备研发、高档竹制工艺品创意设计、全域森林碳汇能力计量与监测、生态产品价值转化、数字场景应用、绿色金融制度创新等方面的研究。同时，在竹产业创新发展、县域生态碳产品价值评估与实现方法学建立、引入市场竞争机制的林地流转和生态权内循环（预收储）等方面开展合作，实施关键技术公关项目，形成技术创新成果，支撑山区跨越式高质量发展和共同富裕示范区建设。

2. 建立林业技术推广机制

建立林业技术推广"四联"机制，深化县级首席专家、责任林技员（科技特派员）和林业乡土专家等联系企业、行政村、农户和示范基地的"四联"科技帮扶机制；结合"科技下乡"等活动，大力推介林业"三新"

（新品种、新技术、新机械）成果，促进科技成果转化。建立培训机制，结合新型林业经营主体和广大林农实际需求，开展针对性强、通俗易懂的林技推广培训工作，强化现场学习，提升业务素质、综合能力和生产技能，推动林业科技创新成果惠及于民。

3. 建立绿色金融保障机制

强化融资、信贷、保险三项保障，发挥政府资金的引导作用和放大效应。出台《龙游县"两山银行""生态链贷款"管理办法》，推进林权抵押贷款等多种信贷融资业务，加大对笋竹产业的林业贷款贴息政策支持力度。建立面向竹农的小额贷款和竹产业中小企业贷款扶持机制，适度放宽贷款条件，降低贷款利率，简化贷款手续。按照"财政为主、林农为辅"的出资模式，推出"毛竹收购价格指数保险""林道自然灾害保险"等，实现保险反哺，政府兜底支持，助力生态产品价值实现。

4. 建立林业科普工作机制

聚焦共同富裕示范区建设、乡村振兴、"双碳"目标、大花园核心区建设等重大政策方针，开展系列特色专题科普活动。创新宣传方式，充分运用新媒体，组织开展群众性、社会性、经常性系列科普宣传和各类体验活动，推广普及最新的林业科技成果和知识。组织举办"我为亚运种棵树""森林消防宣传日""湿地日""爱鸟周"等林业科普宣传活动，加强森林是水库、粮库、钱库、碳库的理念宣传。总结林业推进共同富裕的案例经验，让更多的民众了解林业特色亮点，通过科普赋能助力共同富裕。

二 龙游县林业碳汇建设情况

围绕碳达峰、碳中和目标要求，龙游县立足生态资源禀赋，以竹木碳产品价值实现机制创新为抓手，着力提升森林固碳增汇能力，开展森林碳汇计量监测，探索碳汇产品价值实现机制，"点碳成金"促进共同富裕，实现生态资源储量、林农收入和企业利润多方共赢。

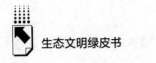
（一）管理政策、理论创新

1. 推进"森林扩面提质"管理体系，提升固碳增汇能力

持续深入推进"森林龙游"建设，以全省林业"百千万"工程和全国绿化试点示范项目为抓手，不断拓展造林绿化空间，优化碳汇树种结构。精准提升森林质量，对疏林地、一般灌木林进行改培，优化森林结构。启动国家级森林城市创建工作，推进衢州市诗画浙江大花园核心区绿化试点示范项目。围绕"绿色满山""绿色环村""绿色绕水""绿色伴路""绿色拥城"五大行动，加快推进战略储备林、美丽生态廊道等建设，推行森林全周期经营、目标树经营、近自然经营等措施，着力增强森林固碳增汇能力，提升森林植被碳汇增量。按照全县造林绿化空间调查评估结果，在芒杆荒山等地块积极开展人工造林，扩大森林面积和生态绿量，按照浙江省碳普惠计量核定方法学或区域林业碳汇方法学要求，建设造林碳汇项目储备库。

（1）战略储备林建设

坚持因林施策、因地制宜，以国有林场和集体公益林为重点，开展中幼林抚育，优化树种空间结构，提高森林质量，提升森林碳汇量。对资源集中、地域连片、立地条件好的油茶、香榧和薄壳山核桃等木本油料林进行科学培育，提高单位面积效益。推进大径材培育，保障木材战略安全，对现有杉木人工林进行综合抚育，发挥其"储碳林"功能。

（2）美丽生态廊道建设

加大衢江和灵山江流域、龙丽温高速以及国省道两侧山体森林提升改造力度，结合松材线虫病除治，开展林相改造，增强廊道森林固碳量。推进美丽林相建设，加强沐尘水库等主要饮用水源地周边山体绿色屏障生态修复，进一步改善林分质量，提高森林生态系统的稳定性。

（3）森林碳汇能力提升

全面推行林长制，加大森林资源保护力度，减少碳库损失。结合浙江省松材线虫病防控五年攻坚行动，加大松材线虫病防控除治力度，实施林分改造提升行动。以松材线虫病疫木除治为核心，按照"全面清、常年清、清彻底"的防治原则，加大重要交通干线两侧、自然保护地以及重要水源涵养地除治力度，以地带性近自然林为发展目标，采取带状采伐改造、择（间）伐抚育改造等技术措施，调整优化林分根本结构，加快木荷、壳斗科等地带性树种培育速度，提高高效固碳树种的比例。

2. 推进产业转型升级管理体系创新，倡导绿色低碳方式

竹制品加工业是龙游县当地的重要经济产业。谋求竹产业全产业链联动发展，坚持以市场为导向、科技进步为支撑、资源培育为基础，通过探索高品质竹林经营、优化产业布局、强化科技赋能助力"竹业振兴"。建立以毛竹林生态高效培育为导向的省级现代竹子产业示范区、以笋竹两用林为经营模式的竹子精品园、以竹制品加工产业集聚为主的溪口竹工业园区和以竹笋加工产业集聚为主的城南工业园。打造全国首个全竹绿色循环产业园，按照绿色低碳循环发展理念，着力构建集竹材初深加工、废料循环利用、科技创新研发、服务综合配套于一体的现代化产业矩阵。

（1）探索高品质竹林经营模式

打造高质量竹林培育基地和特色林下经济示范基地。以竹林增产、增汇、增效为目标，积极推进毛竹林分类经营，重点发展毛竹笋用林、笋竹两用林、毛竹大径材，按市场竹材所需适度调整毛竹经营结构，推广应用机械除草、有机肥施用、物理与生物防治病虫害等竹林生态培育和无害化栽培技术。采用"龙头企业+合作社+基地+农户"合作模式，与加工龙头企业建立长期的原料供应链关系，为竹笋、加工企业提供优质原料。以龙南竹产区为中心，大力推广"一亩山万元钱"林业科技富民模式，开展竹林下多花黄精、三叶青、竹林灵芝等中草药仿生栽培；推广竹林下"龙游飞鸡"扶贫模式，带动就业1200余人，增加村集体经济收入6000余万元。

（2）制定科技赋能转型策略

与中国林科院、国家竹子研究中心、浙江大学、南京林业大学、浙江农林大学等高校、科研院所开展合作，通过技术攻关、机制创新、人才培养，重点突破制约行业发展的关键共性技术，相关科技成果推动劳动生产率提高

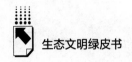

30%以上、材料利用率提高20%以上。

3.推进林业碳汇研究，探索"点碳成金"之路

探索全国首个市场竞价机制的区域交易新模式。与南京林业大学合作，探索建立龙游生态碳产品价值转化平台，推动林业碳汇收储交易，助力林业绿色低碳发展。依托龙游县四库林业发展有限公司，建立林农（含经营大户）生态权（碳权）的预收储模式，探索建立龙游县林业碳汇交易机制，开展竹林碳汇县域内交易，发挥政府市场号召力，鼓励企业通过"底价+竞价"的浮动价格模式，购买林业碳汇额度，推进林业生态资源向标准化生态资产、市场化生态产品、产品化生态指标的有效转化。

4.建设"四库"在线平台管理系统，促进森林生态效益价值转化

龙游县以数字化改革为契机，深入践行习总书记"森林是碳库、钱库、水库和粮库"的林业可持续发展理念，在全省率先开发森林"四库"在线数字化应用平台，建立集数字化改革、生态碳产品价值实现、林业促共富于一体的森林魔方"四库"在线平台，打造固碳增汇、碳汇监测、碳汇收储、碳汇交易四大板块，"点碳成金"促进共同富裕。以区域级碳汇监测分析为基础，探索区域内林业碳汇项目线上签约，线上交易；通过碳汇监测数据共享，有效促进森林生态效益价值转化，初步实现"森林增绿、林农增收"的良性循环。

（1）平台概况

该平台整合12个部门的资源，利用8套跨部门、跨层级系统，归集森林资源、产业分布、林权流转等12类信息，构建形成1个可视化综合驾驶舱、2个管理侧及群众侧端口、3个应用子场景的系统构架。

"点碳成金"子应用场景通过完成林业碳账户的年度碳汇总量测算，林业碳账户登录群众端进行"无感代入"式登记碳汇、申请收储，信息自动推送至后台审核，通过后可在线签约，形成碳汇产品信息，上架"浙里办"进行分配交易。"林富在线"子应用场景通过综合运用GIS遥感、激光雷达、多/高光谱等数据采集设备，对森林产业基础数据进行收集，分批分类录入系统平台。平台按照主体需求，进行智能分析、精准查找、产权流转，助推招商项目落地见效。"护林有我"子应用场景通过定期发布巡林任务，县、乡、村三级护林人员完成接单任务后，将巡查情况在手机端录入上传，如果发现大面积病虫灾害、火灾险情、林地侵占和过度采伐等问题，可推送至基层智治平台，由管理员进行分拨流转，视情况分层级进行核验处置，完成事项处置后，将执法人员、涉案人员、处罚决定、取证情况等信息自动归集，建立电子"一案一档"。同时建立健全森林智慧监管体系，依托"随手拍"群众监督、"全天候"智能监测、"接单式"林长巡林等数字化手段，构建事项"精准发现—流转上报—高效处置"全流程闭环，提升森林治理与保护能力，实现由阶段性巡检向常态化监管转变。

（2）平台作用

通过林业资源一张图、林业产业一张图、公益林一张图、经济林一张图、龙游县林水局林业业务系统和项目建设的管理端和服务端，将数据归集至龙游县大数据管理中心一体化智能化公共数据平台；通过大数据分析技术、GIS地理信息技术和数据建模，将龙游县林业促共富相关场景和数据分析结果，以驾驶舱的方式集中展示，实现林业共富在线"一屏感知"。提升林业生态资源资产交易利用效率，以区域级碳汇监测分析为基础，包装、整合零散林业生态资源，实现林业"两山"生态资源项目线上招商展示，通过汇聚客商，实现招商项目线上签约、线上交易。促进林业共富在线项目落地，实现低效闲置林业资源盘活率不断攀升。实现县域碳汇数据和碳汇交易实时监管，通过碳汇监测数据的实时共享，并结合符合CCER的碳汇交易、省内交易和县域内的碳积分换购，实时展示碳汇交易带来的生态价值实现效益数据分析，以及促进全县参与低碳生活产生的碳积分情况。

5. 创新林业碳汇共富贷，发挥绿色金融作用

激活龙游县域范围内生态资源产业，充分发挥绿色金融在"双碳"目标实现中的作用，探索林业碳汇"共富贷"模式。一是探索"林权+碳汇"组合贷款模式。鼓励林业经营主体以其持有的林地经营权、林木所有权、公益林补偿收益权等各类权益与林业碳汇等组合申请贷款，农商银行根据各类林权和碳汇的价值总和开展授信。二是探索"林业碳汇信用贷款"模式。

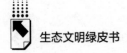

对于林农的小额信贷资金需求,农商银行创新设立林业碳汇信用贷款,根据农户信用情况、持有林业碳汇价值的情况,积极为林农发放组合小额信用贷款。三是探索"林业碳汇质押贷款"模式。参考林业碳汇金融评估结果确定林业经营主体的授信额度,并给予其授信支持。在龙游农商银行与龙游县林业水利局联合印发的《龙游县"林业碳汇共富贷"贷款管理办法(试行)》中,龙游农商银行为龙游县林业碳汇共富项目综合授信5亿元。

(二)具体实践工作成效

1.优化竹产业布局,打造全国首个全竹绿色循环产业园

龙游县牵手山东省水发集团有限公司,着力打造全国首个全竹绿色循环产业园。聚焦竹炭新能源、竹质新材料、竹笋源食品三大主攻方向,大力实施"链主型"企业招商,与林业高新龙头企业开展项目合作,推动竹产业转型升级。通过上下游企业、关联企业、关联项目适度优化集聚,实现竹产品之间的内部循环,形成产业链完善配套、结构合理、链条缜密的全竹加工链和价值链,解决竹加工产品单一、同质化竞争、产业链短、产业配套不完善、结构不合理等突出问题。采用炭汽固液电多联产技术实现一根竹子从竹根(笋)、竹竿、竹梢到竹粉末在内的"全竹"利用。产业园总用地面积640亩,总投资20.07亿元,主要建设了1个主园区和N个副园区的产业集聚平台,即城南主园区(核心区)、庙下副园区(一期)、溪口竹工业园提升区(二期)以及周边100公里范围内若干个副园区(三期)。产业园每年可循环利用竹废料26万吨,每年产生余热供气57万吨;光伏电项目年平均发电量1966万度,可节省标煤5.97万吨,减少二氧化碳排放7.58万吨。产业园也带动本地及周边毛竹资源竹材利用50余万吨/年,新增综合税收1.1亿元/年,直接新增就业人员3000余人,发放人员工资及福利3亿元,带动竹区农民就业2万余人。

投资2.5亿元建设"金龙纸业"竹纤维填料高值化产业项目,着力解决竹梢、竹节、竹粉等加工剩余物综合利用问题,促进资源绿色循环利用,解决当前竹产业链短链缺链问题,带动竹材消耗达30万吨,新增产值9.1

亿元，新增税收 5460 万元，实现直接就业 1000 余人。

2. 在全省率先开展全域林业碳汇多指标调查测算

为全面掌握龙游县当前森林碳储量及其碳汇增长潜力，龙游县率先开展了"龙游县全域森林碳汇能力计量与监测研究"项目。通过与浙江农林大学林业碳汇计量团队合作，在施拥军教授带领下，深入分析龙游县多期（2017~2021 年）森林资源二类调查、森林资源一类调查、不同森林或树种的蓄积或生物量年生长率等数据变动特征，同时结合实地森林采样调查数据，科学测算龙游全县森林植被碳储量、二氧化碳年吸收量、森林土壤碳储量以及龙游全县林业 CCER 碳汇量潜力等关键指标，其中，森林植被碳储量指标、森林土壤碳储量指标、二氧化碳年吸收量指标，按照不同树种（组）分类，采用生物量扩展法、平均生物量法、生物量（碳储量）模型法、广义迪氏指数分解模型法，进行项目合格性筛选、基线碳汇量、项目碳汇量、项目减排量的计量测算，并利用 Arcgis 分析技术完成空间分布制图，从而完成龙游县全域森林碳汇能力计量与监测研究。

"龙游县全域森林碳汇能力计量与监测研究"项目分析挖掘了龙游县的主要树种组和森林类型的生长特征，建立了主要树种组和典型森林类型的碳汇变化预测模型，完成了龙游县全域近 96 万亩林地（森林）各种尺度植被碳汇本底调查和分析测算，具体包括 2021~2025 年各年度的县、乡镇、村、山头地块森林植被碳储量、森林二氧化碳年吸收量等林业碳汇关键指标数据；在龙游县的 15 个乡（镇、街道）中，综合考虑地域分布、森林类型和海拔这 3 个因素选择 80 个土壤采样地点，采集了 240 个土壤样品，完成了全域近 96 万亩林地（森林）土壤碳储量的本底调查和分析测算。

该项目的实施建立了龙游县 15 个乡（镇、街道）、292 个村、58489 个小班的森林碳账户。计量监测结果表明，龙游县目前森林面积为 941073 亩，总植被碳储量为 149.49 万吨碳，平均单位面积碳储量 1.59 吨/亩，总土壤碳储量为 348 万吨，总植被二氧化碳年吸收量为 66.80 万吨，龙游县 2021~2025 年的森林经营 CCER 总碳汇量合计约为 103 万吨二氧化碳。

在国家"双碳"目标的背景下，该项目的实施，可产生良好的经济、生态和社会效益。根据项目测算结果,龙游县 2021~2025 年的森林经营 CCER 碳汇量总合计约 103 万吨二氧化碳,按照 50 元/吨的保守价格计算,每年可以增加额外碳汇收益约 5150 万元。通过对龙游县全域森林碳汇能力计量与项目监测,可全面获得龙游全县 96 万亩林地(森林)最小尺度的各种碳汇指标的基础数据(森林植被碳储量、森林土壤碳储量、森林二氧化碳年吸收量、森林 CCER 开发潜力等),并建立起丰富详细的森林碳账户,为龙游县"双碳"数智大脑建设、"双碳"目标路径设计和森林碳汇交易项目储备开发奠定了坚实基础,可以有效助力并持续推动龙游县全域林业建账户、增碳汇、促共富等工作,为推进全域生态低碳建设,助力龙游县实现碳达峰碳中和目标,促进山区生态产品价值实现和农村可持续发展起到了重要作用,并为全省全国林业碳汇建设贡献龙游经验。

3. 开展衢州市首个竹林 CCER 项目(中国核证自愿减排项目)

该项目由龙游县四库林业发展有限公司组织项目实施,龙游县林业水利局负责项目的监督、管理,监督龙游县四库林业发展有限公司、庙下乡安竹资源有限公司和溪口林场共同做好竹林经营的相关工作。竹林经营碳汇项目的设计文件(PDD)和监测报告(MR)由浙江农林大学负责,浙江农林大学在项目中主要提供技术指导。

按照《森林抚育规程》(GB/T 15781—2009)、《毛竹林丰产技术》(GB/T 20391—2006)、《低产用材林改造技术规程》(LY/T 1560—1999)、《森林资源规划设计调查技术规程》(GB/T 26424—2010)、《竹林经营碳汇项目方法学》(AR-CM-005-V01),遵循竹林可持续经营、生态优先兼顾高效、科学区划分类经营、保护竹林生物多样性、土壤稳碳促汇经营、碳汇经营项目可测量可报告可核查原则,在龙游县溪口林场和庙下乡开展竹林经营碳汇项目。项目经营规模为 40155 亩,分布在溪口镇林场 8150 亩,庙下乡 32005 亩。通过测算和计量,项目期间,每亩毛竹林年均净吸收二氧化碳量按 0.40 吨测算,在项目计入周期 30 年内,龙游县竹林经营碳汇项目年均每亩竹林产生 CCER 减排量为 0.4 吨二氧化碳当量,年均可吸收固定二氧化碳量 1.6 万吨,30 年后该项目可吸收固定二氧化碳量约为 48 万吨,按照 50

元/吨的保守价格估算，可额外增加碳汇收入 2400 万元。龙游县 4 万亩竹林经营碳汇项目提供了规范的调查、计量与监测案例示范。

项目完成后，可以加强当地竹农的竹林经营和森林保护意识，提高竹林质量，增强项目区整体森林生态系统的碳汇功能，改善生存环境和自然景观，保护生物多样性，减缓全球气候变暖趋势，发挥竹林在生态旅游、涵养水源等方面作用。

同时，该项目的实施，在除草翻耕、清蔸除鞭和竹材采伐等工序上都需要雇请大批临时工，可以每年为当地农民提供约 1.4 万个用工机会，增加农民收入。项目实施过程必将有效引导和带动实施区和周边广大竹农科学生态经营竹林的习惯，全面提高毛竹林分质量，改善和优化区域生态环境，对于促进龙游县委县政府"生态立县"，全力打造"竹林碳汇试验示范区"，带动生态旅游等第三产业发展意义重大。

除获得生态效益和社会效益外，该项目也具有良好的经济效益。仅竹木材储备方面，项目完成后，便可提高 40155 亩竹林质量，每亩年均可采伐竹材 40 株，生产竹笋 40 公斤，毛竹价格按 2.5 元/株（扣除人工采运成本），竹笋价格按 3 元/公斤计算，项目年均可生产毛竹 16 万株，竹笋 16 万公斤，年产生经济效益 883 万元。

4. 龙游县首笔竹林经营碳汇项目预交易落地

2022 年初，龙游县与国家林业和草原局竹林碳汇工程技术研究中心合作，在庙下乡及溪口林场开展 4 万亩竹林经营碳汇项目开发工作，通过调查测算和计量预估，在项目计入周期 30 年内，年均每亩竹林产生 CCER 减排量为 0.4 吨二氧化碳当量，整个项目年均可额外增加二氧化碳吸收量 1.6 万吨。参照当前全国碳市场（上海环境能源交易所）的交易价，结合龙游县实际及市场预期，项目开发业主龙游县四库林业发展有限公司先将项目区内的竹林碳汇量进行预收储，浙江金龙再生资源科技股份有限公司与龙游县四库林业发展有限公司达成协议，按照 50 元/吨的价格收购本项目中 1 万亩竹林 30 年的碳汇量共计约 12 万吨。浙江金龙再生资源科技股份有限公司先行支付了第一周期（5 年）竹林碳汇预交易价值的 1/2，即 50 万元。龙游县四库林业发展有限公司扣除税费等费用后，将所有款项反哺给村集体，其中梅林村10万元、严村村11万元、浙源里村8万元、庙下村3万元、凉丰村9万元、芝坑口村9万元，为农户和村集体增加可预期的碳汇收入。

此次交易是浙江省内碳排放企业参与采购的首笔款项最大的林业碳汇交易，开启了林业碳汇预收储和前置交易的先河，具有积极的创新意义。一是碳汇项目的储备开发，真正激发了政府、金融、企业、集体、农户共同参与竹林资源保护和竹林提质增汇的积极性。二是项目碳汇量的预收储和预交易，有效破解了长期以来存在的林业碳汇周期长、交易滞后的难题，让竹农及时获得碳汇收益，并提振竹农开展碳汇经营的信心。这种做法对于全省和全国的竹产区都具有良好的示范借鉴作用。

5. 以林业碳汇建设为基，打响森林康养龙游品牌

竹林经营碳汇项目与林业碳汇（碳普惠）项目的开发，推进了森林扩面提质，加强了优质生态产品供给，助推了衢州"大花园"建设，推进了自然保护地融合发展，打通了文化、旅游、森林康养之间的联系，辐射带动发展全域森林康养群，打响了"森林康养"的龙游品牌，持续放大"名山带富"效应，打造了"绿村富民，花开百村"美丽大花园建设实践典范。

（1）加快"名山带富"建设

打造六春湖山地休闲旅游度假区，高质量推进六春湖生态保护建设，把竹林经营与景区山水林田湖草有机结合，拓展"名山+山地休闲""名山+康养""名山+品牌"等富民新业态、新经济，推动"绿色共荣"，促进人与自然和谐共生。立足名山公园辐射效应，着力打造长三角一号旅游目的地、浙闽赣皖国际山地运动旅游度假区。启动六春湖景区开发和溪口"竹云上"旅游区建设，聚焦庙下、溪口等地的文旅资源特质，着力打造"三位一体"的生态文化特色旅游综合体，带动内外镇村融合发展。加大名山生态保护力度，推进绿葱湖湿地生态修复、生态环境监测、生物多样性保护、基础设施建设等工作。以诗画浙江大花园核心区国土绿化试点示范项目为基础，在重点区位实施退化林修复、森林抚育、林相改造等经营措施，通过小面域整体景观营造和带状混交改造，打造"翠竹秀楠、彩绣缤纷"的特色竹林景观。

（2）建设竹文创综合体

大力发展文化创意产业，整合龙游文创产业资源，挖掘独具匠心的农特产品和手工艺品，建设"一盒故乡"本土文创品牌，推出一系列具有龙游元素、竹文化、红色文旅等主题的文创产品。依托溪口乡村振兴综合体，打造竹文创综合体，发挥手工匠人和竹文化非遗传承人在休闲产业中的推动作用，为竹编、竹雕刻等非物质文化遗产提供展示和传承平台，通过体验、参观、展销、传艺等方式推广本地特色的竹产业、竹文化、竹旅游。深化区域品牌培育，积极申请溪口黄泥笋和龙游竹林灵芝等区域公共品牌和地理保护标志，打响浙江大竹海国家森林公园金字招牌。加大文创产品的电商化开发力度，深化"林业企业+网店""农户+协会（公司）+平台""林业企业+委托运营商+平台"等林业电子商务模式；依托抖音、快手等直播平台，拓展竹制品等文创产品销售市场。

（3）打造"共富馆—森林魔方"

充分发挥林业特色综合性科普场馆服务公众科普需求的作用，建设集自然体验、产品展示、文化创意、实践体验等于一体的"共富馆—森林魔方"。从国土绿化美化、加强生态保护修复、增强林业碳汇能力、发展绿色富民竹产业、弘扬森林生态文化、深化林业数字化改革6个方面，打造"森林魔方""碳汇造富、竹业促富、名山带富、绿化添富、林下帮富、数字增富"的6个面，形成可复制可推广的"林业促共富"标志性成果，让更多的参观者深入了解"森林魔方"——林业促进共同富裕综合体建设，体验林业在推动共同富裕中的作用和成效，推进生态文化传承创新，推动全社会树立尊重自然、顺应自然、保护自然的生态观，为促进人与自然和谐共生的共同富裕提供精神动力。

Abstract

Ecological civilization is of vital importance to the future of China, the well-being of the people and the sustainable development of the whole country. At the 19th CPC National Congress, the Central Committee of the Communist Party of China with Comrade Xi Jinping at its core, listed the construction of ecological civilization as one of the "14 insistences" along with party building, military strengthening, economic development and improving people's livelihood, elevating ecological civilization to an important strategic position. Meanwhile, Ecological civilization, Green Development and Beautiful China have been included in the Constitution of the Communist Party of China and the Constitution of the People's Republic of China as common will and action of the entire party and the whole nation. At the 20th CPC National Congress, it proposed to "plan development from the perspective of harmonious coexistence between man and nature", "accelerate the green transformation of development mode" and "actively and steadily promote carbon peaking and carbon neutrality", which has drawn a new blueprint for China's ecological civilization construction. The report of the 20th National Congress of the Communist Party of China proposed to "plan development from the perspective of harmonious coexistence between man and nature", "accelerate the green transformation of development mode", and "actively and steadily promote carbon peaking and carbon neutrality", drawing a new blueprint for China's ecological civilization construction. This book is divided into five parts: General Report, Evaluation Report, Policy Layout, Carbon Neutrality and Local Practices, which are designed to study the construction of ecological civilization with Chinese characteristics from multiple perspectives, with a view to providing theoretical guidance and policy reference for national and local efforts to promote ecological civilization.

In part one, General report, it mainly conducts research on the annual progress, development trend, important measures, main achievements, problems and challenges of the construction of ecological civilization with Chinese characteristics, and proposes to continue to actively and steadily promote the realization of carbon peak and carbon neutrality in the future. The general report reviews China's outstanding achievements in pollution and carbon reduction, natural resource protection, and climate change since the implementation of the ecological civilization system reform plan. At the same time, it is clarified that the construction of ecological civilization in the current and future period should be guided by the comprehensive green transformation of economic and social development, take green and low-carbon development of energy as the key, based on China's energy resource endowment, and constructively participate in and lead international cooperation such as global climate governance by adhering to the principles of fairness, common but differentiated responsibilities and respective capabilities.

In part two, Evaluation Report, it mainly combines the goal of "modernization in harmony with nature" in the construction of ecological civilization with Chinese characteristics, and constructs an evaluation index system for the construction of ecological civilization with Chinese characteristics from two result dimensions of green development and high quality of natural ecology, and four path dimensions of green production, green life, environmental governance and ecological protection, with 30 evaluation indexes in 6 categories; adopts CRITIC and linear weighting method to dynamically evaluate the level of construction of ecological civilization nationwide and in each province from 2011 to 2020. The results show that the comprehensive index of ecological civilization with Chinese characteristics shows a continuous upward trend, but there is obvious heterogeneity in the construction level of each province due to the restrictions of economic foundation and ecological environment. From the perspective of development dimension, the index of the two outcome dimensions increased steadily, and some path indices were in a state of slight fluctuation, and the overall trend was good, but the development of different dimensions in different provinces

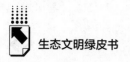

was unbalanced, and there were obvious weak dimensions.

The policy layout chapter mainly focuses on several policy topics, focuses on the development and utilization and management countermeasures of groundwater in China, analyzes the layout of the construction of ecological civilization with Chinese characteristics, and discusses the economic roots and legal functions of environmental resource problems. At the same time, the relevant special reports also analyze the high-quality development path of agriculture and forestry under the guidance of ecological civilization and the policy trends of intelligent garbage classification, and propose to focus on promoting agricultural reduction, improving farmland infrastructure construction, improving forest management capabilities, and strengthening the construction of forestry carbon sink system. The government should enhance residents' intelligent risk perception capabilities, build a multi-subject collaborative risk resolution mechanism, and promote the implementation of intelligent risk avoidance policies to prevent potential risks of intelligent garbage classification.

In part three, Policy Layout, it focuses on several policy topics, focusing on the groundwater development and utilization and management countermeasures in China, analyzing the layout of the construction of the rule of law for ecological civilization with Chinese characteristics, and exploring the economic roots and legal functions of environmental resource issues. The policy shows that green buildings, prefabricated buildings, ultra-low energy buildings and urban renewal are the main industry development directions for the construction industry to achieve carbon neutrality. At the specific operational level, the potential of forestry carbon sinks can be tapped through specific measures such as adjusting the forest structure, optimizing the economic structure of forestry, strengthening maintenance management, and establishing a sound carbon trading market, so as to achieve the goals of carbon peak and carbon neutrality. The value of ecological products should explore the "dual carbon" path of China's ecological civilization construction by clearly encouraging forest sequestration, exploring carbon sink compensation, introducing market mechanisms and promoting sink enhancement technologies, building a regional forest carbon sequestration value conversion platform, and exploring the construction points of regional forestry carbon sequestration compensation mechanism.

In part four carbon neutrality, we analyze the policy and wood structure of construction industry, the potential and development path of forestry carbon sink and the realization path of ecological product value under the background of "double carbon" in recent years. It focuses on the implementation of the carbon peak and carbon neutral goals from three aspects: industry development, carbon sink development and ecological product value, and points out a new direction for explore the "dual carbon" path in China's ecological civilization construction.

In part five Local Practices. The main purpose is to interpret the local exploration of ecological civilization construction with Chinese characteristics through specific practical cases such as the integration and demonstration of green low-carbon development technology in home industry, the scenario planning study of Nanjing Laoshan National Forest Park and the "carbon sink" in Longyou County, with a view to providing experience. Practice shows that the integration and demonstration of technologies such as green modification and integrated composite of household materials, customized home three-dimensional digital design and virtual display, can effectively meet the needs of the "dual carbon" strategy and the transformation and upgrading of the manufacturing industry. At the same time, the 2030 land use scenario planning study of Nanjing Laoshan National Forest Park shows that the spatial distribution structure of land use types under the coordinated development scenario is more scientific and reasonable. Longyou County focuses on the dual carbon goal, through management models and theoretical innovations, to promote forest carbon sequestration and increase sequestration, enhance forest protection and stable sequestration, carry out forest carbon sequestration measurement and monitoring, and explore the value realization mechanism of carbon sequestration products.

In general, the Report on the Development of Ecological Civilization with Chinese Characteristics focuses on the theme of ecological civilization construction with Chinese characteristics, conducting an in-depth study on the current development status, challenges, strategic directions, key tasks, and policy layout of ecological civilization construction in China, and drawing some valuable research

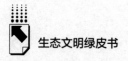
conclusions in an effort to provide policy references for promoting ecological civilization construction in the new era.

Keywords: Ecological Civilization Construction; Ecological Civilization Index; Carbon Peak; Carbon Neutrality

Contents

I General Report

Abstract: Chinese path to modernization is the modernization of harmonious coexistence between man and nature, and green development is an important way to practice the ecological civilization concept of "green water and green mountains are golden mountains and silver mountains" and implement the goal of sustainable development. The city is established by ecological economy, and the people are enriched by green industries. Since the implementation of the ecological civilization system reform plan, China has comprehensively and systematically consolidated the achievements of ecological civilization construction from multiple perspectives, such as pollution reduction and carbon reduction, natural resource protection, and coping with climate change. It plans development from the perspective of harmonious coexistence between man and nature, deepens the adjustment of industrial structure, and constantly improves the modern environmental governance system from multiple elements, such as atmosphere, water, solid waste, noise, biodiversity, etc. China proposes to continue to actively and steadily promote the realization of carbon peaking and carbon neutralization. Guided by the comprehensive green transformation of economic and social development, taking

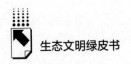

green and low-carbon energy development as the key, and based on China's energy resource endowment, it adhere to the principle of "building first, breaking down" and "building both". By adhering to the principle of fairness, common but differentiated responsibilities and respective capabilities, we constructively participate in and lead international cooperation on global climate governance.

Keywords: Ecological Civilization; Peak Carbon Dioxide Emissions; Carbon Neutrality; Green Transformation; Environmental Governance System

Ⅱ Evaluation Report

G.2 Evaluation of Ecological Civilization Index with Chinese

Characteristics *Research Group of Ecological Civilization Index / 058*

Abstract: The construction of ecological civilization is a fundamental plan related to the sustainable development of the Chinese nation. Scientific evaluation of the level of China's ecological civilization construction is an important foundation and necessary prerequisite for the construction of ecological civilization. Based on the historical view, values and other academic theories of ecological civilization with Chinese characteristics, this paper proposes the goal of "modernization of harmonious coexistence between man and nature" for the construction of ecological civilization with Chinese characteristics. Based on this goal, this paper constructed the evaluation index system of ecological civilization construction from the two outcome dimensions of green development and high-quality natural ecology and the four path dimensions of green production, green life, environmental governance and ecological protection, with a total of 30 evaluation indexes in 6 categories. The CRITIC method and linear weighting method were used to conduct the evaluation study on the dynamic evaluation of national and provincial ecological civilization construction from 2011 to 2019. The results showed that: (1) From the perspective of construction trends, the national comprehensive index of ecological civilization was generally on the rise, and there was obvious heterogeneity in construction levels among provinces and regions due to regional economic, ecological and environmental conditions. (2) From the perspective of the development dimension, the indices of two result dimensions grew steadily and some of the path indices were in a slightly fluctuating state, with a positive overall trend. However, the development of different dimensions in each province was unbalanced, and there were obvious weak dimensions.

Keywords: Ecological Civilization Construction; Green Development; High-quality Natural Ecology

Ⅲ　Policy Reports

G.3　Groundwater Development and Utilization and Management Measures in China

Du Bingzhao, Huang Liqun, Mu Enlin, Liao Sihui and Jiang Fangli / 153

Abstract: Groundwater is an important strategic reserve resource to ensure the safety of water supply in China. In order to manage groundwater resources well, it is necessary to properly solve various problems and risks caused by unreasonable development of groundwater, and maintain ecosystem health and geological environment safety while ensuring water supply safety. , it is necessary to properly solve various problems and risks caused by unreasonable development of groundwater, and maintain ecosystem health and geological environment safety while ensuring water supply safety. At this stage, China's groundwater overexploitation threatens the security of water supply, leads to ecosystem degradation, causes land subsidence and seawater intrusion, and endangers food security and life safety, resulting in a series of resource, ecological, environmental and security issues. In the future, the development and utilization and management of groundwater should be further strengthened from the four levels of clarifying groundwater management goals, strengthening the supervision and management of groundwater withdrawal, comprehensively promoting the treatment of groundwater

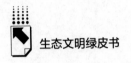
overexploitation, and grasping the basic guarantee of groundwater management.

Keywords: Groundwater Management; Overexploitation Government; Water Supply Security

G . 4   Legislative Layout and Outlook of Ecological
Civilization Construction   *Qi Wanwan* / 165

Abstract: The rule of law of ecological civilization in China is gradually deepened with the continuous development of the idea of ecological civilization. Since the 18th National Congress of the Communist Party of China (CPC), China has formed a relatively complete legal system under the guidance of the provisions on environmental protection in the Constitution, with the Environmental Protection Law of the People's Republic of China as the basic environmental law at the core, with separate environmental laws in the fields of pollution prevention, ecological protection, resource protection as the main body, and with other relevant legislative provisions on environmental protection as the supplement. In the future, China should deepen the construction of the legal system of pollution prevention with the concept of environmental rule of law, and further promote the prevention of environmental pollution; Promote the sustainable development of ecological protection law with the concept of social rule of law to improve the diversity, stability and sustainability of the ecosystem; Strengthen the legal construction of natural resources with the concept of economic rule of law, accelerate the green transformation of the development mode, and actively and steadily promote the legislative construction of ecological civilization in terms of carbon peaking and carbon neutralization.

Keywords: Idea of Ecological Civilization; Rule of Law of Ecological Civilization; Legislative Layout; Legislative Outlook

G. 5 High-quality Development of Agriculture and Forestry Based

on the Perspective of Ecological Civilization

Liu Tongshan, *Chen Xiaoxuan* / 176

Abstract: Entering the new era, high quality development of agriculture and forestry has become an important way to realize economic transformation and development. Since the 18th National Congress of the Communist Party of China, the continuous and in-depth promotion of ecological civilization construction has endowed the high-quality development of agriculture and forestry with new connotation characteristics and advantages. Under a series of ecology-oriented policy deployment, the high-quality development of agriculture and forestry has achieved remarkable results. At the same time, there are still some challenges in agricultural non-point source pollution, farmland irrigation, forest resource development and management, forestry carbon sink, and forestry transformation and development. To realize the high-quality development of agriculture and forestry under the guidance of ecological civilization, it is necessary to promote agricultural reduction, improve farmland infrastructure construction, enhance forest management ability, strengthen the construction of forestry carbon sink system and provide support for the transformation of forestry industry.

Keywords: High-quality Development of Agriculture; Ecological Civilization; Agricultural Reduction; Forestry Industry Transformation

G. 6 The Nature and Legal Function of Environmental

Resource Issues *Zhang Hongxiao*, *Wang Haiyan* / 202

Abstract: In 1987, the World Commission on Environment and Development (WCED) proposed the concept of Sustainble development in Our Common Future, emphasizing that meeting the needs of the present generation for their survival and development at the lowest environmental cost, and does not harm to

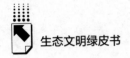

future generations. In 2005, Xi Jingping put forward that Green Mountains and hills are Jinshan Yinshan, Which also embodies the concept of coordinated development of economy and ecology. The report of the 20th National Congress of Commumist Party of China future pointed out that respecting, adapting, and protecting nature are the inherent requirements of building a socialist modern country. However, in the general social cognition, economic development and ecological protection are opposite, which greatly affects the scientific legislation and effective implementation of the Environmental Resources Law, and then affects the realization of the Chinese modernization goal of harmonious coexistence between man and nature. From the development process of the relationship between man and nature, This paper analyzes the essence of externality of environmental and resources and the task of environmental and resources law in internalizing externality: the environmental law is to define the legal boundary of government management right, enterprise emission right and citizen environmental right, while the natural resources law is to standardize the behavior boundary of property rights and effective measures of internalizing externality.

Keywords: Environmental Resource Issues; Externalities; Legal Property Rights

G.7 Policy Trends, Potential Risks and Governance Strategies for Intelligent Waste Separation   *Wang Sitong* / 210

Abstract: With the rapid development of artificial intelligence technology, intelligence with the application of artificial intelligence technology as the core has gradually become an important means to solve the dilemma of garbage classification. As far as the policy trend of intelligent garbage classification is concerned, intelligent garbage classification is moving towards assisting residents to participate in garbage classification in depth and assisting the government in fine garbage classification management, and the realization of accurate guidance on waste classification in the community. However, while artificial intelligence technology has shown high value in the field of garbage classification, it has also derived the potential risks of leakage of important information of residents, continuous compression of grass-roots autonomous space and possible disaggregation of social structure. Therefore, this paper proposes that the government should strengthen the residents' intelligent risk perception ability, build a mechanism for multiple agents to resolve intelligent risks, and promote the implementation of intelligent risk avoidance policies to prevent the potential risks of intelligent garbage classification.

Keywords: Intelligent Garbage Classification; Garbage Sorting Technology; Garbage Sorting

IV Peak Carbon Dioxide Emissions and Carbon Neutrality Reports

G . 8 "Double Carbon" Background of the Construction Industry Policy and Wood Frame Building Development

Que Zeli, Li Xinran, Wang Feibin and Wang Shuo / 222

Abstract: With global climate change becoming a huge threat to human development, China, as the world's largest carbon emitter, plays a crucial role in global carbon neutrality. The current emission level of the construction industry poses no small challenge to this goal, and the transformation of the construction industry is imperative. The policy indicates that the development mode of urban and rural construction will be changed in five aspects, among which the two aspects of "building high-quality green buildings" and "realizing green construction in the whole process of engineering construction" are closely related to wooden structure. At present, there are four main directions for policies to achieve carbon neutrality in the construction industry, namely green buildings, prefabricated buildings, ultra-low energy consumption buildings and urban renewal. This paper will analyze the opportunities and challenges of wooden structure under the dual

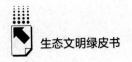

carbon background based on the current policy and the current situation of wooden structure.

Keywords: Carbon Neutrality; Emission Peak; Wooden Architecture

G.9 Research on the Potential and Development Path of Forestry Carbon Sink under the Dual Carbon Goals

Jiang Jiang, Guan Xin, Cui Lina, Du Shanfeng and Meng Miaojing / 241

Abstract: By the end of 2021, 136 countries around the world have pledged to step up their joint efforts to achieve carbon neutrality. Many carbon-neutral schemes emphasized an indirect, nature-based way to reduce greenhouse gas emissions, namely the "sink enhancement" function of existing ecosystems, which underlines the importance of forestry carbon sequestration. Based on the research and development status of forestry carbon sequestration, we summarize and introduce the measurement and monitoring methods of forestry carbon sequestration. The forestry development of Nanjing was taken as an example, which was calculated and analyzed the forest carbon neutralization path based on the city scale, quantifies the promoting effect of forestry management measures on forestry carbon sequestration. Based on different sink enhancement paths and intensities, three path combination scenarios are provided to show the forest carbon sink enhancement mode in the next 40 years. Our research could provide data support, management and policy suggestions for the policy formulation and path development of forest sink enhancement under the dual carbon target.

Keywords: Emission Peak; Forestry Carbon Sink; Carbon Sink Potential

Abstract：In the context of global warming，China has actively committed to and carried out greenhouse gas emission reduction，and proposed the "double carbon" goal. As an important part of carbon fixation and emission reduction，forestry will play an important role in the future green and low-carbon transformation and development. However，at present，there are still a series of problems such as imperfect access mechanism of forestry carbon sink in carbon trading market，high cost of carbon sink measurement methodology. How to truly realize the ecological value transformation of forestry carbon sink through promoting regional forestry carbon sink market transactions and horizontal ecological compensation is an important work that the forestry industry urgently needs to carry out from the theoretical exploration and pilot demonstration at this stage. This paper analyzes some positive explorations on the path of realizing the value of forestry carbon sequestration in China in recent years，discusses the imperfections of forestry ecological compensation system，and puts forward the key points of realizing the value of ecological carbon sequestration products.

Keywords：Ecological Products；Value Realization Mechanism；Carbon Neutrality；Carbon Sink

V　Local Practice Reports

Abstract：According to the national "double carbon" strategy and the needs of manufacturing transformation and upgrading，the technology integration and

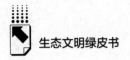

demonstration of green modification, integration and laminating of wooden materials, 3D digital design and virtual display of customized home furnishings, flexible manufacturing and intelligent sorting of customized home furnishings, and green decoration of home furnishings have been carried out. The key technology bottleneck of green functional modification, integration and laminating of fast-growing and small-diameter timber has been broken through, and the total amount of carbon sequestration in fast-growing wood growth and wood products has been further increased. The informatization of the whole process of customized home furnishings digital design, flexible manufacturing and intelligent sorting has been realized, and the intelligent level and production efficiency of customized home furnishings industry have been improved. Based on the integration and innovation of UV resin digital printing technology, it improves the environmental protection of home furnishings coating, and improves the decorative effect and personalized degree.

Keywords: Double Carbon Target; Green Manufacturing; Intelligent Manufacturing; Home Industry

G.12 Scenario Planning Study of Nanjing Laoshan National

Forest Park   *Wang Hui, Sun Jiangshan and Jia Rangxu* / 280

Abstract: Forest park is a comprehensive park integrating natural resources, leisure and tourism, eco-tourism and science education, and is also an important part of China's nature reserve system. In the planning process of forest parks, it is necessary to take a comprehensive and holistic perspective and comprehensively consider the problems that may occur in the process of park protection and utilization, so as to promote the sustainable development of forest parks. In this study, using the FLUS model as the technical support, the land use change of Nanjing Laoshan National Forest Park in 2030 was simulated and analyzed, and four future scenarios were constructed: natural development scenario, ecological protection scenario, tourism development scenario and coordinated development scenario, and the simulation results were comprehensively compared and evaluated. This study believes that under the scenario of coordinated development, the spatial distribution structure of land use types is more scientific and reasonable, which is in line with the development trend and construction requirements of Nanjing Laoshan National Forest Park.

Keywords: Forest Park; Land Use; FLUS Model

G . 13 Practice Case of "Point Carbon into Gold" of Forestry Carbon Sequestration in Longyou County

Zhou Xiaoping, Ying Jianping / 295

Abstract: The 2020 Central Economic Work Conference included "carrying out large-scale land greening action to improve the carbon sink capacity of the ecosystem" as the content of achieving "carbon peak and carbon neutralization" into the key tasks of China's economic work in the opening year of the "Fourteenth Five Year Plan". Focusing on the dual carbon goal, based on the ecological resource endowment, Longyou County, through management mode and theoretical innovation, strives to promote forest carbon sequestration and sink enhancement, strengthen forest protection and sink stabilization, carry out forest carbon sink measurement and monitoring, and explore the value realization mechanism of carbon sink products. It has accumulated practical experience and typical cases of "turning carbon into gold" to promote common prosperity, and achieve win-win results in ecological resource reserves, forest farmers' income, and corporate profits.

Keywords: Forestry Carbon Sequestration; Carbon Sequestration Products Value; Turn Carbon into Gold

皮 书

智库成果出版与传播平台

❖ 皮书定义 ❖

皮书是对中国与世界发展状况和热点问题进行年度监测，以专业的角度、专家的视野和实证研究方法，针对某一领域或区域现状与发展态势展开分析和预测，具备前沿性、原创性、实证性、连续性、时效性等特点的公开出版物，由一系列权威研究报告组成。

❖ 皮书作者 ❖

皮书系列报告作者以国内外一流研究机构、知名高校等重点智库的研究人员为主，多为相关领域一流专家学者，他们的观点代表了当下学界对中国与世界的现实和未来最高水平的解读与分析。截至 2022 年底，皮书研创机构逾千家，报告作者累计超过 10 万人。

❖ 皮书荣誉 ❖

皮书作为中国社会科学院基础理论研究与应用对策研究融合发展的代表性成果，不仅是哲学社会科学工作者服务中国特色社会主义现代化建设的重要成果，更是助力中国特色新型智库建设、构建中国特色哲学社会科学"三大体系"的重要平台。皮书系列先后被列入"十二五""十三五""十四五"时期国家重点出版物出版专项规划项目；2013~2023 年，重点皮书列入中国社会科学院国家哲学社会科学创新工程项目。

权威报告·连续出版·独家资源

皮书数据库

ANNUAL REPORT(YEARBOOK)
DATABASE

分析解读当下中国发展变迁的高端智库平台

所获荣誉

- 2020年，入选全国新闻出版深度融合发展创新案例
- 2019年，入选国家新闻出版署数字出版精品遴选推荐计划
- 2016年，入选"十三五"国家重点电子出版物出版规划骨干工程
- 2013年，荣获"中国出版政府奖·网络出版物奖"提名奖
- 连续多年荣获中国数字出版博览会"数字出版·优秀品牌"奖

皮书数据库

"社科数托邦"
微信公众号

成为用户

　　登录网址www.pishu.com.cn访问皮书数据库网站或下载皮书数据库APP，通过手机号码验证或邮箱验证即可成为皮书数据库用户。

用户福利

- 已注册用户购书后可免费获赠100元皮书数据库充值卡。刮开充值卡涂层获取充值密码，登录并进入"会员中心"—"在线充值"—"充值卡充值"，充值成功即可购买和查看数据库内容。
- 用户福利最终解释权归社会科学文献出版社所有。

数据库服务热线：400-008-6695
数据库服务QQ：2475522410
数据库服务邮箱：database@ssap.cn
图书销售热线：010-59367070/7028
图书服务QQ：1265056568
图书服务邮箱：duzhe@ssap.cn

社会科学文献出版社 皮书系列
SOCIAL SCIENCES ACADEMIC PRESS(CHINA)
卡号：871362678246
密码：

S 基本子库
UB DATABASE

中国社会发展数据库（下设 12 个专题子库）

紧扣人口、政治、外交、法律、教育、医疗卫生、资源环境等 12 个社会发展领域的前沿和热点，全面整合专业著作、智库报告、学术资讯、调研数据等类型资源，帮助用户追踪中国社会发展动态、研究社会发展战略与政策、了解社会热点问题、分析社会发展趋势。

中国经济发展数据库（下设 12 专题子库）

内容涵盖宏观经济、产业经济、工业经济、农业经济、财政金融、房地产经济、城市经济、商业贸易等 12 个重点经济领域，为把握经济运行态势、洞察经济发展规律、研判经济发展趋势、进行经济调控决策提供参考和依据。

中国行业发展数据库（下设 17 个专题子库）

以中国国民经济行业分类为依据，覆盖金融业、旅游业、交通运输业、能源矿产业、制造业等 100 多个行业，跟踪分析国民经济相关行业市场运行状况和政策导向，汇集行业发展前沿资讯，为投资、从业及各种经济决策提供理论支撑和实践指导。

中国区域发展数据库（下设 4 个专题子库）

对中国特定区域内的经济、社会、文化等领域现状与发展情况进行深度分析和预测，涉及省级行政区、城市群、城市、农村等不同维度，研究层级至县及县以下行政区，为学者研究地方经济社会宏观态势、经验模式、发展案例提供支撑，为地方政府决策提供参考。

中国文化传媒数据库（下设 18 个专题子库）

内容覆盖文化产业、新闻传播、电影娱乐、文学艺术、群众文化、图书情报等 18 个重点研究领域，聚焦文化传媒领域发展前沿、热点话题、行业实践，服务用户的教学科研、文化投资、企业规划等需要。

世界经济与国际关系数据库（下设 6 个专题子库）

整合世界经济、国际政治、世界文化与科技、全球性问题、国际组织与国际法、区域研究 6 大领域研究成果，对世界经济形势、国际形势进行连续性深度分析，对年度热点问题进行专题解读，为研判全球发展趋势提供事实和数据支持。

法律声明

"皮书系列"（含蓝皮书、绿皮书、黄皮书）之品牌由社会科学文献出版社最早使用并持续至今，现已被中国图书行业所熟知。"皮书系列"的相关商标已在国家商标管理部门商标局注册，包括但不限于LOGO（▧）、皮书、Pishu、经济蓝皮书、社会蓝皮书等。"皮书系列"图书的注册商标专用权及封面设计、版式设计的著作权均为社会科学文献出版社所有。未经社会科学文献出版社书面授权许可，任何使用与"皮书系列"图书注册商标、封面设计、版式设计相同或者近似的文字、图形或其组合的行为均系侵权行为。

经作者授权，本书的专有出版权及信息网络传播权等为社会科学文献出版社享有。未经社会科学文献出版社书面授权许可，任何就本书内容的复制、发行或以数字形式进行网络传播的行为均系侵权行为。

社会科学文献出版社将通过法律途径追究上述侵权行为的法律责任，维护自身合法权益。

欢迎社会各界人士对侵犯社会科学文献出版社上述权利的侵权行为进行举报。电话：010-59367121，电子邮箱：fawubu@ssap.cn。

社会科学文献出版社